A VIDA SECRETA DO UNIVERSO

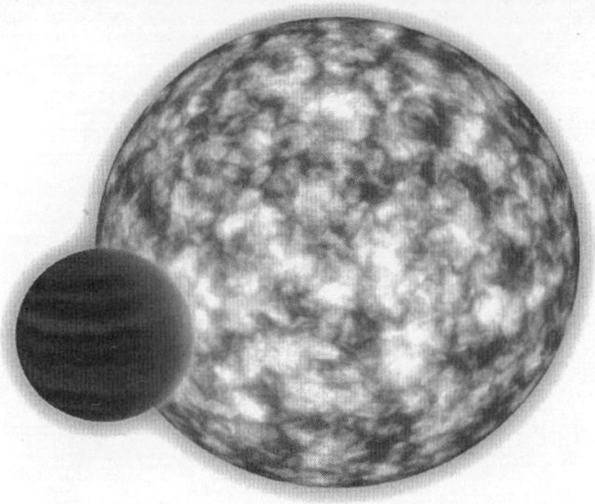

Consulte nosso catálogo completo e últimos lançamentos em **www.editoracontexto.com.br**.

Nathalie A. Cabrol

A vida secreta do universo

Tradução
Patrícia Reuillard

Revisão técnica
Marcelo Girardi Schappo

editoracontexto

Cet ouvrage, publié dans le cadre du Programme d'Aide à la Publication année 2025 Carlos Drummond de Andrade de l'Ambassade de France au Brésil, bénéficie du soutien du Ministère de l'Europe et des Affaires étrangères.

Este livro, publicado no âmbito do Programa de Apoio à Publicação ano 2025 Carlos Drummond de Andrade da Embaixada da França no Brasil, contou com o apoio do Ministério francês da Europa e das Relações Exteriores.

AMBASSADE
DE FRANCE
AU BRÉSIL
Liberté
Égalité
Fraternité

Foto de capa
Jovem exoplaneta (representação artística),
NASA/JPL-Caltech/R. Hurt, K. Miller (Caltech/IPAC)

Montagem de capa e diagramação
Gustavo S. Vilas Boas

Preparação de textos
Lilian Aquino

Revisão
Bruno Gomes Rodrigues

Dados Internacionais de Catalogação na Publicação (CIP)

Cabrol, Nathalie A.
A vida secreta do Universo / Nathalie A. Cabrol ; tradução de Patrícia Reuillard ; revisão técnica Marcelo Girardi Schappo. – São Paulo : Contexto, 2025.
336 p. : il., color.

Bibliografia
ISBN 978-65-5541-579-7
Título original: À l'aube de nouveaux horizons

1. Astronomia 2. Exobiologia 3. Ciências
I. Título II. Reuillard, Patrícia III. Schappo, Marcelo Girardi

25-4169 CDD 576.83

Angélica Ilacqua – Bibliotecária – CRB-8/7057

Índice para catálogo sistemático:
1. Astronomia

2025

Editora Contexto
Diretor editorial: *Jaime Pinsky*

Rua Dr. José Elias, 520 – Alto da Lapa
05083-030 – São Paulo – SP
PABX: (11) 3832 5838
contato@editoracontexto.com.br
www.editoracontexto.com.br

In memoriam

Edmond A. Grin

Quem poderia imaginar que 36 anos passariam tão depressa! Fazíamos tudo juntos, a tal ponto que muitas pessoas hoje em dia me dizem que não conseguiam pensar num sem o outro e que tinham certeza de que, ao ver um de nós dois, o outro não poderia estar muito longe. Éramos uma equipe, almas irmãs, casados e melhores amigos, talvez simplesmente um único espírito em dois corpos. Juntos, escalamos montanhas, exploramos desertos e até mesmo Marte! Podíamos também olhar o oceano em silêncio, nos braços um do outro, ou o céu estrelado no cume dos vulcões imensos dos Andes. Você transformou a jovem tímida que eu era em uma aventureira e sorriu quando vesti meu traje para mergulhar no lago do Licancabur a quase 6 mil metros de altitude. Naquele dia, eu disse a você "É sua culpa!" e rimos como crianças. Não sei para onde a vida me leva agora, mas onde quer que seja, sei que me levará a você.

No dia 11 de julho de 2022, o Telescópio Espacial James Webb (JWST) enviava suas primeiras imagens, atravessando a barreira do tempo e descortinando o Universo apenas algumas centenas de milhões de anos após sua formação. Com uma maravilhosa ironia cósmica, esse mergulho profundo em nossas origens nos impulsiona para o futuro, que anuncia uma revolução na Astronomia, na Cosmologia e na Astrobiologia – o estudo da vida no Universo.

James Webb chega após algumas décadas de exploração espacial e planetária, durante as quais descobrimos, em nosso Sistema Solar, infinitos ambientes habitáveis para a vida (simples) tal como conhecemos, além de bilhões de exoplanetas em nossa galáxia, alguns deles situados na zona habitável de sua estrela hospedeira.

Estamos vivendo uma idade do ouro em Astrobiologia, o início de uma odisseia fantástica ainda por escrever, e nossos primeiros passos já prometem descobertas prodigiosas. É essa fabulosa aventura humana que desejo compartilhar com vocês neste livro – as descobertas, é claro, mas também as perguntas que ainda permanecem sem resposta: qual é a origem da vida? Estamos sós no Universo? Perguntas tão antigas quanto a humanidade, que nunca estivemos tão perto de responder.

Sumário

Prefácio

Sou da geração que nasceu só dois anos após o início do Programa Apollo, em 1961. Ao contrário dos meus pais, ver a Terra a partir do espaço já estava no meu DNA. Para mim, é tão natural vê-la nascer no horizonte de outro planeta quanto era para eles ver a Lua surgir no horizonte. Fiz da Astrobiologia, o estudo da vida no Universo, o objetivo de minha vida, mantendo os olhos fixos nas estrelas, enquanto exploro paisagens planetárias já familiares. Alguns dias antes de eu completar 26 anos, a sonda espacial Voyager 2 sobrevoou Netuno: ela passou a menos de 5 mil quilômetros do polo norte desse outro planeta azul, enviando-nos imagens históricas, manchete nos jornais no mundo inteiro. Era o ponto mais distante já alcançado pela humanidade (mesmo que fosse por uma sonda robótica). Foi o último sobrevoo planetário da Voyager 2. Muito tempo depois, em 5 de novembro de 2018 (seis anos após a Voyager 1), ela deixou para sempre a heliosfera. Quando se pensa nisso, cerca de 60 anos se passaram entre o momento em que o Sputnik entrou em órbita ao redor da Terra e aquele em que as duas Voyager navegaram para fora dos limites do Sistema Solar – uma fração de segundo na escala cósmica. A humanidade estava apenas começando a tomar consciência de sua vizinhança planetária, mas com uma curiosidade cada vez maior.

Em 1996, participei do primeiro workshop de Astrobiologia na Nasa Ames Research Center, na Califórnia, onde eu era uma jovem pesquisadora. Dois anos depois, foi lá também que vi surgir o Instituto de Astrobiologia da Nasa (Nasa Astrobiology Institute, ou NAI). Umas após as outras, as missões mostravam que o Sistema Solar era povoado de mundos onde uma vida simples microbiana poderia ter surgido num passado longínquo. E será que alguns desses mundos ainda possuem vida? A Astrobiologia nasceu desses questionamentos. Hoje ela é o foco da ambição de todas as nações envolvidas em viagens espaciais. O NAI continuou baseado na Nasa Ames por 20 anos, evoluindo depois para redes coordenadas de pesquisa que abrangem os grandes temas da Astrobiologia.

Em 1998, a apenas alguns quilômetros da Nasa Ames, entrei num auditório do Instituto Seti,* em Mountain View, Califórnia, numa tarde de fim de verão. Meu coração estava acelerado. Do outro lado da mesa, estava o astrônomo Frank Drake. Ele me convidou a sentar e, com voz suave, começou uma conversa sobre minha trajetória profissional e pesquisas. Fez perguntas sobre minha relação com a "Equação de Drake" e os programas sobre a vida no Universo do Instituto, que vão da origem da vida à busca de inteligência extraterrestre. Na época, Christopher Chyba era diretor do Carl Sagan Center, divisão de pesquisa do Instituto Seti para a qual eu me inscrevera, mas ele estava fora naquela semana. Foi Frank Drake, então, que me entrevistou e me recrutou para um cargo de pesquisadora no Instituto.

Em 2003, eu me tornei parte da equipe científica de um programa de pesquisa dirigido por Christopher Chyba, que fora selecionado e financiado pelo NAI. Lá eu faria minha própria exploração, que ficou conhecida como o "Projeto dos Altos Lagos" e marcou o início de minha odisseia nos Andes, onde minha equipe e eu tentamos compreender a habitabilidade planetária e o tipo de vida que pode já ter existido (ou ainda existir) em Marte. Estudamos também suas assinaturas geológicas e biológicas, explorando ambientes terrestres extremos que se constituem como análogos importantes para as condições do Planeta Vermelho.

Doze anos depois, foi minha vez de dirigir um projeto multidisciplinar para o NAI no Instituto Seti. Buscávamos desenvolver técnicas de exploração planetária capazes de detectar assinaturas da vida, ou "bioassinaturas". E foi também em 2015 que fui nomeada diretora científica do Carl Sagan Center nesse Instituto. Esse cargo permitiu a continuidade das pesquisas de campo com minha equipe e me ofereceu, ao mesmo tempo, um ambiente e um estímulo intelectual que promoviam o desenvolvimento de

* N.R.T.: Seti é uma sigla em inglês (de Search for Extraterrestrial Intelligence) que significa busca por inteligência extraterrestre. Ela pode aparecer sozinha em uma frase, remetendo à ideia do procedimento/ações/pesquisas científicas dentro desse objetivo, mas pode também aparecer como o nome de institutos, projetos ou programas específicos, como será eventualmente apresentado ao longo do livro.

uma visão estratégica para a pesquisa da vida no Universo, num instituto inteiramente dedicado a isso desde sua criação.

Quando penso na história do Instituto Seti, na presença de Carl Sagan no conselho de administração, pouco antes de sua morte, e no que ele representava para a Astrobiologia e para outras áreas, esta foi sem dúvida a maior honra que já recebi. Um dos meus lemas é que os títulos só valem pelo uso que lhes damos e, fiel a esse espírito, quando tomei posse, pendurei uma foto de Carl Sagan ao lado da minha mesa para ter certeza de que seria a primeira coisa que veria ao chegar pela manhã. Escolhi um retrato em preto e branco, com um ar sonhador, mas com um olhar benevolente e concentrado, com a mão no queixo. O tempo passa, mas Carl Sagan continua sendo para nós, astrobiólogos, uma fonte infinita de inspiração. É também uma piscadela para meu passado, uma ponte que me conecta a meus anos na França, quando ele contribuiu para consolidar minha paixão já bem real pelo estudo da vida no Universo em nosso encontro em Paris, em novembro de 1986. Por fim, é um lembrete constante de que, nesse escritório como na vida, não se deve temer ideias ambiciosas, pois "julgamos nossos progressos pela disposição para acatar o que é verdadeiro em vez daquilo que agrada", como ele escreveu. Evidentemente, para ir além da mera especulação sobre o mundo, essa citação deve ser logo seguida de outra – "afirmações extraordinárias requerem evidências extraordinárias" – conhecida também como "princípio de Sagan". Essa ideia, uma variação de afirmações formuladas em diferentes épocas por grandes pensadores, como Flournoy, Laplace, Hume ou Jefferson, é uma necessidade em cada etapa da ciência e deve, mais do que nunca, ser o mote de nossa pesquisa da vida no Universo.

Dezembro de 2016: diante de uma plateia de centenas de colegas, num dos grandes auditórios do Moscone Center, em São Francisco, eu estava nervosa. A American Geophysical Union me honrara com o convite para apresentar a Conferência "Carl Sagan", um prêmio anual que recompensa os pesquisadores que incorporam o interesse de Sagan pela Astrobiologia e sua paixão pela divulgação científica. O prêmio também presta homenagem à sua vida e liderança no desenvolvimento da Astrobiologia. Isso era ainda mais significativo para mim porque a entrega do prêmio coincidia com dois aniversários importantes: a conferência acontecia quase 30 anos após nosso encontro em Paris e poucas semanas antes do vigésimo aniversário de sua morte. Além disso, eu também havia sido nomeada diretora científica no Carl Sagan Center, do Instituto Seti, um ano e quatro meses antes.

Como introdução à conferência, decidi falar de nosso encontro de 1986, da sua importância em minha vida e de como ele continua estranhamente a influenciá-la, mesmo tanto tempo depois de sua morte. Nesse breve encontro em Paris, ele me falara com paixão da pesquisa da vida no Universo, de resiliência, de nunca permitir que alguém ditasse o que eu podia fazer ou quem podia ser. Sorri quando insistiu que eu me mantivesse sempre mais fiel à ciência e aos dados do que às opiniões, mesmo quando eles contradissessem as ideias estabelecidas. Falou por um tempo de sua própria paixão. Percebi, então, que eu não só estava diante do grande Sagan, mas, melhor do que isso, eu o tinha somente para mim.

Prossegui com a conferência intitulada "A coevolução da vida e do meio ambiente e a busca astrobiológica". A apresentação estava centrada na exploração de Marte, pois o Planeta Vermelho era o foco da minha pesquisa na época, com um projeto financiado pelo NAI. A conclusão tecia considerações mais amplas sobre a busca da vida no Universo e sobre como a inteligência artificial poderia se tornar uma ferramenta central dessa ciência. Concluí sobre a importância capital de empregar a noção de coevolução da vida e de seu meio ambiente ao nosso próprio planeta e à sua biosfera, a única que conhecíamos. Salientei, por fim, a necessidade urgente de utilizar as tecnologias de ponta desenvolvidas para a exploração planetária para acelerar e reforçar o acompanhamento das mudanças no meio ambiente terrestre e administrar suas consequências para as gerações futuras.

A preparação dessa conferência me levou a refletir sobre o que havia mudado desde a concepção de Carl Sagan sobre os "limites do oceano cósmico", desenvolvida em sua série *Cosmos* nos anos 1980. A resposta é ambígua: muito e bem pouco ao mesmo tempo. O que mudou de modo espetacular foi, sem nenhuma dúvida, o número de missões, o volume de dados, a tecnologia, os sistemas e os instrumentos de que dispomos. Em apenas algumas décadas, assistimos a progressos vertiginosos apoiados por uma inovação constante, acelerando exponencialmente nossos conhecimentos e a criação de novos meios de exploração. A Astrobiologia também se tornou a disciplina oficial dedicada a essa pesquisa. Desde a década de 1970, a quantidade de dados acumulados pelas missões de exploração espacial exige uma abordagem multidisciplinar e uma interpretação holística. A Astrobiologia fornece essa nova plataforma para o estudo da vida no Universo, revolucionando o modo de fazer ciência, reunindo diversas áreas de pesquisa, suas perspectivas e seus métodos. Essa visão sistêmica da Astrobiologia demonstrou inúmeras vezes desde então a que ponto o todo é infinitamente mais poderoso do que a soma das suas partes.

Porém, há também o outro lado da moeda. Ainda que essa exploração nos forneça dados abundantes, a criação de novas estruturas de pensamento ocorre numa cadência muito mais lenta. A comunidade astrobiológica se reúne regularmente para estabelecer visões estratégicas, documentos técnicos e investigações decenais que incluam os últimos dados, as descobertas mais recentes e a pauta do futuro da ciência, da tecnologia e da exploração da vida no Universo. Entretanto, embora nosso conhecimento do cosmos e de seu potencial para abrigar vida tenha se transformado completamente nos últimos 40 anos, questões fundamentais relativas à origem da vida e à sua natureza permanecem sem resposta. Talvez uma parte do problema resida no fato de que, nessa busca, somos tanto o experimento quanto o cientista, a vida que se interroga sobre sua origem. Essa relação íntima nos abre para uma percepção inconsciente de nossa relação com nosso planeta e com o Universo que nos rodeia e, quanto mais avançamos, menos precisa se torna a separação e mais se dissipa o medo de imergir na imensidão de sua profundidade.

Mesmo que ainda não saibamos bem onde nos levará essa busca e o que procuramos exatamente, não é isso que importa. As respostas se apresentarão à medida que avançarmos. O importante é estar na estrada, ao mesmo tempo como atores e espectadores da odisseia mais extraordinária jamais empreendida pela humanidade. Estamos à procura de nossas origens e de um eco cósmico que um dia nos revele, enfim, que não estamos sozinhos no Universo.

Tirada a bordo da Apollo 8 por Bill Anders, esta imagem emblemática mostra a Terra vista da superfície lunar quando a primeira nave espacial tripulada fazia a volta na Lua em 24 de dezembro de 1968. (Fonte: Nasa/Bill Anders.)

Efeito Perspectiva

Os astronautas frequentemente mencionam um sentimento de deslumbramento quando olham a Terra do espaço. Chamam isso de "Efeito Perspectiva", expressão que tenta traduzir o profundo impacto emocional provocado pela visão de nosso planeta suspenso na escuridão sideral e protegido apenas por uma fina camada de atmosfera. Do espaço, as fronteiras entre os países desaparecem. O tumulto da agitação humana se desvanece num silêncio ensurdecedor, dando lugar a uma percepção transformadora: estamos todos a bordo do mesmo barco, unidos por um mesmo destino. Qualquer outra consideração é irrelevante. A maioria dos astronautas volta para a Terra com um senso agudo de responsabilidade em relação ao nosso meio ambiente e uma maior compreensão da vulnerabilidade da vida. Muitos compartilham sua experiência; alguns se tornam ativistas. O Efeito Perspectiva talvez seja a herança mais profunda que nossa geração deixará para as futuras. É um marco na história da humanidade, uma mudança de ponto de vista que acontece num momento crucial, em que devemos decidir se queremos desaparecer no esquecimento ou levantar voo na imensidão cósmica.

Qual é nosso lugar no espaço? Estamos sozinhos no Universo? De onde vem a vida? Essas perguntas são tão antigas quanto a humanidade. No entanto, nossa geração é a primeira a ver a Terra do espaço e para além de sua atmosfera. Essa perspectiva é acompanhada de novos conhecimentos e de algumas mensagens em forma de advertências, como aquela dada pelos primeiros astronautas que foram à Lua, quando falaram de nosso berço planetário e do lugar de origem da humanidade, da indivisibilidade de uma biosfera frágil e de nossa responsabilidade em relação a ela enquanto espécie dominante, então reveladas a nós pela primeira vez.

UM PÁLIDO PONTO AZUL

Houve outros Efeitos Perspectiva nas décadas seguintes, e suas mensagens nos chegaram de distâncias ainda maiores. Em 14 de fevereiro de 1990, Carl Sagan orientou a câmera da Voyager 1 para a Terra. A nave espacial se encontrava então a quase 6 bilhões de quilômetros de nosso planeta. Numa imagem imortalizada para sempre como "pálido ponto azul", a Terra era representada por um simples pixel – "um grão de areia suspenso num raio de Sol". A mensagem reforçava mais uma vez a fragilidade de nosso planeta e a necessidade de proteger "a única morada que já tivemos", como afirmou Sagan. Falava de unidade e incitava nossa espécie a parar de brigar "por uma fração de um ponto". A missão Voyager nos deu igualmente uma "foto de família", a primeira visão de nossa posição dentro do Sistema Solar, entre o conjunto familiar de seus planetas.

Desde então, outras sondas espaciais se voltaram para a Terra e para a Lua, esse dueto improvável no oceano cósmico. Mas a visão do pálido ponto azul permanecerá para sempre como a primeira e o prelúdio de algo muito maior: uma revolução astronômica que começaria a tomar forma apenas alguns anos depois e se expandiria muito além dos limites do nosso quintal na galáxia. Em janeiro de 1992, os astrônomos Aleksander Wolszcan e Dale Frail anunciaram a descoberta de dois planetas em órbita ao redor do pulsar PSR B1257+12, a cerca de 2.300 anos-luz da Terra. Eles acabavam de descobrir os dois primeiros exoplanetas. Em 1995, Michel Mayor e Didier Queloz descobriram o 51 Pegasi b, um exoplaneta orbitando uma estrela semelhante ao Sol e distante 50 anos-luz. Mais de 25 anos depois, telescópios espaciais como o Kepler, o Tess (Satélite de Rastreamento de Exoplanetas em Trânsito), o Hubble e o Telescópio Espacial James Webb (JWST) possibilitaram a identificação de cerca de 5.800 exoplanetas. Alguns são do tipo terrestre, e apenas uma parte deles se situa na zona habitável de suas estrelas hospedeiras. Porém, os telescópios espaciais não são os únicos a fazer parte dessa revolução. Os instrumentos no solo alcançaram um tal grau de avanço tecnológico que também contribuem de maneira decisiva para essas descobertas, graças às imagens diretas e à espectroscopia. Em seus campos de visão, esses mundos longínquos frequentemente não ultrapassam um pixel, assim como outrora ocorreu com nosso pálido ponto azul na câmera da Voyager 1.

O Efeito Perspectiva, onde quer que se produza, corresponde a uma mudança de prisma a partir da qual nenhum retrocesso é possível. Copérnico mostrou há muito tempo que a Terra não está nem no centro do Universo, nem no centro do Sistema Solar. Harlow Shapley e Henrietta Swan Leavitt demonstraram que o Sistema Solar não ocupa nenhum lugar privilegiado em nossa galáxia – ele está simplesmente situado na margem interior do Braço de Órion na Via Láctea, a 27 mil anos-luz de seu centro, em uma região ordinária da galáxia. Nosso Sol é uma estrela de tamanho médio, situada numa galáxia que se move a cerca de 2 milhões de quilômetros por hora num universo visível que talvez compreenda aproximadamente 125 bilhões dessas ilhas cósmicas. Nessa imensidão, a missão Kepler nos ensinou que os sistemas planetários são a regra, não a exceção.

SOZINHOS NO UNIVERSO?

E foi assim que, num quarto de século apenas, encontramo-nos explorando um universo povoado por um número de planetas tão grande quanto o de estrelas. No entanto, olhando para cima e de longe, para o que parece ser um oceano infinito de possibilidades, os únicos ecos que recebemos de nossas explorações até agora são paisagens planetárias estéreis e um silêncio ensurdecedor. Somos os únicos convidados à mesa cósmica? Talvez. Enquanto cientista, não posso descartar totalmente essa hipótese, mas ela é muito improvável e seria definitivamente "um terrível desperdício de espaço" (Carl Sagan) – por várias razões.

Para começar, os componentes elementares da vida como a conhecemos – carbono, hidrogênio, oxigênio, nitrogênio, fósforo e enxofre –* são comuns no Universo. Não é por acaso que são a base de nossa biologia. São "poeira das estrelas", como falava Sagan, e que compõem tudo o que conhecemos – o Universo, o corpo humano ou as "tortas de maçã", como ele gostava de precisar. Encontramos moléculas orgânicas e substâncias voláteis na superfície de Marte, nos gêiseres de Encélado (uma pequena lua de Saturno), na atmosfera de Titã, na estratosfera de Tritão e nos cometas. Também as achamos em asteroides e nos planetas-anões Ceres e Plutão, para citar apenas alguns exemplos. Bem mais longe ainda, cerca de 200 tipos de moléculas orgânicas complexas prebióticas (os precursores da vida) foram detectados em nuvens interestelares próximas do centro de nossa galáxia. Algumas delas poderiam fazer parte da formação dos aminoácidos – elementos constitutivos da vida tal como a conhecemos. É claro que essas moléculas orgânicas não são a vida, mas os elementos de base que a vida utiliza para sua estrutura de carbono e de hidrogênio, e elas estão em absolutamente todos os lugares.

Esse grande número de possibilidades aumenta a probabilidade de haver vida abundante no Universo. Uma simples extrapolação dos dados da missão Kepler sobre o número de exoplanetas existentes só em nossa galáxia sugere que poderiam existir bilhões de planetas do tipo terrestre na zona habitável de estrelas semelhantes ao Sol. Supondo que um único planeta em 1 bilhão tivesse desenvolvido um tipo de vida complexo e

* N.R.T.: Os símbolos desses elementos químicos formam o acrônimo "Chonps", uma expressão comum em inglês para se referir ao conjunto deles, também utilizada em português.

inteligente, nossa galáxia poderia estar povoada por uma dúzia de civilizações avançadas. Mesmo que houvesse apenas um a cada 100 galáxias, o total se elevaria a alguns bilhões no Universo. E como a distribuição de probabilidade na natureza prevê que existem mais poças d'água do que grandes lagos, mais colinas pequenas do que cadeias de montanhas, mais planetas pequenos do que grandes e mais vida simples do que complexa, é muito provável que haja, no Universo, uma grande quantidade de planetas que abrigam formas de vida microbiana simples. Essa conclusão é, sem dúvida, uma simplificação, mas não é insensata, e vários cenários podem ser considerados.

Talvez a Terra não seja um bom modelo para representar a velocidade com que a vida se desenvolve em outras partes do Universo. Talvez sejamos apenas uma versão de planeta onde a biologia é relativamente lenta. Afinal, foram necessários cerca de 80% do tempo de evolução geológica de nosso planeta para que a vida alcançasse um estágio complexo. Porém, se olharmos as coisas de modo um pouco diferente, talvez sejamos, ao contrário, um exemplo de onde a vida anda numa via expressa. Hoje em dia, estudos parecem indicar que a vida poderia ter surgido muito rapidamente, um pouco menos de 200 milhões de anos depois do resfriamento da crosta terrestre. Na prática, tudo é relativo e depende do tipo de vida a que nos referimos. Nosso conhecimento ainda é muito imperfeito, sobretudo porque carecemos de dados relativos a esses tempos geológicos longínquos, pois a tectônica das placas* e a erosão destruíram grande parte do registro geológico daquele período. Também é possível que uma parte da resposta a essa pergunta se encontre fora de nosso planeta, no sentido de que a vida poderia ser gerada como resultado de processos associados à formação de estrelas específicas – em nosso caso, estrelas semelhantes ao Sol.

Nossa galáxia se formou há cerca de 13,6 bilhões de anos, ou seja, só 200 milhões de anos depois do *Big Bang*, mas estrelas como o Sol

---

* N.R.T.: É o processo que ocorre na litosfera terrestre, a camada rochosa exterior do nosso planeta, que se divide em diferentes blocos (ou placas) que se movem e interagem entre si.

não foram geradas imediatamente nesse Universo jovem. Os astrônomos pensam hoje que as estrelas mais antigas (conhecidas como "População III") eram quentes, massivas e luminosas e tinham uma duração de vida curta, de 2 a 5 milhões de anos. Formadas nos primórdios do Universo, essas estrelas praticamente não teriam em sua formação compostos metálicos (elementos além do hidrogênio e hélio). Sua existência permaneceu hipotética durante muito tempo, somente deduzida por observações indiretas de uma galáxia usando o efeito de lente gravitacional numa região afastada do Universo. Contudo, a análise recente de uma galáxia distante, feita a partir do telescópio terrestre Gemini Norte e do Telescópio Espacial James Webb, parece confirmar sua existência passada e ainda indicar que essas estrelas titânicas tinham uma massa até 300 vezes maior do que a do nosso Sol!

A População II, mais recente, era mais pobre em metais e distribuída entre o bojo central de nossa galáxia e seu halo. A morte das estrelas de População II produziu os elementos mais pesados, atualmente utilizados pela vida como a conhecemos.

A População I, de maior metalicidade, é a mais jovem das populações estelares. Nosso Sol faz parte dela, e os elementos biogênicos (que constituem a vida na Terra) são hoje abundantes tanto no Universo como no nosso planeta. A exceção é o fósforo, que pode ter sido incorporado à Terra no período chamado de "Intenso Bombardeio Tardio", caracterizado por grande quantidade de colisões do nosso planeta com cometas e asteroides. Sua transformação química fez dele um componente estrutural essencial de nosso código genético e metabolismo.

Análises feitas a partir de dados do Telescópio Espacial James Webb indicaram a presença de moléculas orgânicas em uma galáxia 12 bilhões de anos-luz distante de nós, apontando que o Universo produziu elementos biogênicos há bastante tempo. Mas, se a vida se desenvolveu na Terra e, quem sabe, em outros lugares, talvez seja porque eles se tornaram suficientemente abundantes com a População I de estrelas mais recentes, como nosso Sol. Se for o caso, a vida poderia estar associada a processos envolvendo apenas gerações específicas de estrelas nascidas num momento particular da história do Universo. Por outro lado, esses elementos biogênicos são tão antigos que tiveram uma história química longa e complexa antes de serem incorporados à bioquímica terrestre, o que poderia ser outro aspecto crucial para a origem da vida. Ainda hoje não sabemos se essa história desempenhou um papel direto ou indireto na origem da vida na Terra. Porém, se a vida como conhecemos está mesmo associada ao surgimento de gerações específicas de estrelas, então pode ser que o Universo estivesse apenas começando a se povoar de berços planetários vivos cuja estrutura bioquímica não seria completamente diferente da nossa.

A COEVOLUÇÃO, UM PRINCÍPIO ESSENCIAL

O que discutimos até aqui considera apenas a vida como conhecemos e os planetas semelhantes à Terra como os únicos mundos com potencial de desenvolver vida. Mas nada, até agora, permite afirmar que a origem da vida se limite a esses critérios. Décadas de exploração no espaço e em ambientes terrestres extremos ampliaram, em vez de reduzir, nossos horizontes de pesquisa, auxiliando-nos a aprimorar nossa compreensão da habitabilidade planetária e dos *habitats* possíveis para a vida. Também evidenciaram o papel de um conceito fundamental em Astrobiologia: a coevolução da vida e de seu meio ambiente.

A evolução da vida e a do meio ambiente na Terra estão estreitamente ligadas e são inseparáveis. Hoje em dia, consideramos essa concepção como um fato, mas nem sempre foi assim. Há apenas três séculos ainda se pensava que as características do meio ambiente mantinham as mesmas dinâmicas ao longo do tempo e que as espécies se adaptavam a ele. Depois, no século XIX, o naturalista Charles Darwin propôs que o meio ambiente está em constante evolução, obrigando a vida a se adaptar ou a desaparecer, pois organismos mais bem-adaptados são mais bem-sucedidos em sobreviver e se reproduzir. É a famosa "lei do mais apto". Atualmente, compreendemos que as mudanças do meio ambiente e da vida são direcionais e interdependentes. Em outras palavras, as modificações no meio ambiente acompanham as mudanças na história da vida como causas ou como efeitos e ocorrem em todas as escalas do espaço e do tempo.

Numa grande escala temporal, a habitabilidade de nosso planeta está estreitamente ligada à atividade solar, que varia ao longo do tempo. Nossa estrela se formou há 4,6 bilhões de anos e teve um nascimento perturbado, período de alguns milhões de anos em que passou por emissões de intensos ventos solares, antes de entrar na fase chamada de "sequência principal:* em seu centro, passa a ocorrer a fusão nuclear de hidrogênio e a pressão expansiva gerada na estrela se equilibra com a pressão compressiva que decorre da própria gravidade. Hoje, o Sol está mais ou menos na metade do seu tempo de vida. Durante o Arqueano, entre 3,8 e 2,5 bilhões de anos atrás, sua luminosidade pode ter correspondido a apenas 75% da atual. Em teoria, as temperaturas teriam sido baixas demais para permitir que a água permanecesse líquida na superfície da Terra (e a água líquida é determinante para o desenvolvimento e a prosperidade da vida). Entretanto, os primeiros fósseis provam que, apesar de tudo, a vida se enraizou. Uma das razões possíveis para isso é que, nessa época, nosso planeta tinha menos massas continentais do que hoje, refletindo menos luz solar de volta ao espaço do que faz atualmente. Extensões oceânicas mais vastas poderiam ter absorvido mais energia solar, compensando assim um Sol mais fraco. A atmosfera do Arqueano era igualmente enriquecida de dióxido de carbono e de metano, dois potentes gases de efeito estufa que podem ter ajudado a manter a temperatura da superfície entre 0°C e 40°C.

Em contrapartida, perto do fim de sua vida, dentro de 7 bilhões de anos aproximadamente, o Sol entrará na fase de estrela Gigante Vermelha: seu envelope** de gases se estenderá para além da órbita da Terra, talvez até Marte. No entanto, a vida na Terra começará a ter sérios problemas

---

* N.R.T.: Chama-se "sequência principal" o estágio da evolução estelar caracterizado pela fusão nuclear de hidrogênio no seu interior. O Sol, por exemplo, atualmente, faz parte do grupo de estrelas nesse estágio.

** N.R.T.: O termo costuma referir-se às camadas externas das estrelas.

bem antes que sua estrela a incinere. À medida que o Sol envelhece, sua luminosidade aumenta 10% a cada bilhão de anos, e esse processo provoca mudanças na zona habitável do Sistema Solar, definida como uma região onde a água consegue permanecer líquida na superfície de um planeta. Um aumento de 10% significa que as temperaturas se tornarão elevadas demais para manter a água líquida no próximo bilhão de anos. Os oceanos começarão a evaporar, acarretando o acúmulo de mais vapor d'água na atmosfera e intensificando o efeito estufa que acelerará o aumento das temperaturas, desencadeando ainda mais evaporação. Nosso planeta se confrontará então com o aumento descontrolado do efeito estufa, situação na qual a vida não mais poderá se adaptar. Mais próximo do Sol do que a Terra, Vênus já enfrentou esse cenário.

Um bilhão de anos é muito tempo à frente, mas também muito pouco na escala geológica. Basta pensar que a odisseia da vida na Terra já tem 4 bilhões de anos, ou seja, 80% do seu tempo de residência possível em nosso planeta. Atualmente, a energia solar recebida é perfeita para mantê-la, mas não é a única. A própria Terra dá origem a outras fontes de energias, como a geotérmica e a geoquímica, o oxigênio e a radiólise, que produz hidrogênio e oxidantes, que alguns micróbios utilizam como nutrientes. Essas fontes de energia têm um papel importante na diversificação e na complexidade dos organismos vivos. Com o tempo, enquanto a vida se desenvolve, diversifica e fica mais complexa, o inventário orgânico da Terra muda e transforma o ciclo do carbono, o clima, os ecossistemas e o nível de oxigênio na atmosfera. Desse modo, as mudanças na biodiversidade são essenciais para moldar os ciclos geoquímicos de nosso planeta. As mutações são outra parte essencial desse processo. Modificando o código genético dos organismos, elas são indispensáveis à evolução da vida e quase sempre surgem espontaneamente, sem que se possa identificar uma causa precisa. E, assim, uma vez que moldam a diversidade da vida, elas geram impacto sobre a biodiversidade e sobre a habitabilidade planetária devido a seu papel nos ciclos biogeoquímicos.

Outros exemplos de modificação do meio ambiente pela vida estão nas extremidades da escala temporal da evolução, cada uma com repercussões em escala planetária. Quando a Terra se formou, sua atmosfera não tinha oxigênio livre. Cerca de 2,45 bilhões de anos mais tarde, a fotossíntese surgiu nas cianobactérias, que utilizaram a luz do Sol, a água e dióxido de carbono para produzir glucose e liberar oxigênio na atmosfera. Foram necessárias algumas centenas de milhões de anos a mais para que o oxigênio produzido pelas cianobactérias se acumulasse na atmosfera. Assim, o ar que respiramos hoje é resultado de uma das transformações mais dramáticas do meio ambiente pela vida. Nos dias atuais, somos a ilustração mais visível desse processo ocorrendo no extremo mais recente da história da Terra. Devido à atividade humana, o nível médio global de dióxido de carbono na atmosfera vem sofrendo um incremento de 12% desde o ano 2000, batendo um recorde que data do Plioceno, há 3 milhões de anos. Enquanto isso, a concentração de metano mais do que dobrou desde a época pré-industrial. O aumento dos gases de efeito estufa resulta em temperaturas médias da superfície mais elevadas (aquecimento global) e em mudanças na habitabilidade de nosso planeta em escala global. A consequência disso é a perda de inúmeras espécies e uma grave alteração dos ecossistemas. Por uma triste ironia, a espécie mais avançada de nosso planeta está cortando o galho onde está sentada, destruindo a cada dia, conscientemente, o meio ambiente propício a seu crescimento e desenvolvimento.

CICLOS NATURAIS E AMEAÇAS CÓSMICAS

Os ciclos naturais, o meio ambiente e as características físicas e químicas da Terra foram inicialmente determinados pela composição da poeira, dos gases e dos gelos do disco protoplanetário de que ela provém, assim como de sua distância do Sol e outros parâmetros astronômicos. Três características da órbita terrestre ao redor do Sol têm um papel fundamental na evolução da habitabilidade de nosso planeta: a excentricidade, a obliquidade e a precessão. A primeira descreve a diferença da forma da órbita da Terra em relação a um círculo perfeito; a segunda é a inclinação do eixo rotacional da Terra em relação à direção perpendicular ao plano de sua órbita elíptica; a terceira descreve a rotação do próprio eixo de rotação da Terra devido aos efeitos de marés provocados pela gravidade do Sol e da Lua. Existem ciclos de variações associadas e elas que formam os denominados "Ciclos de Milankovitch" (nome do astrofísico sérvio que desenvolveu essa teoria).

Individualmente e em conjunto esses ciclos naturais influenciam padrões de longo prazo no clima terrestre por dezenas a até centenas de milhares de anos, provocando períodos glaciais e interglaciais. Às vezes, são perturbados por forças externas. Eventos aleatórios podem transformar o meio ambiente e a vida durante alguns anos ou até por vários milhões de anos. Eles podem ser de origem cósmica, como os asteroides e os cometas que regularmente atingiram nosso planeta ao longo de sua história e afetaram a evolução da vida várias vezes. Quando observamos a história desses eventos de impactos na Terra nos últimos 260 milhões de anos a partir do registro geológico das crateras formadas, vemos um pico a cada 27,5 milhões de anos, que parece alinhar-se bem com um ciclo conhecido de extinções em massa. Cinco das seis maiores crateras de impacto identificadas nesse período – inclusive aquela que contribuiu para a extinção dos dinossauros não avianos – formaram-se nos mesmos períodos que essas grandes extinções. Alguns estudiosos veem nisso uma relação de causa e efeito, pois a cada 27,5 milhões de anos o Sistema Solar atravessa o denso plano intermediário da Via Láctea. É então possível que interações gravitacionais expulsem cometas da Nuvem de Oort, onde eles residem normalmente, e os coloquem em rota de colisão com os planetas internos. Estrelas errantes que passam perto da Nuvem de Oort poderiam ter o mesmo efeito, mas com muito menos previsibilidade.

Nos últimos tempos, só objetos de tamanho relativamente pequeno nos surpreenderam. Apesar de tudo, o Evento de Cheliabinsk, em 15 de fevereiro de 2013, envolvendo a explosão no ar e a queda subsequente dos fragmentos de um asteroide medindo entre 15 e 20 metros de comprimento, provocou danos em toda a cidade russa. Em 30 de junho de 1908, também se atribuiu o Evento da Tunguska a uma explosão aérea de um asteroide, com tamanho da ordem de 100 a 200 metros, que atravessou a atmosfera terrestre com velocidade entre 70 e 75 mil quilômetros por hora, destruindo 80 milhões de árvores em uma área de aproximadamente 2 mil quilômetros quadrados de floresta. Estimou-se a potência da explosão entre 10 a 15 megatons de TNT, ou seja, mil vezes a potência da bomba de Hiroshima, mas, como ela se produziu na parte superior da atmosfera terrestre, não deixou nenhuma cratera no solo.

Cratera de Manicouagan (Quebec, Canadá). Este grande lago anular indica a localização de uma cratera de impacto de 100 quilômetros de diâmetro. Formada há cerca de 212 milhões de anos, quando um asteroide atingiu a Terra, a cratera vem sendo erodida desde então por inúmeros avanços e recuos das geleiras. O reservatório é drenado pelo rio Manicouagan, que flui para o rio Saint-Laurent, 483 quilômetros ao sul.
(Fonte: Nasa, STS009-048-3139. Imagem feita durante a missão STS-9 da nave Columbia (dezembro de 1983).)

Esses eventos são uma constante na história de nosso planeta. Não há nenhuma dúvida de que outros impactos ocorrerão no futuro. A questão é como se preparar para eles e, nessa área, há boas e más notícias. A boa notícia é que quanto maiores forem os asteroides ou os cometas, menos numerosos eles são e menor será a frequência de risco de um possível impacto. A má notícia é que basta um único impacto para desencadear uma extinção em massa, da qual não somos imunes e para a qual ainda não estamos bem preparados. Já conhecemos vários Objetos Próximos da Terra (NEO, na sigla em inglês). Sua órbita ao redor do Sol os traz para perto da Terra e os torna potencialmente perigosos. Um deles é o asteroide Toutatis, com extensão em torno de 2,5 quilômetros. Já o Apophis, com 365 metros, deve passar a apenas pouco mais de 30 mil quilômetros da Terra em 13 de abril de 2029, mais perto do que muitos de nossos satélites geoestacionários. Para quem é supersticioso, será uma sexta-feira!

Compreender e modelar as trajetórias desses objetos, caracterizar suas dimensões, forma, massa, composição e dinâmica de sua rotação é essencial para nos ajudar a prever os riscos que eles representam e nos dar tempo de reagir. É por isso que foram tomadas novas iniciativas para desenvolver um programa de defesa planetária de detecção e de vigilância dos Objetos Próximos da Terra que constituem uma ameaça, bem como para antecipar soluções (destruição antes do impacto ou modificação de sua trajetória). A missão Dart (Double Asteroid Redirection Test) da Nasa nos ofereceu um primeiro teste das possibilidades nessa área. Ela tinha o objetivo de compreender como se daria o desvio de asteroides, levando uma sonda espacial a colidir com Dimorphos, uma pequena lua em órbita ao redor do NEO Didymos, que a missão alcançou em 26 de setembro de 2022. O impacto foi um sucesso, a sonda atingiu diretamente e com uma precisão admirável o pequeno asteroide de 170 metros situado a 10 milhões de quilômetros da Terra. A colisão foi registrada por LICIACube, o CubeSat (satélite miniatura) companheiro fornecido pela Agência Espacial Italiana (ASI, na sigla em italiano), que enviou as primeiras imagens de seu sobrevoo do asteroide durante o impacto. Observadores em torno do oceano Índico e na África foram os primeiros a registrar imagens no solo, seguidos algumas horas depois pelos observatórios ocidentais, quando a rotação da Terra trazia o asteroide para seu campo de visão.

Alguns dias depois, as observações confirmaram que o período orbital de Dimorphos em torno de Didymos foi modificado em 32 minutos pelo impacto. A missão Hera da Agência Espacial Europeia (ESA, na sigla em inglês), lançada em outubro de 2024, continuará o estudo do asteroide duplo em alguns anos, com um novo encontro previsto com Dimorphos em dezembro de 2026. A Administração Espacial Nacional Chinesa (CNSA, na sigla em inglês) pode também vir a lançar uma missão semelhante para um asteroide não especificado com o objetivo de unir esforços para estabelecer um sistema de defesa contra os Objetos Próximos da Terra, além de melhorar nossa capacidade de monitorá-los e catalogá-los e para nos deixar em uma posição mais favorável para transmitir alertas de possíveis impactos e fazer intervenções com maior antecedência.

Os cometas e os asteroides são apenas uma ameaça cósmica potencial entre inúmeras outras para a vida na Terra, como mostra o evento conhecido como "Evento Hangenberg". No final do Devoniano, há 359 milhões de anos, todos os placodermos (peixes já extintos com armadura dérmica) e cerca de 70% dos invertebrados desapareceram. Os esporos fósseis desse período apresentam danos substanciais causados pelos raios ultravioleta, reveladores de uma perturbação duradoura da camada de ozônio. Ainda que uma mudança climática ou a atividade vulcânica possam ser em parte responsáveis por essas alterações, seu efeito geralmente é de curta duração e os oceanos fornecem uma proteção eficaz contra os raios ultravioleta. Ora, o que atingiu a Terra nesse período foi não somente capaz de destruir uma parte da camada de ozônio, mas também de penetrar profundamente na superfície terrestre e nos oceanos. Nessas condições, o principal suspeito é uma supernova suficientemente potente para destruir uma parte da atmosfera terrestre e bombardear a superfície com partículas de alta energia e cujas repercussões se fizeram sentir durante 100 mil anos. Felizmente, no momento atual, não há nenhuma estrela instável próxima o bastante para reproduzir um cataclismo dessa amplitude. Ainda que Betelgeuse seja uma candidata a poder passar por isso ao longo das próximas décadas, essa estrela supergigante vermelha se situa a 642 anos-luz da Terra – muito longe, portanto, para representar perigo. Uma explosão de raios gama direcionada à Terra que possa causar uma extinção é ainda menos provável. Até agora, suas fontes foram localizadas a bilhões de anos-luz e fora de nossa galáxia.

Com o tempo, as catástrofes geológicas e certas crises do meio ambiente também afetaram profundamente a evolução da vida em todas as escalas. Algumas delas foram repentinas, violentas e de curta duração, enquanto outras perturbaram nosso planeta durante longos períodos. Um exemplo clássico é o dos basaltos de Deccan, na Índia, que começaram a se formar há 66 milhões de anos, durante o Cetáceo, após uma série de erupções vulcânicas que se estenderam por mais de 33 mil anos. Essas erupções estão bem correlacionadas a variações climáticas significativas e extinções em massa.

A deriva continental também poderia ser responsável pela extinção do Ordoviciano há 445 milhões de anos, com a migração do supercontinente Gondwana para o hemisfério sul, acarretando flutuações do nível dos oceanos durante milhões de anos, que destruíram incontáveis *habitats* e 85% de todas as espécies. Todos esses exemplos são apenas uma amostra de como o meio ambiente molda a evolução da vida.

Por bilhões de anos, a vida precisou se adaptar ou perecer, lutando inúmeras batalhas contra as investidas de um meio sempre em mutação devido a eventos aleatórios ou ciclos naturais, eras glaciais, modificações na composição da atmosfera ou dos oceanos. Os conhecimentos acumulados com o estudo da Terra possibilitam uma melhor compreensão dessa coevolução, mas também um entendimento do que significa zona habitável e habitabilidade em escala planetária e como isso pode variar no decorrer da história de um planeta.

Paralelamente, enquanto nossas sondas espaciais percorrem o Sistema Solar nas últimas décadas, a exploração científica de nosso próprio planeta se intensificou até nos ambientes mais extremos, nos oferecendo mais uma vez uma mudança de perspectiva: para onde quer que olhemos, das mais altas montanhas aos precipícios mais profundos, dos meios mais ácidos aos ambientes mais alcalinos, dos locais mais quentes aos mais frios, em lugares sem oxigênio, no interior das rochas, às vezes a quilômetros abaixo da superfície, sob alta salinidade, nos desertos mais áridos, ou ainda em lugares submetidos a radiações ou pressões intensas, a vida sempre está presente. Tudo isso sugere possíveis lugares para a origem da vida e ilustra sua capacidade extraordinária de se adaptar às condições mais extremas.

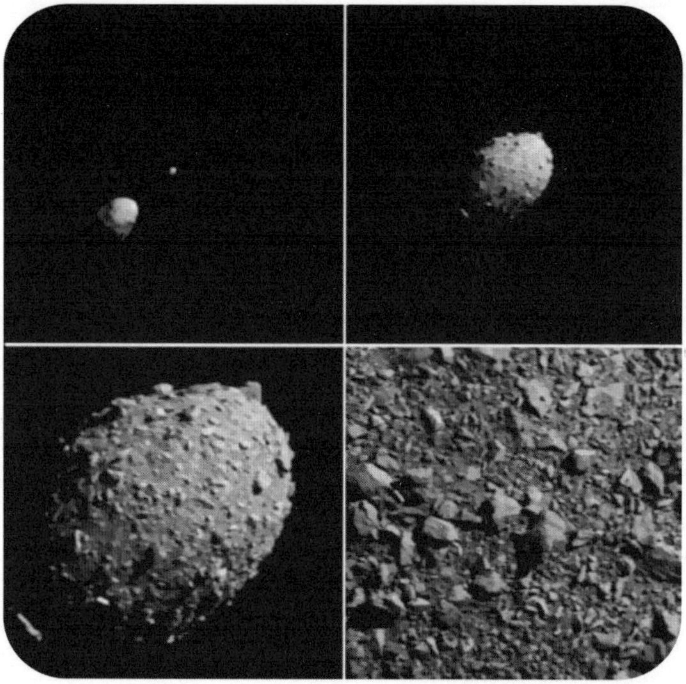

A aproximação de Dart em Dimorphos. Com uma precisão impressionante, a sonda atingiu em cheio um objeto de 170 metros de diâmetro situado a 10 milhões de quilômetros da Terra! A sequência de imagens mostra Dart a cerca de 10 minutos do impacto. Didymos e sua pequena lua Dimorphos estão bem visíveis (no alto, à esquerda); Dimorphos coberto de material ejetado das erupções vulcânicas, uma textura de superfície que lembra a de Bennu e Ryugu, dois asteroides explorados pelas missões Osiris-Rex (Nasa) e Hayabusa-2 (Jaxa) (no alto, à direita); a aproximação final (embaixo, à esquerda) e a última imagem da superfície antes do impacto (embaixo, à direita). A sonda percorreu os últimos 10 quilômetros em um segundo!

(Fonte: Nasa/Johns Hopkins University APL.)

E quando recebemos as transmissões das imagens de planetas e luas distantes, constatamos que alguns de seus meios ambientes passados e presentes oferecem semelhanças surpreendentes com os meios extremos terrestres. Desse modo, estudar a Terra nos permite investigar não apenas como a vida surgiu e evoluiu junto do ambiente do nosso planeta, mas também nos trouxe a noção de ambientes habitáveis. Isto é, nos fez ver que planetas ou luas podem oferecer condições favoráveis à vida, mesmo estando fora da chamada zona habitável de nosso Sol. Dessa maneira, o estudo da Terra abre horizontes extraterrestres ilimitados de exploração para a busca da vida, seja no Sistema Solar ou para além dele.

Centelhas de vida

Atualmente, graças à busca de exoplanetas, conhecemos ao menos 3.800 estrelas com planetas em órbita, e isso numa região bem pequena de nossa galáxia. Mais de um terço delas têm sistemas com pelo menos três planetas. O Sistema Solar, Kepler-90 e Trappist-1 têm entre sete e oito, ao passo que Tau-Ceti poderia ter até dez. Parece inevitável, portanto, que o Sistema Solar seja só um exemplo de sistema planetário múltiplo dentre muitos outros. No entanto, ele é único em vários aspectos. Para começar, a vida surgiu em ao menos um de seus planetas e, com o tempo, a "poeira das estrelas" que o compõe se uniu para fazer de nós o que somos, atores e testemunhas complexos e inteligentes de um espetáculo cósmico infinito. Único também, porque ainda estamos procurando outros sinais de vida além da Terra. Mas único não quer necessariamente dizer sozinho. E, para compreender se a vida é um fenômeno corrente ou raro no Universo, é necessário, primeiro, tentar compreender como ela surgiu aqui, em nosso planeta.

ORIGENS DA VIDA NA TERRA

A origem da vida talvez seja a questão mais fascinante e fundamental da Astrobiologia, devido às suas implicações científicas e filosóficas. Ela também está no centro de qualquer reflexão sobre a vida extraterrestre, pois o modo como buscamos a vida no Universo é guiado, e provavelmente limitado, pelo que sabemos da Terra. Mas isso é tudo o que temos por enquanto para iniciar nossa busca. Então, o que sabemos?

Os resultados mais recentes parecem indicar a presença de carbono biogênico (produzido por decorrência de vida) em rochas terrestres com 4,1 bilhões de anos em Jack Hills, na Austrália ocidental. Estruturas biogênicas com 4,28 bilhões de anos também podem ter sido identificadas nos vestígios de um antigo fundo oceânico no Canadá. A confirmação dessas duas descobertas seria importante, pois ela já indicaria a presença de vida simples na Terra somente 200 milhões de anos depois da solidificação de sua superfície. Hoje, os vestígios mais antigos confirmados foram produzidos por fontes hidrotermais no fundo oceânico, em margens continentais marinhas pouco profundas e ambientes intertidais (zonas de oscilação das marés). Eles incluem microfósseis e formações rochosas criadas pelas interações entre microrganismos e seu meio. Biomarcadores isotópicos e moleculares mostram que organismos unicelulares já estavam presentes desde o início dos tempos em nosso planeta, e depósitos mineralógicos deixados por fontes hidrotermais constituem a primeira evidência de uma vida na Terra há cerca de 3,5 bilhões de anos.

Essas bioassinaturas têm idades próximas às dos fósseis de Strelley Pool (Austrália), formados num mar pouco profundo há 3,43 bilhões de anos. Portanto, essa cronologia nos revela que a vida surgiu rapidamente na Terra, e os poucos fósseis desse período indicam que era feita de populações de microrganismos simples, descendentes de precursores que sobreviveram às condições dantescas do fim do Hadeano e do início do Arqueano, há 4 bilhões de anos. Mas o que ainda não sabemos é *como* a vida surgiu.

Diferentes teorias se debruçam sobre esse *como*. Uma delas se sustenta num evento sobrenatural: é o fundamento das religiões. Geralmente, essa teoria não é considerada como parte da descrição científica da natureza. Dito isso, para além de suas diferenças, a ciência e as religiões se confrontam com paradoxos e questões muito semelhantes. Não sabemos o que precedeu ao *Big Bang* ou à existência de Deus, ou por que o Universo ou Deus existem, já que, afinal de contas, a existência deles, ou a existência de qualquer coisa, não é absolutamente necessária em si.

Fonte hidrotermal ativa em El Tatio, nos Andes chilenos, um tipo de meio ambiente análogo àqueles que preservaram os primeiros fósseis na Terra. (Fonte: The Seti Institute NAI Team/ Biosignature Detection Project/Nasa.)

A ciência estuda diversas teorias e hipóteses que incluem a possibilidade de que poderia haver uma pluralidade de caminhos para a origem da vida. É por isso que se fala *das* origens da vida. Essa diferença é sutil, mas fundamental, e traduz hipóteses distintas. Uma delas propõe que a vida surgiu e desapareceu inúmeras vezes antes de colonizar nosso planeta, bem antes que os primeiros fósseis se preservassem em depósitos geológicos há 3,5 bilhões de anos. Essa ideia é bastante intuitiva quando se pensa no ambiente inicial da Terra. Bem no começo de sua história, enquanto ainda estava em formação, o Sistema Solar se assemelhava a uma imensa empresa de demolição. Asteroides e cometas gigantescos atingiam regularmente a Terra primitiva, escavando crateras de impacto de várias centenas de quilômetros de diâmetro e vários quilômetros de profundidade. Muitas vezes, esses impactos eram tão violentos que projetavam destroços de volta para o espaço e obscureciam a atmosfera por centenas de anos, ou até bem mais. A energia produzida por essas colisões colossais desencadeou erupções enormes e de longa duração. A própria Terra primitiva produziu vulcanismo, liberando lentamente seu calor interno.

QUAL O PAPEL DA LUA?

Antes que sua superfície se solidificasse, nosso planeta não se parecia em absolutamente nada com o mundo que conhecemos hoje. Era um planeta recoberto por um oceano de magma e raras ilhotas de materiais solidificados. Estudos envolvendo zircão, um mineral, confirmam que massas continentais estáveis começaram a se formar e que a temperatura caiu abaixo do ponto de ebulição da água há 4,4 bilhões de anos. Mas essa jovem Terra primitiva ainda era um inferno violento, impiedoso e estéril. E as coisas pioraram quando Theia, um planetoide do tamanho de Marte, entrou em colisão com a proto-Terra no que ficou conhecido como "hipótese do impacto gigante" (ou impacto de Theia) para a formação da Lua. Essa hipótese é bem sustentada pelas características das rochas lunares e pela dinâmica do par Terra-Lua. Antes da colisão, Theia ocupava uma posição estável praticamente nas proximidades da órbita da proto-Terra. Uma perturbação gravitacional, talvez devido à migração de Júpiter, desestabilizou-a e a enviou em direção ao nosso planeta.

Há versões alternativas a essa hipótese do impacto gigante. Num primeiro cenário, Theia é destruída após um impacto oblíquo com a Terra. Em outro, há uma violenta colisão frontal. A similitude dos isótopos de oxigênio entre a Terra e a Lua torna essa versão plausível graças a uma troca de materiais provenientes dos dois planetoides durante um impacto com alta energia. No terceiro cenário, Theia esbarra em nosso planeta numa primeira passagem, escapando por pouco da destruição, antes de voltar a atingir a proto-Terra algumas centenas de milhares de anos depois. Essa última hipótese resolve alguns problemas enfrentados pelos cenários anteriores, principalmente a velocidade de impacto. Se Theia tivesse atingido a Terra numa velocidade grande demais, os dois mundos teriam sido pulverizados; devagar demais, a dinâmica do par Terra-Lua teria sido radicalmente diferente. Compreender o que se passou é essencial, pois esse episódio acabou moldando a evolução posterior da Terra. Ele modificou a inclinação do eixo de nosso planeta, fixando-o nos 23,5 graus atuais, iniciando assim o ritmo das estações do ano que conhecemos. Após a colisão, a temperatura da Terra aumentou de novo. Toda a água que se encontrava na superfície teria então evaporado. Os resquícios de Theia foram incorporados à Terra e os dois núcleos se fundiram. Rochas vaporizadas e poeira foram projetadas na órbita, formando um anel de destroços que, inacreditavelmente, só levou uma centena de anos, talvez menos, para se reunir e formar a Lua.

Talvez a colisão entre Theia e a proto-Terra tenha mudado o destino de nosso planeta, modificando a inclinação de seu eixo e criando as estações do ano como são hoje, as quais são essenciais aos ciclos biológicos. (Fonte: Nasa/JPL- CalTech/T. Pyle.)

Logo após sua formação, a Lua teria parecido enorme no céu de nosso planeta, orbitando somente a 25 mil quilômetros de distância, contra os 383 mil quilômetros de hoje. O sistema composto da proto-Terra e da Lua também não se parecia em nada com o atual. Um dia durava só duas ou três horas, enquanto a Lua fazia uma revolução em torno da Terra a cada cinco horas. Há cerca de 1,5 bilhão de anos, ela ainda estava suficientemente próxima para que um dia durasse apenas 18 horas e, não tanto tempo atrás na escala geológica, um ano durava 420 dias ao invés dos 365 atuais. Os vestígios dessas mudanças foram preservados em corais fossilizados com 430 milhões de anos. Assim como as árvores, os corais registram seu crescimento em camadas. Quando crescem, acumulam carbonato de cálcio, cujos depósitos mensais estão relacionados aos ciclos lunares. As mudanças sazonais também são visíveis e camadas mais finas indicam os depósitos diários. Essas camadas estratificadas nos informam que, durante o Siluriano (entre 444 e 419 milhões de anos atrás), um dia durava cerca de 20 horas. Alguns milhões de anos depois, corais fósseis do Devoniano (entre 419 e 359 milhões de anos atrás) indicam que a rotação da Terra havia diminuído: um dia durava 21 horas e um ano, 410 dias. Hoje, a rotação de nosso planeta continua (em média) diminuindo – apesar de uma reaceleração recente – e sua energia de rotação é transferida à Lua, distanciando-a da Terra em cerca de 3,5 centímetros ao ano. Com o tempo, a duração de um dia continuará aumentando, em média, cerca de 0,00001542857 segundo por ano, para alcançar 25 horas em 180 milhões de anos.[1]

O papel desse cataclismo nos primórdios da vida na Terra ainda é incerto, mas poderia ser crucial. Talvez ele nos diferencie de muitos outros planetas e determine nossas chances de encontrar vida fora daqui. Seu impacto sobre o meio ambiente é, em compensação, muito claro: a nova inclinação do eixo da Terra causada pela colisão com Theia é responsável pelas estações do ano. Além disso, os efeitos gravitacionais da Lua produzem as marés nos oceanos. Um dia de 12 horas teria produzido marés altas a cada 6 horas, e essas marés alcançavam mais de 300 metros durante o Arqueano, de 4 a 2,5 bilhões de anos atrás. Os oceanos penetravam quilômetros adentro dos continentes. Sem elas, as oscilações climáticas dos períodos glaciares e interglaciares seriam menos extremas. Reunindo e misturando as águas frias e quentes, elas determinam quanta energia os oceanos absorvem. Essa reunião é vital, pois produz condições climáticas mais previsíveis e habitáveis e regula a temperatura da Terra. Localmente, as zonas intertidais geram pressões evolutivas intensas para as espécies que vivem em meios que mudam rapidamente. Mas talvez o papel da Lua tenha sido ainda mais profundo, pois esses ambientes de maré dinâmica podem ter se favorecido com a energia necessária para a passagem da química prebiótica à vida. E uma vez implantada a vida, as estações foram essenciais para o estabelecimento dos ritmos biológicos e metabólicos, assim como para a dispersão, as migrações e a especiação da vida ao longo do tempo.

A VIDA VEIO DO ESPAÇO?

Teorias diversas tentam explicar a origem da vida na Terra a partir desse contexto estabelecido há 4,4 bilhões de anos. Algumas foram abandonadas ao longo do caminho, como a noção aristotélica de geração espontânea. Dentre as teorias e hipóteses ainda discutidas, uma propõe que a vida não surgiu na Terra, mas que veio do espaço. É conhecida pelo nome de "panspermia", termo mencionado pela primeira vez no filósofo grego Anaxágoras (500-428 a.C.); o químico Svante Arrhenius transformou essa noção numa hipótese científica em 1903. Ela suscitou recentemente interesse renovado quando se tornou evidente que os elementos constitutivos da vida são comuns e estão presentes em corpos celestes de qualquer dimensão e tipo, do Sistema Solar ao espaço interestelar. A panspermia postula que os elementos constitutivos da vida, e a própria vida, existem no Universo e são transportados por meio de poeiras espaciais, asteroides, meteoros, cometas e planetoides. Com o advento da tecnologia, a ideia de que nossas próprias espaçonaves e sondas poderiam inadvertidamente transportar e contaminar outros mundos também recebe uma atenção muito particular de uma área de investigação conhecida como "proteção planetária".

A panspermia fornece um mecanismo fácil para distribuir a vida e seus componentes elementares. Esse cenário prevê uma vida abundante no Universo, pois a formação de planetas por acreção* é um processo

* N.R.T.: Acreção é o fenômeno de aglutinação progressiva de matéria, predominantemente dominado pela atração gravitacional.

universal. Bastaria então que um mundo se formasse na zona habitável de sua estrela e que fosse assim semeado para que a vida tivesse uma chance de se desenvolver ali? Certos microrganismos terrestres adaptados aos meios extremos (os extremófilos) são candidatos potenciais para essas viagens espaciais. Muitos podem aguentar temperaturas extremas, desidratação, vácuo, ácido e muito mais. Formas muito resistentes poderiam fazer uma viagem interplanetária se houvesse oportunidade, mas a transferência através do espaço é apenas uma parte do processo de panspermia.

Antes que esses microrganismos possam viajar, precisam sobreviver à ejeção de seu planeta de origem. E, depois, a transferência no espaço pode durar milhões de anos ou até mais. E se os micróbios sobrevivem a isso, a entrada em hipervelocidade na atmosfera de um novo planeta é um obstáculo extra, sem esquecer a energia do impacto na aterrissagem. Experimentos mostraram que certos microrganismos parecem mais adaptados do que outros, com uma taxa de sobrevivência que depende não somente da espécie, mas também da natureza, da textura e da composição do objeto que os transporta, assim como da localização dos microrganismos nesse objeto. Por exemplo, organismos não fotossintéticos abrigados mais profundamente numa rocha podem ter uma melhor chance de sobreviver à ejeção inicial e à entrada na atmosfera do que organismos fotossintéticos situados mais perto da superfície.

Em todos os casos, a quantidade de material biogênico ou biológico circulando no espaço importa pouco se ela não sobreviver a uma única fase dessas. E os microorganismos mais vigorosos que conseguirem transpor todas essas etapas ainda não terão a sobrevivência num novo mundo totalmente garantida. Assim, embora a panspermia forneça um mecanismo de distribuição da vida e de seus componentes elementares, isso não significa que a taxa de sobrevivência e propagação seja necessariamente alta. Porém, mais uma vez, tudo é uma questão de estatística: se uma única tentativa em cem, ou até em um bilhão, tiver êxito, milhões de planetas poderiam abrigar vida só em nossa galáxia. E quanto mais numerosos forem os planetas fertilizados, mais chances terão de contribuir para o processo de panspermia, disseminando por sua vez materiais prebióticos ou biológicos no seu entorno por meio de trocas planetárias, aumentando assim a probabilidade de que a vida se enraíze em algum lugar. Mas o que a panspermia não explica é a origem da vida. Ela apenas desloca a pergunta.

AS TEORIAS BIOQUÍMICAS DA ORIGEM DA VIDA

O primeiro modelo bioquímico moderno da origem da vida foi proposto por Alexandre Oparin, em 1923, e confirmado independentemente por John Haldane, em 1928. Conhecido como teoria de Oparin-Haldane, esse modelo propõe que a vida surgiu progressivamente a partir de moléculas inorgânicas e de aminoácidos que se combinaram para produzir grandes moléculas compostas do encadeamento de moléculas simples (os polímeros) em ambientes de águas mornas. Oparin não via nenhuma diferença fundamental entre a matéria inerte e um organismo vivo e pensava que as características da vida haviam surgido com a evolução da matéria. Haldane propôs uma teoria muito semelhante. Para ele, o oceano primordial havia servido de laboratório químico energizado pela luz do Sol e pelos raios. Em seu modelo, os compostos orgânicos eram produzidos pela reação dos gases da atmosfera terrestre primitiva e pela radiação ultravioleta. O oceano se tornou então uma "sopa primordial", expressão inventada por ele. Essa "sopa" era constituída de monômeros e de polímeros que, com o tempo, teriam adquirido membranas lipídicas, culminando finalmente nas primeiras células vivas. Em 1953, Stanley Miller e Harold Urey testaram a teoria de Oparin-Haldane em laboratório, reconstituindo as condições supostamente existentes após a formação da crosta terrestre. Simularam os raios com descargas elétricas e deixaram o experimento se desenrolar por uma semana.

Apesar da ausência de formação de grandes moléculas complexas, Miller e Urey demonstraram que 11 dos 20 aminoácidos utilizados nas proteínas, no açúcar, nos lipídios e em outras moléculas orgânicas poderiam ter se formado nessas condições. Após a morte de Miller, em 2007, os balões experimentais originais foram novamente analisados com modernos cromatógrafos e espectrômetros de massa e revelaram a presença de 25 aminoácidos diferentes. Desde então, apesar de a composição da atmosfera da Terra primitiva tal como simulada no experimento de Miller e Urey ter sido questionada, estudos posteriores confirmaram que precursores inorgânicos podiam produzir ao menos alguns dos compostos orgânicos de base.

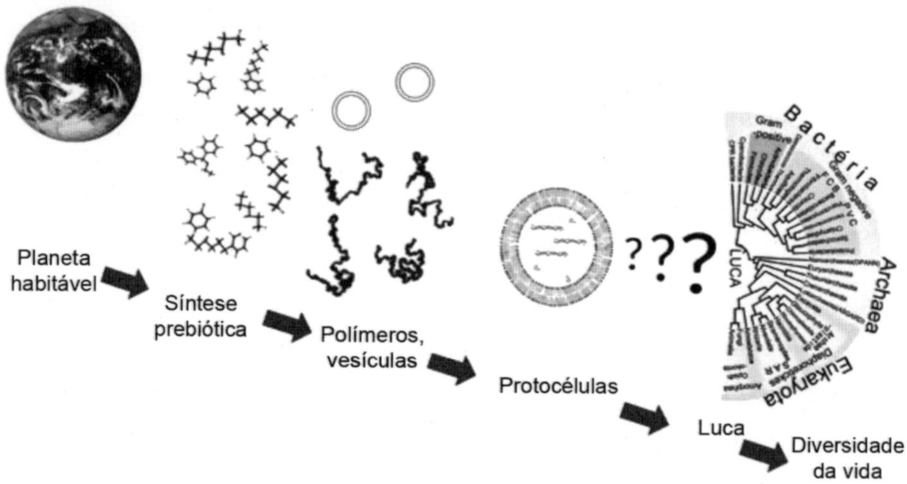

Etapas das origens da vida – inclusive as que compreendemos hoje, como a síntese abiótica de moléculas simples, e aquelas que permanecem sem respostas, como a derivação do último ancestral comum (Luca) – com suas funcionalidades moleculares complexas. (Fonte: Adaptada de S. Walker et al., "Re-conceptualizing the Origins of Life", Philosophical Transactions, 2017. Licença Creative Commons CC BY-SA 4.0, https://creativecommons.org/licences/by-sa/4.0/deed.fr.)

Com a teoria de Oparin-Haldane, uma etapa essencial foi transposta, pois ela demonstrou que pelo menos alguns dos elementos constitutivos da vida poderiam ter se formado a partir de fontes não biológicas na Terra primitiva. Esse resultado serviu de base para o modelo de abiogênese, segundo o qual a vida se formou a partir de matéria inanimada. Porém, embora essas teorias tenham fornecido os elementos de base da vida, ainda não era vida. Oparin acreditou se aproximar da solução quando seus experimentos mostraram a formação espontânea de vesículas microscópicas, chamadas de coacervados, capazes de proporcionar uma compartimentação estável sem membrana. Essas vesículas se formam facilmente, e aos milhões, durante o resfriamento de pequenas quantidades de solução quente saturada de proteinoides (polímeros de aminoácidos análogos a proteínas) e podem preservar sua forma por várias semanas. Oparin viu nisso precursores possíveis das células. Além disso, suas bordas lhes permitem a adsorção seletiva de moléculas orgânicas simples do meio ambiente. Do ponto de vista de Oparin, isso poderia ter constituído uma forma primitiva de metabolismo. Ainda que se formem espontaneamente, essas vesículas não têm, no entanto, um mecanismo de reprodução. Falta-lhes, portanto, uma das propriedades que definem os organismos vivos.

Segundo o modelo bioquímico de Oparin e Haldane, a transição da química prebiótica à biologia (da matéria inanimada à vida) ocorreu no oceano, onde os compostos orgânicos se agregaram e se desenvolveram absorvendo os nutrientes. Como as bactérias, eles poderiam ter se dividido utilizando uma forma de reprodução assexuada. Nessa fase, representavam intermediários entre moléculas e organismos, e certas proteínas poderiam ter agido como enzimas para iniciar atividades metabólicas. Resumindo o processo descrito por Oparin e Haldane, tudo teria começado por átomos livres e, depois, simples moléculas inorgânicas, às quais teriam sucedido compostos orgânicos cuja complexidade teria aumentado com o tempo para culminar no ácido ribonucleico (RNA) e no ácido desoxirribonucleico (DNA), nas proteínas e nas primeiras formas de vida.

Os primeiros organismos eram heterotróficos, o que significa que não produziam seus próprios nutrientes, mas extraíam sua energia da fermentação da sopa primordial no oceano. Tampouco precisavam de oxigênio para sobreviver. Portanto, eram anaeróbios. Os organismos autotróficos (ou produtores primários), capazes de produzir matéria orgânica a partir de matéria mineral, surgiram há 2 bilhões de anos. Tiravam sua energia do Sol por fotossíntese ou por reação química (quimiossíntese). Sua atividade injetou o oxigênio na atmosfera, transformando-a num ambiente oxidante que forçava a vida a evoluir para se adaptar ao oxigênio e à respiração aeróbica. Em certa medida, também se pode considerar esse período como a primeira forma de economia de mercado, com produtores e consumidores!

Uma outra teoria bioquímica, a do "mundo do RNA", simplifica o processo que leva à origem da vida. O DNA, o RNA e as proteínas têm um papel essencial na formação da vida. O DNA é capaz de estocar informações genéticas e as proteínas podem catalisar (provocar) as reações. O RNA tem a vantagem de poder fazer ambos sem nenhuma ajuda, tem um poder catalítico e pode se autorreproduzir, o que lhe permite propagar sua identidade química por gerações. Essa teoria defende, portanto, que a vida começou com moléculas simples de RNA que podiam se duplicar sem ajuda de outra molécula. Um experimento recente realizado por pesquisadores da Universidade de Tóquio parece confirmar essa hipótese.[2] Esses pesquisadores conseguiram criar, pela primeira vez, uma molécula de RNA que se duplicou, se diversificou e se tornou mais complexa, seguindo uma evolução darwiniana (com modificações com o correr do tempo). Essa é a primeira evidência empírica de que moléculas simples podem levar ao surgimento de sistemas naturais complexos e reprodutíveis.

AS CONDIÇÕES DE SURGIMENTO DA VIDA

As condições ambientais da Terra primitiva, que estabelecem as restrições a serem consideradas para elaborar teorias sobre a química prebiótica e a origem da vida, também desencadeiam calorosos debates. Por exemplo, enquanto o experimento de Miller considerava ambientes de água mais morna, outros estudos sugerem que o incubador da vida era um meio extremamente quente, o que parece lógico quando se considera o meio ambiente terrestre durante a segunda parte do Hadeano, entre 4,3 e 4 bilhões de anos atrás. A fim de se levar em conta a atividade vulcânica, outros experimentos acrescentaram sulfeto de hidrogênio e dióxido de enxofre à mistura de Miller, produzindo uma maior diversidade de compostos orgânicos. Desde então, a descoberta de microrganismos compostos de uma célula única, sem núcleo nem organelas (os *Archaea*), em fontes termais até 92ºC, pareceria confirmar a hipótese de um meio muito quente para a origem da vida, ainda mais porque as reações químicas se produzem mais rapidamente em temperaturas elevadas.

Mas não tão depressa...

Na verdade, os compostos orgânicos são mais estáveis a baixas temperaturas. Diferentes tipos de organismos que vivem em meios extremos, neste caso muito frios, são capazes de ainda metabolizar em temperaturas de aproximadamente -20ºC. A vida poderia, então, ter surgido numa Terra mais fria? Um bom argumento em prol de uma origem fria da vida é a fase T-Tauri do Sol: menos energia solar teria acarretado temperaturas mais baixas, congelando parte dos oceanos com centenas de metros de profundidade. Essas condições teriam favorecido a estabilidade das moléculas de RNA e o confinamento necessário para reagir e se reproduzir, o que testes realizados em laboratório confirmam.

Com o tempo, outros meios atraíram a atenção dos pesquisadores. Dois em particular continuam a suscitar discussões apaixonadas: as fontes hidrotermais oceânicas de alta temperatura (mais de 350ºC) e as fontes hidrotermais continentais. As primeiras, também conhecidas como fumarolas negras, poderiam ter produzido condições ideais para a origem da vida, pois nelas a água está em contato com os minerais da crosta terrestre, com os quais ela reage para criar um ambiente quente e rico em hidrogênio. Em suas paredes, abunda sulfeto de ferro sobre camadas minerais porosas com propriedades catalíticas. Nessas camadas, fluidos ácidos e básicos circulam e produzem a energia necessária às reações químicas entre o hidrogênio e o carbono, favorecendo assim a formação de compostos orgânicos cada vez mais complexos. Uma equipe da University College of London, dirigida por Nick Lane, conseguiu produzir protocélulas nessas águas alcalinas quentes,[3] um resultado compatível com a hipótese de que pode ter sido nesse tipo de ambiente a origem da vida.

Pouco tempo depois da publicação desse resultado, Bruce Damer e David Deamer, da Universidade de Santa Cruz, na Califórnia, publicaram um estudo sugerindo que a vida se originou em terra, e não nos oceanos. De acordo com eles, em bacias continentais de fontes hidrotermais quentes. Esses novos experimentos mostram que polímeros encapsulados em lipídios podem ser sintetizados por ciclos de hidratação e de desidratação para formar protocélulas.[4] O ciclo repetitivo de fases úmidas e secas parece essencial para estimular a seleção combinatória, inclusive o metabolismo primitivo. Tal meio poderia ter levado à formação de estruturas de organização anteriores aos organismos unicelulares (os progenotas). De acordo com esses resultados, após evolução e seleção, esses progenotas teriam se dispersado e se adaptado a novos nichos ecológicos, estabelecendo redes que levaram às primeiras comunidades microbianas. Essa teoria poderia indicar a transição entre a química prebiótica e o surgimento da vida: a formação de agregados de protocélulas simples teria sido seguida por essa forma transicional de progenotas e, depois, pela produção de comunidades microbianas composta de procariontes unicelulares, que nos teriam legado os primeiros fósseis nos depósitos geológicos do Arqueano.

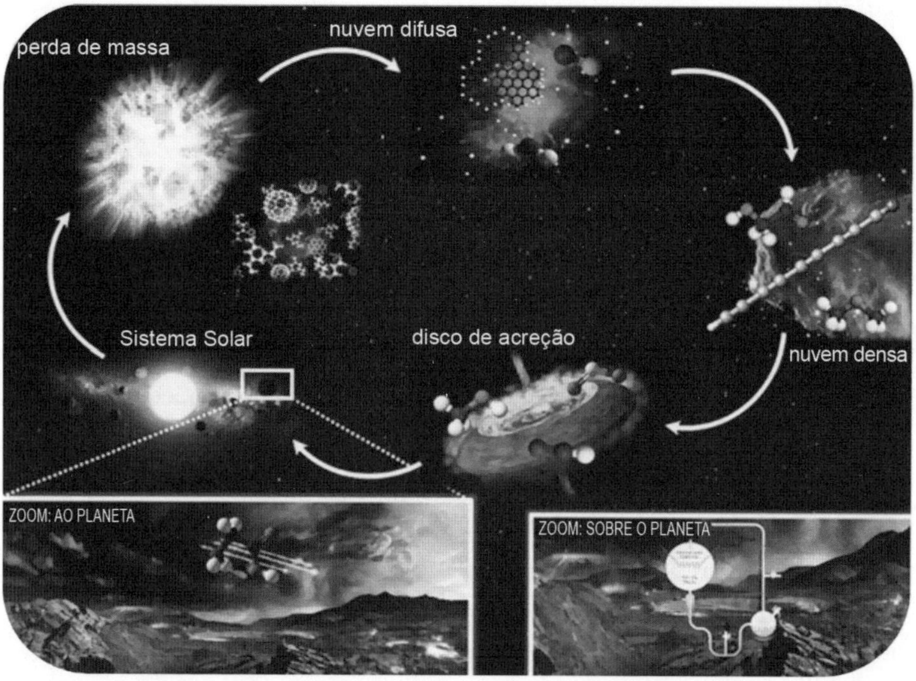

O ciclo de vida de uma estrela e a complexidade molecular correspondente. Nos quadros: como as moléculas são depositadas em um planeta por cometas e asteroides (à esquerda) e como evoluem em seguida em função do meio ambiente (à direita). (Fonte: V. Barone e C. Puzzarini, "Toward Accurate Formation Routes of Complex Organic Molecules in the Interstellar Medium: The Paradigmatic Cases of Acrylonitrile and Cyanome-thanimine", Frontiers in Astronomy and Space Science, janeiro de 2022.)

Já o físico John Bernal apresentou uma abordagem completamente diferente num livro intitulado *The Physical Basis of Life* (1951): ele propôs que as argilas tiveram um papel essencial na evolução química e na origem da vida em função de sua capacidade de captar, concentrar e catalisar a polimerização das moléculas orgânicas, mas também de protegê-las da radiação ultravioleta. Em suma, as argilas são catalisadores e podem se replicar. Há quem proponha que elas poderiam ter evoluído até o metabolismo. Para estes, a vida começou no mundo da argila e não naquele do RNA.

Essas teorias continuam evoluindo à medida que se aperfeiçoa nosso conhecimento sobre o ambiente primitivo e as condições primordiais. E essa história fica cada vez mais fascinante conforme avançamos. Em 2012, Fred Ciesla e Scott Sandford simularam as condições da nebulosa solar primitiva há 4,5 bilhões de anos, quando os planetas se formaram. Esse experimento demonstrou que os compostos orgânicos são subprodutos naturais e comuns da evolução do disco protoplanetário, o que leva à conclusão inevitável de que a Terra já trazia, desde sua origem, os elementos constitutivos da vida.

NOVAS CONCEPÇÕES

Hoje em dia, ainda não sabemos exatamente quais foram as condições do meio que levaram ao surgimento da vida, mas uma coisa é certa: os elementos de base da vida estão por toda parte. Por si só, essa observação é uma mensagem importante para a busca da vida no Universo, mas ela ainda contém outra informação igualmente poderosa. Quando pensamos nos meios nos quais a vida poderia ter surgido (quente, frio, ácido, básico...), testamos nossas hipóteses e avaliamos se a química funciona ou não. Mas o que é fascinante é que a química prebiótica parece possível em mais de um cenário, como demonstram esses estudos recentes. São fáceis de formar os elementos constitutivos da vida, e as abordagens teóricas e empíricas mostram que eles podem se juntar numa multiplicidade de ambientes extremamente diferentes. Essa observação, assim como trabalhos em biofísica, levou alguns estudiosos a se perguntarem se a vida não seria um resultado inevitável, uma evolução necessária e não acidental.

Essa teoria da inevitabilidade da vida, proposta por Jeremy England, em 2013, indica que os sistemas biológicos emergem naturalmente porque dissipam a energia com mais eficácia. Em outras palavras, a vida poderia ser um produto inevitável da termodinâmica.[5] Em certa medida, isso coincide com algumas teorias recentes, como a de Christopher Kempes e David Krakauer, do Santa Fe Institute,[6] que propõem origens múltiplas da vida por vias diferentes. Esse estudo e os trabalhos de England são provavelmente o que mais se aproximam hoje de uma nova perspectiva.

Embora a maioria das teorias atuais considere a vida como o resultado de uma cadeia de evolução sucessiva, que começou com seu surgimento e prosseguiu em ciclos de extinções e adaptações, Kempes e Krakauer a veem de modo diferente, comparando-a à evolução convergente (ou análoga) de certas invenções da natureza, como o olho, por exemplo, que evoluiu mais de uma vez, de modo independente e recorrente. Esses pesquisadores consideram, primeiro, as combinações possíveis dos constituintes que podem formar a vida; depois, as restrições que limitam seu potencial e, por fim, os processos de otimização que levam à adaptação.

Em seus modelos mais recentes, a vida é considerada, por conseguinte, como uma informação adaptativa. Os dois pesquisadores se servem da analogia com a informática para representar os processos essenciais da vida. Seus resultados são fascinantes. Eles mostram sobretudo que a vida teria surgido de modo independente mais de uma vez, e o que se assemelha a adaptações em certos casos seriam, na verdade, novas formas de vida. Seus trabalhos, que veem a vida como um *continuum*, permitem uma definição muito mais ampla, que inclui "*as culturas que vivem da matéria da mente* da mesma maneira que os organismos multicelulares vivem da matéria dos organismos unicelulares". Ao invés de ser "algo", a vida é um processo. Assim, essa abordagem tange à *natureza* da vida e não somente à sua origem. Esse modelo permite incluir o que chamamos de "biosfera oculta", uma biosfera hipotética em nosso planeta, baseada em processos moleculares e numa bioquímica diferentes daqueles que nos são familiares. Essas formas de vida seriam tão diferentes que seríamos incapazes de reconhecê-las como vivas. Mesmo que isso pareça estranho, distinguir um ser vivo e não vivo nem sempre é fácil, e novas descobertas continuam a questionar esse limite. Por exemplo, ainda que dependam de seus hospedeiros para funções biológicas essenciais e sejam, portanto, considerados como não vivos, certos vírus gigantes têm genomas complexos. Dito de outro modo, ainda resta muito espaço para o debate e devemos estar preparados para surpresas.

MUDAR DE PARADIGMA

Essas abordagens poderiam mudar o paradigma atual e revolucionar completamente nossa visão da origem da vida num futuro próximo. O princípio é simples: quando analisamos amostras, reconhecemos o que é familiar. Mas suponhamos que a vida tenha surgido mais de uma vez na Terra por meio de diferentes processos bioquímicos. Nesse caso, os microrganismos "fora do padrão" poderiam nunca aparecer nos resultados de nossos experimentos porque estes são concebidos unicamente para a biologia que conhecemos. Por outro lado, esses organismos fora do padrão provavelmente deixam vestígios de suas trocas com o meio ambiente, assinaturas que não conseguiríamos explicar facilmente porque talvez não correspondam bem ao que esperamos. É por isso que dedico grande parte de minhas pesquisas, com minha equipe, a compreender a interface entre a vida e o meio ambiente, esse espaço onde a vida deixa digitais, pois estou convencida de que as descobertas mais extraordinárias e mais transformadoras nos esperam ali.

O modelo de múltiplas vidas por processos múltiplos e a biosfera oculta encontra sustentação teórica na observação de que os elementos de base da vida são como letras do alfabeto. As mesmas letras, organizadas de maneiras distintas, podem formar diferentes palavras, anagramas, sinônimos ou até palavras de uma língua franca, que reúne elementos de idiomas distintos. O que precisamos saber é se diferentes moléculas podem desempenhar as funções de nosso DNA, isto é, transferir as instruções genéticas para o desenvolvimento, o funcionamento, o crescimento e a reprodução dos organismos vivos. Se isso for verdade, diferentes combinações poderiam ter se desenvolvido na Terra primitiva – e talvez ainda estejam presentes sem que sejamos capazes de reconhecê-las.

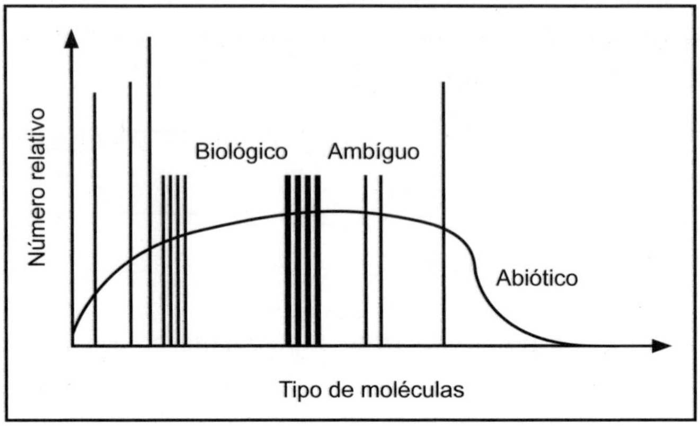

Comparação da distribuição de material orgânico biogênico e não biogênico. Os processos não biológicos produzem a curva lisa. Em contrapartida, a biologia utiliza somente alguns tipos de moléculas (que aqui aparecem como linhas verticais).
(Fonte: Adaptado de Davis, P. et al., "Signatures of a Shadow Biosphere", Astrobiology, vol. 9, nº 2, 2009.)

Por outro lado, o DNA não é a única característica da vida na Terra que poderia divergir. A vida "padrão" terrestre é baseada em 20 aminoácidos, ao passo que existem cerca de 500 no mundo dos seres vivos, dos quais 149 estão presentes nas proteínas. Os aminoácidos fabricados em laboratório formam duas versões espelhadas um do outro, que não podem ser sobrepostas. Essas versões são chamadas de levógiros (para a esquerda) e dextrógiros (para a direita), como a imagem das mãos num espelho. Essa propriedade é conhecida pelo nome de "quiralidade", e as reações de síntese química geralmente não fazem distinção entre as diferentes geometrias, o que abre possibilidades quase ilimitadas para a vida. Porém, por razões que ainda precisam ser elucidadas, a vida na Terra é principalmente "canhota". A razão dessa característica talvez seja dada pelos aminoácidos descobertos no meteorito Murchison, que caiu na Austrália em 1969. A maioria deles também era levógira, o que poderia indicar que os elementos constitutivos do DNA se formaram no espaço. Seria possível então que uma biosfera oculta hipotética fosse "ambidestra", ou espelho da nossa? E, mais importante ainda, como testar a hipótese de sua existência?

Quer exista ou não, a busca de uma biosfera oculta em nosso planeta nos obriga a refletir sobre questões científicas, experimentos e tecnologias que poderão ser úteis em outros planetas, pois ela nos força a considerar o que é necessário para reconhecer a vida tal como não conhecemos. E, desse ponto de vista, ainda temos muito o que fazer, a começar por nosso planeta, visto que a grande maioria das espécies terrestres (principalmente micróbios) e sua relação com o meio ambiente ainda precisam ser caracterizadas. Talvez algumas delas nos revelem um dia que a vida na Terra tem origens múltiplas e interdependentes, mas, por enquanto, não há nenhuma certeza a esse respeito.

Por fim, mesmo que pudéssemos verificar a existência de uma biosfera oculta na Terra, ainda teríamos um caminho pela frente para compreender como a química prebiótica se tornou vida, padrão ou... estranha. Nossas chances de encontrar uma resposta acerca de nosso planeta são infelizmente limitadas, a não ser talvez realizando em laboratório uma versão atualizada do experimento de Miller, pois essa mesma dinâmica que torna nosso planeta tão único é o que nos impede de remontar às nossas origens. Os registros do surgimento da vida na Terra desapareceram, perdidos para sempre na reciclagem geológica. A tectônica das placas e a erosão apagaram quase tudo que se produziu há mais de 4 bilhões de anos. O número dos vestígios antigos que resistiram ao tempo – como o Cinturão de Rochas Verdes de Nuvvuagittuq, no Canadá, que tem 4,28 bilhões de anos – é limitado demais para nos oferecer uma resposta clara sobre essa transição entre a química prebiótica e a vida. Mas ainda resta esperança de que encontremos, um dia, uma resposta num dos lugares mais improváveis de todos, que se localiza não em nosso planeta, mas nos limites da zona habitável do Sistema Solar.

Vênus e seu véu de segredos

Quando se observa a zona habitável do Sistema Solar, três planetas chamam imediatamente a atenção: Vênus, Marte e Terra. A cerca de 108 milhões de quilômetros do Sol, Vênus está próximo de seu limite interno (quente), enquanto Marte está próximo do limite externo (frio), aproximadamente 120 milhões de quilômetros mais adiante. Vênus, Marte e, no meio, a Terra... Esses mundos nos oferecem uma oportunidade única para observar o quão precária a habitabilidade pode ser e como mudanças no ambiente podem transformar rapidamente um mundo habitável num planeta hostil à vida.

Até pouco tempo atrás, pensava-se que o limite interno da zona habitável se encontrava a cerca de 0,95 unidade astronômica (UA) do Sol. Assim, estando a 1 UA (cerca de 150 milhões de quilômetros) dele, a Terra parecia confortavelmente instalada no coração dessa região. Porém, novos estudos mostram um limite interno mais próximo daqui, a 0,99 UA. Portanto, há um grande risco de que nosso planeta fique de fora dessa zona habitável. Por enquanto, tudo vai bem, mas essa zona oscila com o tempo e com a evolução do Sol, acarretando mudanças nos ambientes da superfície dos planetas.

No início de sua história, Vênus, Marte e Terra eram muito mais semelhantes do que são hoje e, durante algumas centenas de milhões de anos, o Sistema Solar interior tinha, na verdade, três planetas potencialmente habitáveis. Vênus, Terra e Marte tinham uma gravidade significativa e a composição de suas atmosferas era bastante semelhante. Processos geológicos internos e externos moldaram esses três mundos, que desenvolveram uma atividade vulcânica intensa, injetando elementos voláteis e dióxido de carbono em sua atmosfera. É igualmente possível que os três tivessem oceanos. Contudo, desde sua formação, esses planetas estavam destinados a seguir caminhos muito diferentes. Hoje em dia, só temos conhecimento da existência de uma biosfera na Terra, embora estejamos explorando a possibilidade de que a vida tenha se desenvolvido em Marte no passado. Se isso aconteceu, as condições hostis dos últimos 3,5 bilhões de anos a teriam confinado abaixo da superfície e nas regiões profundas da crosta marciana. Apesar dessas condições hostis, a possibilidade da existência de uma biosfera passada (e talvez presente) é grande o bastante para fazer de Marte um candidato prioritário para tais pesquisas. É por isso que o Planeta Vermelho faz parte de um programa integrado de busca da vida. Com Vênus, as coisas são um pouco mais complicadas.

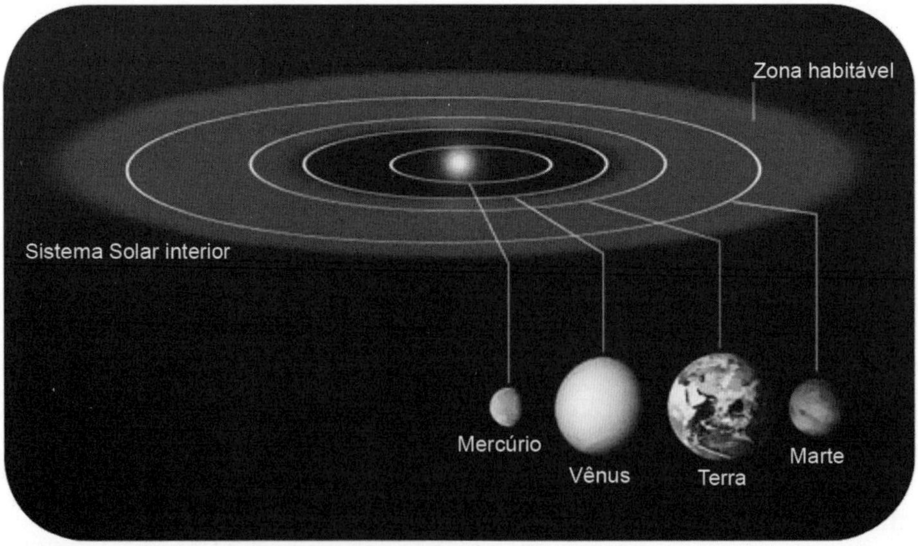

A zona habitável do Sistema Solar, com Vênus e Marte nas duas extremidades (adaptado do original: https://commons.wikimedia.org/wiki/File:Kepler-22_diagram.jpg)

(Fonte: Nasa Ames/JPL-Caltech.)

O MISTÉRIO DA FOSFINA

Recentemente, um estudo foi manchete dos jornais depois de sugerir que a assinatura espectral da fosfina havia sido descoberta na atmosfera de Vênus. Na Terra, a fosfina é um composto tóxico de hidrogênio e fósforo produzido pela atividade humana e por bactérias anaeróbias, um tipo de micróbio que não pode nem viver nem se desenvolver em presença de oxigênio. A localização da fosfina tornava a detecção ainda mais apaixonante: a cerca de 60 quilômetros de altitude na atmosfera de Vênus, a pressão e as temperaturas são próximas às da Terra e, portanto, longe das condições infernais que reinam na superfície, onde a temperatura atinge 465ºC e a pressão equivale a 93 vezes a do nosso planeta.

A produção de fosfina por micróbios terrestres ainda é um processo um tanto misterioso, mas é possível que eles extraiam fosfato a partir dos minerais ou da matéria biológica, acrescentem o hidrogênio da água em seu ambiente e depois expulsem a fosfina como dejeto. Normalmente, esse gás deveria ser decomposto na atmosfera de Vênus, muito ácida. Assim, sua presença indica a existência de uma fonte contínua que permite mantê-la, seja de origem biológica, seja resultado de um processo desconhecido que ainda precisamos descobrir.

No entanto, o modo como organismos vivos poderiam produzir fosfina nas nuvens de Vênus é apenas um dos problemas a solucionar. A própria validade da observação foi discutida, e é por isso que outras equipes de cientistas buscaram verificá-la. Algumas delas reexaminaram os dados de um dos telescópios utilizados para essa descoberta e concluíram que a fosfina ou não estava presente ou sua proporção era menor do que originalmente suposto. Ainda que isso possa parecer surpreendente, a interpretação de dados espectroscópicos pode ser delicada, às vezes, por razões relativas à natureza de assinaturas espectrais ocasionalmente fracas ou à sua proximidade, que pode gerar confusões. Problemas eventuais também podem surgir durante o processamento dos dados. Um outro estudo de verificação utilizou modelos para calcular o comportamento dos gases na atmosfera de Vênus e concluiu que o gás poderia ser, na verdade, dióxido de enxofre, que, contrariamente à fosfina, é comum na atmosfera desse planeta. Dito isso, as equipes que fizeram esses estudos de verificação foram as primeiras a admitir que esses resultados não descartam completamente a hipótese da fosfina, visto que os dados da missão Pioneer Venus da Nasa (1978) poderiam confirmar essa observação. Quando desceu na atmosfera, a sonda detectou fósforo, mas não foi possível, na época, detectar em que forma ele estava presente. Somente uma análise desses gases diretamente no local poderia responder a essa questão. Essa possibilidade se tornou mais real há pouco, já que a Nasa, a ESA e o Rocket Lab selecionaram uma série de missões destinadas a explorar a "Estrela D'alva", que serão lançadas ainda nesta década e no início da próxima. Enquanto isso, vamos considerar a hipótese, apesar do ceticismo, de que a fosfina exista mesmo na atmosfera de Vênus. Afinal, é uma bioassinatura na Terra, seja produto da atividade humana ou microbiana. Em Vênus, qual seria então a probabilidade de que essa assinatura seja resultado de uma atividade microbiana nas nuvens?

Ainda que eu não tenha participado das pesquisas de verificação, fui convidada várias vezes a opinar sobre as conclusões do estudo original. Pensei que se tratava de um momento particularmente oportuno para lembrar do "princípio de Sagan" ("afirmações extraordinárias requerem provas extraordinárias") e ver onde esses dados podiam nos levar. Aparentemente, eu não era a única. Num estudo que propôs uma origem vulcânica e não biológica para a fosfina,[7] Truong e Lunine também parafrasearam Sagan, mencionando que "a hipótese de que a vida produza fosfina nas nuvens de Vênus necessita tanto a afirmação extraordinária de que a vida existe quanto um mecanismo para mantê-la lá". E então?

Embora o contexto planetário e ambiental não seja tudo, quase sempre ele nos oferece uma base sólida para esclarecer novas observações. Suponhamos então, por um momento, que exista vida em Vênus e concentremo-nos no que seria necessário para mantê-la na atmosfera. Se tomarmos a Terra como modelo, as nuvens são instáveis demais para permitir que organismos desenvolvam um *habitat* nelas. Contudo, bioaerossóis, tais como bactérias, vírus, algas e pólen, estão por toda parte. Seus tipos e sua concentração variam consideravelmente de um lugar a outro e dependem das condições atmosféricas. Mas esses microrganismos apenas transitam numa atmosfera que atua como um agente de transporte. E mesmo que algumas bactérias pareçam capazes de se instalar ali por algumas semanas, a noção de ecossistemas atmosféricos estáveis é uma hipótese que precisa ainda ser verificada.

O ambiente de origem dos bioaerossóis é a superfície dos continentes e dos oceanos, de onde são extraídos e, em seguida, transportados para a atmosfera pelas tempestades, pelo vento ou pelas erupções vulcânicas. Uma vez em altitude, sua presença favorece a condensação e a formação de cristais de gelo. Ao fazê-lo, influenciam o ciclo hidrológico e, em muitas situações, facilitam o mecanismo que os leva de volta à Terra por meio de precipitações. Evidentemente, essas observações são válidas para nosso planeta, mas, embora compartilhem certas similaridades, Vênus e Terra são muito diferentes, a começar pela atmosfera. Seria então possível que uma origem biológica para a fosfina encontrasse uma explicação nessas diferenças?

A atmosfera de Vênus é composta de 96% de dióxido de carbono e de 3,5% de nitrogênio. A atmosfera terrestre, em comparação, contém 78% de nitrogênio e 21% de oxigênio. Vênus tem uma região de convecção (a troposfera) que se estende até 60 quilômetros de altitude, ou seja, cerca de 4 vezes mais alta do que a troposfera terrestre. Entre 60 e 80 quilômetros de altitude, na região onde a fosfina teria sido detectada, nuvens opacas permanentes constituídas de gotas de ácido sulfúrico escurecem inteiramente a superfície. Na altitude em que são observadas, a pressão e a temperatura são próximas às da Terra. Essa atmosfera densa gera o efeito estufa mais intenso e incontrolável do Sistema Solar, cuja maior consequência é uma temperatura de superfície alta o bastante para fundir chumbo e evaporar água. A concentração efetiva de moléculas d'água é cem vezes menor, fraca demais até mesmo para a sobrevivência dos organismos extremófilos terrestres mais resistentes. Essa observação poderia acabar com a hipótese da vida nas nuvens de Vênus, visto que a água é bioquimicamente essencial à vida como conhecemos.

Mas ainda assim, Jane Greaves, a autora principal do estudo sobre a fosfina, não descartou a hipótese. Para ela, enquanto não soubermos como os gases se misturam na atmosfera venusiana, oásis habitáveis com um teor maior de água continuam sendo possíveis nessas nuvens e poderiam explicar o aparecimento temporário de regiões escuras observadas à luz ultravioleta nessa parte da atmosfera. Mas essas regiões escuras seriam evidências da existência de colônias microbianas que se desenvolveriam e desapareceriam com o tempo? Até agora, isso é pura especulação e, mesmo que micróbios estejam presentes, sua origem também levanta questões.

Vênus observado por luz ultravioleta pela sonda Akatsuki, em 23 de dezembro de 2016, mostrando nítidos contrastes entre as regiões tropicais cobertas de nuvens convectivas e as regiões polares mais calmas. (Fonte: Jaxa/Isas/Darts/Kevin M. Gill.)

Essa ideia de que microrganismos poderiam provir da superfície, como na Terra, choca-se com numerosos obstáculos. As condições em Vênus são tão extremas que é difícil imaginar qualquer coisa sobrevivendo no solo, pelo menos hoje em dia. Ademais, embora ventos de altitude de 360 quilômetros por hora mantenham as nuvens em movimento permanente em torno do planeta, sua velocidade cai consideravelmente perto da superfície, onde só alcançam alguns quilômetros por hora. Não são suficientemente potentes para transportar partículas a mais de 60 quilômetros de altitude, sejam biológicas ou físicas. Por essa razão, ainda que todos quiséssemos pensar que Vênus desenvolveu e ainda mantém uma biosfera, seu meio ambiente está além do que a vida, tal como a compreendemos, pode suportar. Por outro lado, se nos deixarmos guiar pelos dados e se levarmos em conta o meio venusiano atual, a presença de fosfina poderia, na verdade, apontar para uma descoberta bem mais convincente.

VULCÕES AINDA ATIVOS?

Os estudos de verificação também se debruçaram sobre hipóteses alternativas sem implicação com a vida. Por exemplo, vestígios de fosfetos formados no manto venusiano poderiam fornecer uma fonte não biológica possível para a fosfina. Nessa hipótese, pequenas quantidades de fosfeto provenientes do manto profundo seriam levadas à superfície pelo vulcanismo. Erupções explosivas forneceriam a energia suficiente para propulsá-las a dezenas de quilômetros de altitude sob a forma de poeiras vulcânicas e de aerossóis e forneceriam uma explicação perfeitamente plausível para as mudanças episódicas do teor de dióxido de enxofre observado nas nuvens. Uma vez na atmosfera, esses fosfetos reagiriam com o ácido sulfúrico para produzir fosfina. Se for assim, esses modelos nos revelam algo importante sobre a natureza do manto venusiano e, talvez ainda mais entusiasmante, sobre a possibilidade de vulcões ainda ativos em Vênus.

Sabemos, há pouco mais de um quarto de século, que Vênus é um mundo vulcânico, mas sua atmosfera é tão espessa que é impossível observar diretamente a superfície e saber se esse vulcanismo continua ativo.

Só é possível atravessar a atmosfera com o auxílio de radares e foi graças a um deles que, no início da década de 1990, a sonda Magalhães da Nasa revelou uma superfície coberta por 1.600 vulcões maiores e por 100 mil a 1 milhão de outras estruturas vulcânicas menores, assim como vastos fluxos de lava. Quinze anos mais tarde, a missão Venus Express da ESA mediu a quantidade de radiação infravermelha emitida por partes da superfície do planeta. Os dados foram combinados a experimentos em laboratório que recriaram a atmosfera venusiana e suas reações com minerais comuns em derramamentos de lava basáltica. Os resultados mostraram que essas regiões eram não somente diferentes, mas também muito menos degradadas do que seus arredores.

Alguns anos mais tarde, um grande aumento do teor de dióxido de enxofre na atmosfera foi seguido por sua queda progressiva, indicando a possibilidade de uma atividade vulcânica. Mais recentemente, um mapeamento térmico detectou mudanças localizadas de luminosidade na superfície com apenas alguns dias de intervalo. Mesmo que isso não constitua evidências irrefutáveis da presença de vulcões em erupção em Vênus, o conjunto dessas observações converge e parece reforçar essa hipótese. Elas também estão de acordo com o que sabemos sobre o meio e a geologia, contrariamente à hipótese da vida. Com o tempo, apenas medidas na própria atmosfera trarão uma resposta definitiva. Apesar de tudo, para além da controvérsia, o episódio da fosfina trouxe novamente à discussão um ponto crítico em Astrobiologia, o da ausência de assinatura inequívoca da vida. Mas a questão da habitabilidade e da vida em Vênus precede o debate em torno da fosfina. Ela foi levantada bem antes da publicação do artigo e por boas razões, pois Vênus é um mundo absolutamente fascinante.

UM PLANETA BEM ESTRANHO

Terra e Vênus tinham ambientes bastante próximos no início de sua história. Entretanto, exceto por suas dimensões e densidade muito semelhantes, hoje em dia os dois planetas não têm mais quase nada em comum. Vênus é um planeta bem estranho: seu eixo de inclinação é praticamente perpendicular ao plano da órbita e ele gira no sentido oposto à maioria dos outros planetas. Portanto, o Sol nasce a oeste e se põe a leste, o que várias teorias tentaram explicar. Mais estranho ainda, o planeta gira lentamente em torno de seu eixo, mas relativamente rápido em torno do Sol: um dia venusiano (243 dias terrestres) dura mais que um ano (224 dias terrestres). Assim, em Vênus, é mais frequente dizer feliz aniversário do que bom dia!

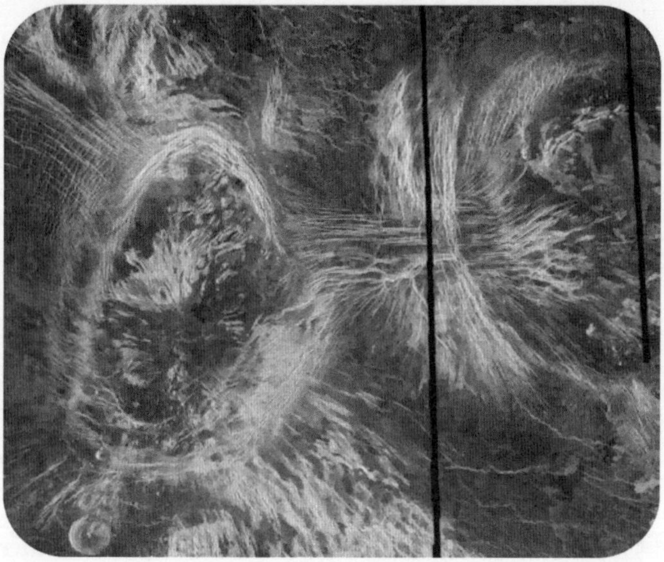

Vênus – Bahet e Onatah Coronae. Este mosaico de imagens da missão Magalhães da Nasa mostra duas "*coronae*", ou estruturas circulares ou ovais. Bahet tem aproximadamente 230 quilômetros de comprimento e 150 quilômetros de largura, enquanto só uma porção de Onatah é visível à direita, cobrindo 350 quilômetros de diâmetro. As duas *coronae* são cercadas por um anel de cristas e fossos, entrecortados por fraturas radiais. Seu centro é ocupado por domos vulcânicos e antigos escoamentos. Acredita-se que as *coronae* se formaram após lançamentos de magma desde o interior de Vênus. Uma outra estrutura vulcânica comum em Vênus, em forma de *pancake*, é visível embaixo, à esquerda da imagem.

(Fonte da imagem e da legenda: Nasa/JPL. Imagem nº PIA00461.)

Embora inclinado sobre seu eixo, seu ângulo de inclinação é mínimo e sua órbita em torno do Sol é quase circular, razão da ausência de estações e de temperaturas que permanecem estáveis ao longo de todo ano – e regularmente mais quentes do que na superfície de Mercúrio, embora Vênus esteja mais distante do Sol. Essa temperatura infernal é resultado de um efeito estufa catastrófico numa atmosfera densa de dióxido de carbono, onde a energia solar incidente é retida e não pode escapar para o espaço, aumentando as temperaturas de superfície em cerca de 390ºC em relação ao que elas deveriam ser. A intensificação desse efeito estufa acabou por reduzir a habitabilidade de Vênus. Diferentes modelos poderiam explicar sua origem.

A HABITABILIDADE DE VÊNUS: DIFERENTES CENÁRIOS

Um primeiro cenário postula que Vênus era bastante semelhante à Terra no início de sua história e poderia ter tido água líquida, até mesmo oceanos na superfície. Essa hipótese se apoia na relação existente entre o deutério e o hidrogênio, deduzida dos dados da missão Pioneer Venus. O deutério (isótopo do hidrogênio) e o hidrogênio escapam para o espaço em velocidades diferentes e a proporção entre eles permite medir a quantidade que falta no reservatório de origem. Bem no início do Sistema Solar, quando o Sol ainda estava na fase T-Tauri e com apenas 75% de sua luminosidade, Vênus se encontrava confortavelmente instalado na zona habitável. Mas tudo mudou quando o Sol entrou em sua sequência principal e a energia extra recebida fez com que Vênus se aproximasse do limite quente. Se havia oceanos, eles começaram a evaporar, liberando grandes quantidades de vapor d'água na atmosfera. O vapor d'água é um gás de efeito estufa, e quanto mais água há na atmosfera, mais energia ela consegue absorver. Esse processo cria um ciclo de retroalimentação: o aumento das temperaturas intensifica a evaporação da água, até que não reste mais nada a evaporar.

Outros efeitos nefastos se somam a esse mecanismo de retroação. A água atua como um lubrificante essencial para a tectônica das placas. Sem oceanos, cessa a atividade das placas e, com isso, desaparece um regulador fundamental da quantidade de dióxido de carbono atmosférico. Assim, ao invés de ser reciclado para o interior do planeta pelo movimento das placas, o carbono em Vênus acabou retido perto da superfície. Em seguida, foi injetado na atmosfera por erupções vulcânicas e por uma liberação lenta de gases. Para complicar ainda mais, a ausência de campo magnético permitiu que os ventos solares penetrassem na ionosfera e eliminassem seus íons, inclusive o oxigênio e o hidrogênio. Nesse primeiro cenário, Vênus deixou de ser habitável para a vida (simples) como a conhecemos cerca de 1 ou 2 bilhões de anos após sua formação.

Num outro modelo, Vênus, assim como a Terra, esteve recoberto por um oceano de magma durante aproximadamente 100 milhões de anos após sua formação e desenvolveu uma atmosfera de dióxido de carbono. Nesse estágio, a água teria estado presente sob a forma de vapor. Como Vênus se encontrava mais perto do Sol mesmo depois de sua crosta ter esfriado, as temperaturas jamais teriam baixado o suficiente para permitir a formação de gotas d'água e precipitações. A água permaneceu, então, sob a forma gasosa, impedindo a formação de oceanos. As nuvens se desenvolveram preferencialmente no lado noturno do planeta e nunca permitiram que Vênus esfriasse rápido o bastante. Desse ponto de vista, o que salvou a Terra do mesmo destino foi, talvez, um jovem Sol menos luminoso. Uma irradiação solar mais fraca sobre uma jovem Terra que se encontrava só um pouco mais longe do Sol do que Vênus poderia ter precisamente permitido a formação dos oceanos terrestres. Esse cenário poderia também solucionar o paradoxo do Jovem Sol Fraco, o qual intriga a comunidade científica. Ao invés de impedir o desenvolvimento da vida na Terra, um Sol fraco a teria favorecido, na verdade, ao manter temperaturas que não desencadeavam um efeito estufa incontrolável em nosso planeta. Também poderia ter possibilitado, ao contrário, a evaporação, a condensação e as precipitações, assim como a formação dos oceanos.

No último modelo, oceanos teriam se formado em Vênus e desaparecido recentemente devido a numerosas erupções vulcânicas simultâneas, que puseram fim ao período temperado. Esse cenário é o mais provável, pois prevê que Vênus permaneceu habitável na maior parte de sua história e só perdeu sua habitabilidade há algumas centenas de milhões de anos. Essas erupções também poderiam explicar a recente renovação de sua superfície, entre 700 e 300 milhões de anos atrás. A origem dessa reestruturação ainda é alvo de muitos debates, mas, nesse cenário, ela é responsável pela aceleração do efeito estufa por liberação de vastas quantidades de dióxido de carbono na atmosfera. No mesmo período, as lavas novamente expostas se tornaram uma armadilha eficaz para o oxigênio.

Esses três cenários representam perspectivas muito diferentes para a evolução da habitabilidade de Vênus. O mais extremo sugere que o planeta nunca foi habitável; o mais favorável propõe que ele ainda era habitável pouco antes do surgimento dos dinossauros na Terra. Compreender qual dos três cenários é o mais provável requer um conhecimento mais aprofundado de como o hidrogênio escapou para o espaço ao longo tempo. As novas missões devem nos ajudar a responder a essa pergunta com mais precisão. Seja como for, mesmo no melhor dos casos, as condições habitáveis em Vênus terminaram há algumas centenas de milhões de anos com erupções simultâneas em todas as suas grandes regiões vulcânicas. A Terra escapou disso, o que talvez explique por que estamos aqui hoje. Tais erupções representam eventos catastróficos que podem culminar numa extinção em escala planetária. Se a vida ainda existisse em Vênus, ela teria tido muito pouco tempo para se adaptar a uma mudança de ambiente tão profunda. Considerando a hipótese da fosfina, teria sido necessário um rápido e radical deslocamento da vida da superfície para a atmosfera. Além do mais, a estabilidade da cobertura de nuvens venusiana, frequentemente mencionada para apoiar a hipótese da vida, não é provavelmente uma boa notícia: para evoluir e estimular a especiação, a vida precisa de mudanças dinâmicas, mas não drásticas.

UM FLUIDO SUPERCRÍTICO

O único "oceano" que se manteve em Vênus até hoje é de um tipo muito diferente. As condições são tão extremas na superfície que a temperatura e a pressão combinadas são altas o suficiente para transformar o dióxido de carbono num fluido supercrítico,* um ponto em que as fases gasosas e líquidas não existem mais. Na Terra, a água que sai das fumarolas negras oceânicas é o que mais se aproxima disso. Essas chaminés hidrotermais se formam sob uma pressão enorme a quilômetros de profundidade no oceano. A atmosfera venusiana no nível da superfície é, de certo modo, comparável a uma espécie de oceano que recobre todo o planeta. É um meio que transfere o calor de modo muito eficaz, o que atenua as variações de temperatura entre o dia e a noite e mantém o planeta sempre extremamente quente.

Supondo que a vida tivesse se desenvolvido em Vênus e sobrevivido nessas condições, sua bioquímica deveria ser radicalmente diferente daquela existente na Terra. Ela teria que evoluir num ambiente muitíssimo árido e sem grande variabilidade, o que não favoreceria a evolução darwiniana e a especiação. Esse cenário constitui a descrição quase oposta dos processos biológicos e ecológicos da Terra. Precisamos também imaginar uma vida venusiana imersa em um caldeirão de ácido sulfúrico bem mais extremo do que o mais extremo dos meios minimamente equivalentes em nosso planeta. Mas, se a vida realmente existir em Vênus, contra todas as adversidades, as futuras missões poderão nos revelar algo extraordinário, algo que supera nossa imaginação mais ousada: uma vida como não podemos imaginar. E se, ao contrário, nunca tiver existido vida em Vênus, ou se ela não tiver sobrevivido, então teremos enfim encontrado um limite para sua presença, algo que ainda nos escapa aqui na Terra. E talvez estejamos a ponto de encontrar uma resposta às nossas perguntas ou, pelo menos, de aprender muito mais sobre Vênus.

* N.T.: Fluido supercrítico é toda substância que se encontra em condições de pressão e temperatura superiores aos seus parâmetros críticos.

MISSÕES PROMISSORAS

A primeira semana de junho de 2021 foi muito promissora para missões visando à exploração do planeta irmão da Terra. Entre 2 e 8 de junho de 2021, a Nasa selecionou duas missões em seu programa Discovery (DaVinci e Veritas), enquanto a ESA selecionava a EnVision, uma missão de porte médio na visão estratégica de exploração intitulada "Visão Cósmica" da agência europeia. Essas três missões atuarão juntas para buscar o conhecimento mais completo de Vênus. Embora seus objetivos sejam específicos, busca-se ainda compreender por que Vênus e Terra evoluíram de modo tão diferente e tirar disso lições sobre a habitabilidade e a vida.

O lançamento de Veritas (Venus Emissivity, Radio Science, InSAR, Topography and Spectroscopy) está previsto para dezembro de 2027. A missão produzirá mapas globais em 3D, estudará a superfície, a evolução da água e o campo gravitacional para compreender o interior do planeta. Ela deverá possibilitar um conhecimento mais aprofundado dos processos geológicos passados e presentes, do núcleo à superfície. Por exemplo, Terra e Vênus desenvolveram processos tectônicos muito diferentes, e, se pudermos compreender a razão disso, vamos poder testar hipóteses sobre a formação dos continentes terrestres. O vulcanismo será também um dos objetivos principais da missão, inclusive a composição dos depósitos vulcânicos e a possibilidade de erupções em andamento. Veritas estudará, portanto, o papel da atividade tectônica e vulcânica na evolução da habitabilidade, particularmente seus efeitos sobre as mudanças da atmosfera e do clima. Comparando os dados obtidos com os da Terra, essa missão poderia nos ajudar a entender melhor o que torna um planeta telúrico habitável e por que a vida pode surgir nele ou não.[8]

A missão DaVinci (Deep Atmosphere Venus Investigation of Noble gas, Chemistry and Imaging) se dará em 2029 e se concentrará na evolução da atmosfera e suas diferenças em relação à Terra e à Marte. Ela também verificará a hipótese da existência de um antigo oceano e a evolução da baixa atmosfera. Complementando Veritas, ela documentará os processos tectônicos para compreender como se formam os planetas telúricos. A missão incluirá dois componentes:[9] uma sonda orbital e uma sonda atmosférica. A sonda orbital contará com uma câmera multiespectral para capturar imagem do planeta em ultravioleta e infravermelho-próximo.* Também terá uma câmera que permite uma cobertura global de Vênus. A captura das imagens se dará em duas fases: a primeira ocorrerá durante dois sobrevoos antes da instalação da sonda de descida (VAL, ou Venus Analytical Lab); a segunda será um programa de teledetecção a partir da órbita. Essa instalação constituirá o primeiro retorno de uma sonda à atmosfera venusiana em 50 anos. Ela analisará a atmosfera e enviará imagens da superfície, as primeiras desde a missão Venera 13 em 1981. Durante sua descida, VAL determinará a composição da atmosfera, caracterizará os gases nobres e buscará outros. Analisará os gases e suas relações isotópicas para compreender os processos químicos da alta atmosfera até a superfície. Descendo, a sonda estudará a estrutura e a dinâmica da atmosfera, medindo a pressão, a temperatura e os ventos. Uma câmera embarcada a bordo de VAL permitirá também documentar a descida.

Por sua vez, a ESA, deve lançar a missão EnVision[10] em 2031. Nela, a Nasa colaborará com o radar do Jet Propulsion Laboratory (JPL). EnVision determinará o nível e a natureza da atividade atual de Vênus, estabelecerá a cronologia da evolução geológica e caracterizará sua morfologia. A missão tentará estabelecer se Vênus era habitável e se tinha um oceano e estudará a evolução de sua temperatura ao longo da história. A relação estratigráfica das camadas geológicas dos diferentes terrenos e, por extensão, a evolução geológica serão analisadas com dados de radar. Esse estudo será complementado por uma análise da composição das rochas e por um acompanhamento de alta resolução do enxofre na atmosfera para capturar a possível existência de erupções vulcânicas. Além disso, a missão buscará explicar a origem ainda misteriosa das manchas escuras nas nuvens da alta atmosfera, que absorvem a radiação ultravioleta. Também está previsto um experimento de rádio para mapear o campo de gravidade em alta resolução.

* N.T.: Infravermelho-próximo é o nome dado à região do espectro eletromagnético imediatamente superior à região visível em termos de comprimento de onda, ou seja, trata-se da região do infravermelho "mais próxima" da região visível.

Porém, será uma empresa privada que alcançará Vênus primeiro, com a missão VLF (Venus Life Finder),[11] prevista para 2026. A VLF representa uma série de missões astrobiológicas que visam documentar a habitabilidade e pesquisar a química da vida na atmosfera de Vênus. Essas missões não são afiliadas nem à Nasa nem à ESA, mas à Rocket Lab, empresa privada que lançará seu próprio foguete e uma sonda rumo a esse planeta. A sonda utilizará a tecnologia laser para detectar química orgânica complexa, e talvez vida, nas nuvens de Vênus. Ela também testará a hipótese da fosfina. Uma vez perto de Vênus, a VLF sobrevoará as nuvens durante três minutos, o que pode parecer extremamente curto, mas a equipe da VLF tem a intenção de repetir essas visitas por vários anos.

Desse modo, esse conjunto de missões deverá nos ajudar a desvelar os segredos que ainda cercam Vênus. A sobreposição e a complementaridade dessas missões são uma garantia extra de que, caso uma delas fracasse, as outras poderão conseguir os dados de que precisamos. Ainda temos muito a aprender sobre o planeta irmão da Terra, e um retorno a Vênus se fazia necessário há muito tempo. Estando um pouco mais próximo do Sol do que nosso planeta, Vênus já viveu o que a Terra viverá em aproximadamente 1 bilhão de anos, talvez mais cedo, se a atividade humana continuar a aquecer a atmosfera. Por mais de uma razão, sua exploração deveria nos ensinar sobre o impacto das mudanças climáticas na habitabilidade e na vida em escala planetária – e talvez também como remediar isso.

Crepúsculos azuis

Na outra extremidade da zona habitável, Marte enfrenta um problema oposto ao de Vênus: é uma pequena Terra colocada no congelador. No entanto, ainda assim, é um mundo fundamental para a busca da vida. Dos deuses guerreiros aos livros e filmes de ficção científica, o Planeta Vermelho tem um lugar muito especial em nosso imaginário e povoa a psique humana com sonhos de vida extraterrestre há milênios. Marte foi observado por telescópios desde Galileu em 1610. Giacomo Miraldi mencionou "manchas brancas", em 1704, perguntando-se se seriam calotas polares. O astrônomo Herschel foi o primeiro a observar uma pequena atmosfera, em 1784, mas interpretou erroneamente as zonas escuras de Marte como sendo oceanos e as regiões mais claras, como continentes. Também mediu a inclinação do eixo rotacional de 25,19 graus, próxima dos 23,5 graus do eixo da Terra. Os depósitos das calotas polares observados pelas missões orbitais nos mostraram que essa inclinação varia bem mais do que a da Terra – entre 15 e 35 graus nos últimos 5 milhões de anos –, ao passo que em nosso planeta a variação é de apenas

1,4 grau. Essas grandes oscilações são responsáveis por mudanças climáticas em Marte mais frequentes e bem mais acentuadas do que na Terra, e essa inclinação produz quatro estações que duram mais tempo, porque Marte orbita mais longe do Sol e leva mais ou menos o dobro do tempo terrestre para dar a volta nele (687 dias contra 365). Em um ano, os extremos de temperaturas variam entre +20ºC no equador e -125ºC no polo sul, embora amplitudes maiores tenham sido registradas ocasionalmente. Elas têm flutuações importantes mesmo com mudanças mínimas de topografia devido a uma atmosfera muito mais rarefeita, cuja pressão na superfície é cerca de 165 vezes menor do que em nosso planeta. As observações telescópicas de Giovanni Schiaparelli e de Pervical Lowell, no final do século XIX e início do XX, e a descrição do que acreditavam ser oásis e canais contribuíram para inflamar as imaginações. Hoje em dia, essas conclusões não passam de mitos, pois sabemos que decorreram de ilusões de óptica causadas pelo alinhamento ao acaso de manchas escuras de albedos e de uma fadiga ocular resultante de longas horas de observações.

UM MITO SEMPRE RENOVADO

No entanto, quando a Mariner 4 decolou em 28 de novembro de 1964, tornando-se o primeiro sobrevoo bem-sucedido de Marte, muitos estavam convencidos de que íamos descobrir um planeta coberto de domos de cristal e de cidades futuristas.

Reinava o otimismo. Talvez uma civilização tecnologicamente avançada tivesse evoluído em paralelo à nossa, só um pouco mais longe do Sol. Depois, em 14 de julho de 1965, após uma viagem de 8 meses, bastaram 21 imagens para acabar com qualquer ilusão. Cobrindo cerca de 1% da superfície do planeta e tiradas o mais perto possível, a um pouco mais de 9.800 quilômetros de Marte, a resolução das primeiras imagens da superfície marciana era baixa, as fotos eram em preto e branco e pixelizadas, mas suficientes para revelar um planeta que não parecia muito diferente da Lua. Era hora de abandonar o mito de uma civilização avançada.

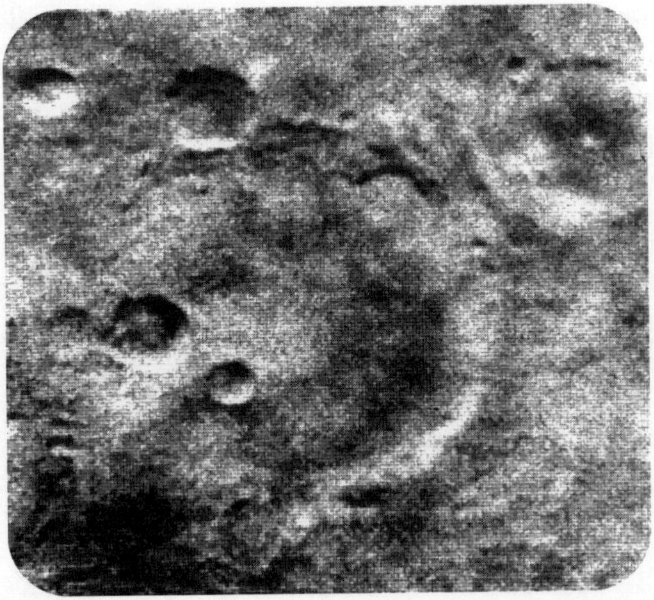

Esta imagem da superfície marciana feita pela Mariner 4 em 15 de julho de 1965, a uma distância de mais ou menos 12.500 quilômetros, revela uma superfície de tipo lunar com uma cratera de impacto com cerca de 150 quilômetros de diâmetro. A decepção inicial logo seria superada graças às descobertas das missões seguintes. (Fonte: Nasa/JPL.)

Porém, Marte reconquistaria a imaginação popular com a Mariner 9 e, desde então, o fascínio persevera. Em 14 de novembro de 1971, a Mariner 9 se tornou a primeira sonda espacial a orbitar outro planeta. O início da campanha de observação da superfície foi retardado por uma tempestade de areia na região de Noachis Terra, no hemisfério sul, que se estendeu rapidamente a todo o globo, tornando-se uma das maiores tempestades já observadas em Marte: escureceu sua superfície por três meses.

Uma vez clareada a atmosfera, a Mariner 9 iniciou sua campanha, que produziria 7.329 imagens e cobriria 80% do planeta, coletando também dados sobre a atmosfera. Esse mapeamento nos ofereceu as primeiras imagens detalhadas dos gigantes vulcões-escudo* de Tharsis, assim como do

* N.R.T.: Vulcões-escudo são montanhas vulcânicas que se assemelham a um escudo deitado, formadas pela solidificação de lava vulcânica expelida ao longo de diversas erupções.

Valles Marineris – o maior cânion do Sistema Solar –, das calotas polares e dos dois satélites (Fobos e Deimos). Mesmo com uma resolução relativamente baixa comparada aos padrões atuais, essa missão mexeu profundamente com nossa visão sobre Marte. Tornou-se evidente que o Planeta Vermelho tivera uma história geológica complexa. Ele apresentava similaridades suficientes com a Terra primitiva para justificar uma exploração mais aprofundada sobre a possibilidade de uma química prebiótica e o surgimento de formas de vida simples. Portanto, a busca da vida passou a ser um dos objetivos da missão seguinte: Viking.

A VIKING ENCONTROU VIDA EM MARTE?

Viking 1 e Viking 2 foram lançadas com três semanas de intervalo, em 20 de agosto e 9 de setembro de 1975, e cada missão levava uma sonda orbital e um aterrissador.* A Viking 1 aterrissou sem dificuldade, em 20 de julho de 1976, na planície de Chryse Planitia, onde prosseguiu sua missão por mais de seis anos, bem além dos 90 dias previstos inicialmente. A Viking 2 pousou em 7 de agosto de 1976, em Utopia Planitia, onde ficou operacional durante três anos e meio. Combinadas, as missões em órbita e no solo produziram 52.663 imagens e cobriram 97% do planeta, numa resolução compreendida entre um pouco menos de 300 metros e 8 metros por pixel, em certas regiões como Valles Marineris. Somente os aterrissadores forneceram mais de 4.400 imagens da superfície.

Os dados oriundos das duas missões Viking constituíram a base de nossos conhecimentos sobre Marte durante 20 anos, além de um acervo absolutamente extraordinário. Preparei meu mestrado e doutorado com essas imagens, que ainda eram impressas em papel de fotografia e que enchiam os arquivos de aço de meu escritório, no observatório de Meudon,

* N.R.T.: Algumas referências usam o termo "aterrissagem" apenas para pousos na Terra, e outros termos para pousos em astros distintos, como "alunissagem" para a Lua. No entanto, nesta tradução, será mantido o termo "aterrissagem" (e suas variações) para se referir ao pouso em qualquer local.

França. Quando defendi minha tese, no final de 1991, elas haviam sido gravadas recentemente em CD-Rom e armazenadas numa biblioteca digital na internet. Mas tê-las nas mãos sempre me dava uma sensação particular, por saber o que fora preciso fazer para consegui-las.

Na década de 1970, a exploração planetária estava começando, e o impacto da missão Viking foi fenomenal. O programa de exploração de Marte da Nasa ainda hoje é moldado por seus resultados. Essa missão nos deu a primeira visão detalhada da história de um planeta, onde tudo parecia incrivelmente familiar: antigos rios e lagos já secos, calotas polares, campos de dunas, vulcões e derramamentos de lava congelados no tempo. Como digo com frequência, não é necessário inventar palavras novas para descrever Marte. Suas paisagens, embora muito parecidas com as da Terra, são ao mesmo tempo únicas: um Planeta Vermelho com pôr do sol azul, onde os pneus de nossos *rovers* deixaram profundas marcas na poeira ao longo das duas últimas décadas. Mas, na época da Viking, essa exploração estava apenas começando.

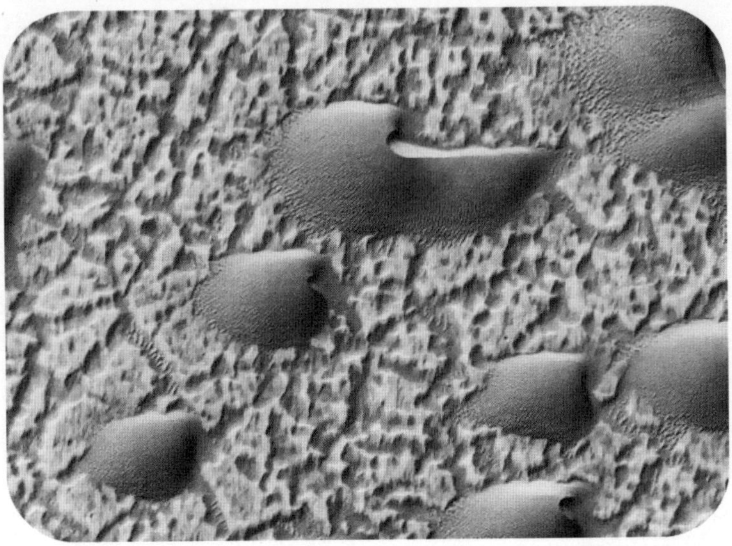

Barkhanes no hemisfério sul de Marte. Estas dunas em forma de lua crescente podem alcançar 300 metros de largura e 30 metros de altura. (Fonte: NasaNasa-JPL-Caltech/University of Arizona, Marte Reconnaissance Orbiter, HiRISE imagem n° ESP_033272_1 400.)

Além do estudo global de Marte, as duas Viking aterrissaram com outra missão extraordinária: coordenada por Harold Klein, a equipe de biologia tinha o objetivo de compreender se a vida havia se desenvolvido em Marte e se podia ainda existir.[12] Experimentos foram feitos para tentar estabelecer se podia ocorrer produção ou degradação de moléculas orgânicas que se manifestassem talvez por emissões de dióxido de carbono ou de metano.

Para realizar esses experimentos, os aterrissadores coletaram amostras de solo com seus braços robóticos e as depositaram em compartimentos selados. O primeiro experimento foi realizado por cromatografia em fase gasosa acoplada à espectrometria de massa (GC-MS), técnica de análise que permite identificar ou quantificar de maneira precisa numerosas substâncias presentes em pequena quantidade. Ela permitiu identificar os componentes liberados do solo não tratado enquanto era aquecido a diferentes temperaturas, mas não encontrou nenhuma quantidade significativa de moléculas orgânicas.

Um segundo experimento – de troca gasosa (GEX) – objetivava detectar a presença de microrganismos metabolizando no solo. Amostras de solo foram então incubadas, com resultados negativos idênticos nos dois locais de aterrissagem.

O terceiro experimento, denominado Labeled Release (LR), inoculou amostras de solo com uma gota de solução nutritiva aquosa diluída e marcada com carbono radioativo (^{14}C). O objetivo era observar eventuais mudanças no ar do entorno das amostras, principalmente a emissão de dióxido de carbono radioativo, que podia indicar a degradação das moléculas por metabolização microbiana dos nutrientes inoculados. Para surpresa geral, considerando os dois resultados anteriores, constatou-se imediatamente a emissão de gases radioativos após a primeira injeção. As amostras foram em seguida aquecidas a temperaturas entre 10ºC e 160ºC, o que acarretou uma diminuição significativa ou uma interrupção da emissão. Gilbert Levine, responsável pelo LR, assim como outros pesquisadores, ficaram convencidos de que a Viking havia demonstrado a existência de vida em Marte, mesmo que os resultados contradissessem os dos experimentos GC-MS e GEX.

A última etapa foi o experimento chamado de Pyrolitic Release (PR), que tornou ainda mais complexa a interpretação dos dados da Viking. Ela testou hipóteses sobre o ciclo do carbono, nas quais microrganismos hipotéticos poderiam ter se adaptado à aridez marciana. Se a vida estivesse presente, a evidência de um ciclo biológico começaria pela assimilação do dióxido ou do monóxido de carbono da atmosfera e por uma produção de biomassa. Essa assimilação foi medida com o auxílio de amostras da superfície incubadas num contêiner que simulava ao máximo as condições ambientes. A incubação durou vários dias; depois, os gases foram extraídos e o resto do solo aquecido a 650ºC. O experimento de PR culminou na formação de uma pequena quantidade de matéria orgânica no local da Viking 1, contrariamente à amostra de controle esterilizada. Esse resultado deixava entrever uma atividade biológica, mas foi contestado porque materiais orgânicos continuaram se formando após aquecimento a mais de 90ºC. Considerando a ausência de detecção de matéria orgânica nas amostras pelo GC-MS, a equipe científica da missão Viking concluiu que uma explicação não biológica dos resultados do PR era mais provável.

Hoje em dia, a maior parte da comunidade científica envolvida na exploração de Marte considera que os resultados da Viking podem ser explicados por origens não biológicas, como reações químicas oxidativas após uma exposição contínua da superfície a uma forte radiação ultravioleta. Ainda que Marte tenha uma camada de ozônio, ela é 300 vezes mais fraca do que a da Terra. Descoberta em 2013 pela missão Mars Express da ESA, ela é composta de três camadas diferentes que variam bastante na localização e no tempo e oferecem uma proteção limitada à superfície. Sua formação se explica por processos não biológicos, relacionados à ação da luz do Sol, que decompõe as moléculas de dióxido de carbono na atmosfera e libera átomos de oxigênio que se recombinam para formar ozônio (O3).

A hipótese de reações químicas oxidativas para explicar os resultados da Viking foi corroborada em maio de 2008, quando a missão Phoenix da Nasa descobriu percloratos formados por irradiação da superfície. Agora, em geral se admite que essas reações explicam as observações feitas pelos dois aterrissadores Viking e denotam a presença de hidrocarbonetos clorados decompondo as moléculas orgânicas. Apesar dessas observações, alguns sugerem que, à luz de algumas décadas de explorações suplementares, os experimentos biológicos da Viking careciam de sensibilidade para detectar vestígios de compostos orgânicos. À medida que as amostras eram aquecidas, os percloratos teriam destruído rapidamente as moléculas orgânicas e produzido clorometano e diclorometano, conforme o que foi observado. Por outro lado, estudos recentes reproduziram os resultados da Viking sem recorrer a processos biológicos. O experimento LR ainda hoje é considerado inconclusivo.

MARTE, SEMPRE NA MIRA

O resultado do experimento LR da Viking confrontou a comunidade científica com algumas das questões mais frustrantes da Astrobiologia, relacionadas à detecção e à identificação de bioassinaturas fora da Terra. Era a primeira vez, mas não seria a última. Nas décadas seguintes, estudos sugeriram a presença de fósseis de bactérias no meteorito Allan Hills 84001. Mais recentemente, a fosfina em Vênus veio se somar à lista dos resultados ambíguos. Ficou evidente que, além da ausência de sensibilidade de nossos instrumentos e tecnologias, a falta de conhecimento aprofundado sobre o meio ambiente marciano, nos anos 1970, impedira os pesquisadores de contextualizar os resultados dos experimentos biológicos da missão Viking. Essa conscientização levou a Nasa a uma conclusão inevitável: para procurar vida em Marte, era imperativo coletar mais informações sobre o meio ambiente passado e presente do Planeta Vermelho, o que resultou num programa integrado de exploração que continua até hoje, reestruturado diversas vezes.

A agência espacial americana não foi a única a voltar seus olhos para Marte. Na década de 1960, a União Soviética foi o primeiro Estado a lançar missões sobre o Planeta Vermelho. Infelizmente, 80% delas fracassaram. Mas tampouco a Nasa, a ESA e outras agências foram poupadas.

Assim, Marte adquiriu com o tempo uma reputação de cemitério de missões de qualquer bandeira.

"Dingo Gap", cratera de Gale, Marte. Para mim, esta é uma das imagens mais emblemáticas de nossa exploração do Planeta Vermelho. Foi feita em 9 de fevereiro de 2014 pelo *rover* Curiosity. Escala: a duna tem cerca de 1 metro de altura e a câmera está virada para leste.
(Fonte: Nasa/JPL-Caltech/MSSS. PIA 17944.)

A exploração atual de Marte é complexa. Congrega as visões das maiores agências espaciais internacionais por várias décadas e os primeiros passos robóticos de diferentes nações que conseguiram há pouco pousar na sua superfície. Baseia-se igualmente em colaborações entre agências espaciais para preparar o retorno das amostras coletadas por lá, enquanto os conceitos e planos das missões continuam evoluindo. A Nasa e a ESA trabalham juntas para trazer rochas e poeira a fim de efetuar análises na Terra entre 2031 e 2033.

A primeira fase dessa missão é realizada pelo *rover* Perseverance, que pousou na cratera Jezero em 18 de fevereiro de 2021. Esse *rover* coleta amostras, armazenando-as em tubos individuais hermeticamente selados e guardados em compartimentos internos específicos. Perseverance gerou um depósito de amostras com dez deles em uma região plana e sem obstáculos do delta de Jezero, denominada "Three Forks" (Três Forquilhas), de onde deverão ser recuperados por uma missão de busca em alguns anos. Até pouco tempo atrás, a missão compreendia um aterrissador, um *rover* de recuperação e um veículo de ascensão para lançar o contêiner de amostras em uma órbita baixa marciana, onde está previsto um encontro com o veículo de retorno (Earth Return Orbiter, ERO), desenvolvido pela ESA.

Porém, considerando o sucesso de Ingenuity, helicóptero marciano atualmente em fase de testes em Jezero, a missão está sendo repensada e a ideia de um *rover* de recuperação parece ter sido abandonada. O *rover* Perseverance deve ainda estar ativo em 2031 e, numa nova versão da missão, ele seria encarregado de levar as amostras ao veículo de ascensão. Se, por uma razão qualquer, Perseverance não puder cumprir essa tarefa, o projeto atual prevê dois mini-helicópteros para buscar as amostras em seu abrigo e levá-las ao veículo de ascensão. Os helicópteros serão similares em tamanho e massa ao Ingenuity, mas terão rodas sob seu sistema de aterrissagem e um minibraço robótico. Em suma, poderão rodar na superfície uma vez pousados e coletar as amostras antes de colocá-las no veículo de ascensão que as trará para a Terra numa região não povoada – provavelmente o Utah Test and Training Range, nos Estados Unidos.

A França colabora de várias maneiras nessa missão, com um laboratório onde as amostras poderão ser guardadas e analisadas e com a construção do veículo de retorno pela Airbus.[13] A China anunciou sua intenção de também trazer amostras de Marte até 2031. Depois de desenvolver um primeiro conceito de veículo espacial destinado a efetuar todas as fases da missão, os cientistas chineses modificaram sua abordagem, optando por uma missão em várias fases, que integram um aterrissador e um veículo de retorno, semelhante ao projeto inicial da Nasa e da ESA. O Japão também pretende trazer amostras de Fobos ou de Deimos, as duas luas do planeta.

Essas missões incluem igualmente objetivos centrados na exploração humana. Considerando os desafios relacionados à aterrissagem e ao estabelecimento de um posto avançado humano em Marte, compreender as características e a dinâmica do Planeta Vermelho é importante tanto para proteger a saúde dos astronautas quanto para compreender as necessidades logísticas e os recursos existentes no local. Além disso, se houver vida em

Marte, esses dados poderiam revelar os riscos de contaminação da Terra para Marte ou o inverso e, ainda mais importante, impedi-los. Essa questão está no cerne do programa de proteção planetária da Nasa.

Do ponto de vista da Astrobiologia, é essencial caracterizar a habitabilidade de Marte desde sua formação para compreender se o planeta ofereceu condições favoráveis para uma vida simples se desenvolver e sobreviver. Nesse campo, desde os anos 1990, as missões em órbita e no solo produziram uma soma de conhecimentos surpreendente. O mapeamento em escala global pelas sondas orbitais da Nasa, Mars Global Surveyor e Mars Odissey, concentrou-se na evolução geológica e climática passada e presente. As duas sondas orbitais ajudaram na seleção dos locais de aterrissagem para os *rovers* Spirit e Opportunity que, em 2004, foram os primeiros a explorar a habitabilidade passada de Marte, "seguindo a água" por meio do estudo da morfologia e da mineralogia da cratera Gusev e de Meridiani Planum. A ESA contribuiu para essa exploração com a sonda Mars Express, que alcançou a órbita marciana no mesmo ano. Beagle 2, o aterrissador da ESA, foi perdido após uma abertura defeituosa de dois dos quatro painéis solares, que bloquearam a antena de comunicação, apesar de uma aterrissagem bem-sucedida.

Desde então, ocorreram missões internacionais com resoluções e capacidades científicas melhores: as estadunidenses Phoenix, Mars Reconnaissance Orbiter, Mars Science Lab (o *rover* Curiosity), Mavem e Insight; a europeia ExoMars 2016-Trace Gas Orbiter; a indiana Mars Orbiter Mission (MOM); e Hope, dos Emirados Árabes Unidos. Essas missões revelaram em detalhes a geologia, a mineralogia, a composição, a atmosfera, o clima e a atividade tectônica de Marte. A elas se uniu o *rover* chinês Zhurong, que aterrissou em Utopia Planitia, em 14 de maio de 2021. O *rover* Perseverance, já mencionado (missão Mars 2020 da Nasa), continua explorando a cratera Jezero. Desde a Viking, Mars 2020 é a primeira missão que busca bioassinaturas passadas e presentes. Perseverance deveria ter sido acompanhado por Rosalind Franklin, *rover* da ESA destinado a explorar a região de Oxia Palus, no hemisfério norte, local de aterrissagem com um dos maiores afloramentos de rochas e de argilas em Marte. Entretanto, devido à guerra na Ucrânia, a missão europeia foi adiada.

Rochas sedimentares estratificadas no delta
da cratera Jezero, Marte. (Fonte: Nasa/JPL-Caltech/ASU/MSSS.)

Esse amplo volume de dados nos oferece agora uma visão mais precisa de como Marte passou de um planeta semelhante à Terra ao mundo desolador de hoje. A descoberta de moléculas orgânicas leva a conjecturar que a vida poderia ter surgido no passado em ambientes semelhantes ao de nosso planeta e por meio de processos similares. Já a detecção de emissões variáveis de metano nos intriga. Embora essas observações não representem em si mesmas uma evidência de atividade biológica passada ou presente, tampouco a contradizem.

O mais importante é que, graças a todas essas missões, agora sabemos que Marte era habitável no início de sua história para a vida (simples) tal como conhecemos. Porém, uma das maiores incertezas ainda hoje é o papel que seu ambiente único teve nessa habitabilidade, na formação de moléculas orgânicas e na preservação possível de bioassinaturas, pois, mesmo que fosse semelhante à Terra, Marte nunca foi idêntico ao nosso planeta. Para compreender como os vestígios de uma vida passada poderiam ter sido preservados, e também onde e como buscá-los, precisamos entender as consequências da perda da atmosfera, do aumento da radiação ultravioleta e dos raios cósmicos sobre a superfície e, por fim, das mudanças climáticas caóticas tanto para a vida quanto para a preservação de bioassinaturas.

UM PLANETA HABITÁVEL EM SEUS PRIMÓRDIOS

No começo de sua história, Marte tinha condições de abrigar oásis naturais, ter água líquida, energia, fontes de carbono e nutrientes necessários à vida. Uma atmosfera de dióxido de carbono muito mais densa do que a de hoje teria protegido a superfície da radiação ultravioleta. Ainda que sua pressão atmosférica atual seja 165 vezes menor do que a da Terra, os estudos da alta atmosfera, sua composição isotópica e a análise dos meteoritos marcianos fornecem evidências de mudanças significativas através do tempo. A pressão atmosférica do início da história do planeta era de ao menos 0,5 bar (metade da encontrada na Terra no nível do mar) e talvez bem mais elevada. Com certeza, era suficiente para permitir o escoamento de água liquida, o preenchimento de bacias e temperaturas mais brandas na superfície. Hoje, embora a atmosfera residual não gere mais do que 6,518 milibars de pressão superficial, as condições ainda permitem incursões episódicas ao "ponto triplo da água", ou seja, o ponto em que suas três fases (líquida, sólida e gasosa) podem coexistir em equilíbrio termodinâmico. Todavia, a pressão do ar é tão baixa que, mesmo nos locais mais favoráveis, a água só consegue permanecer líquida entre 0ºC e +10ºC; depois disso, começa a ferver. Ainda assim, ela pode ficar líquida temporariamente, em especial quando contém um alto teor de sais que rebaixa seu ponto de congelamento – o que talvez explique a reativação sazonal das ravinas e dos depósitos de salmouras e de sedimentos.

Os lagos e os oceanos episódicos, o interior das rochas e regiões profundas da crosta marciana ofereciam vários refúgios possíveis para microrganismos, que poderiam tirar sua energia do Sol (fotossíntese), de reações químicas (quimiossíntese), da atividade vulcânica ou da decomposição molecular por radiação ionizante (radiólise), todas fontes de energia semelhantes àquelas que encontramos em nosso planeta. A missão Phoenix da Nasa descobriu igualmente minerais solúveis no solo marciano, como potássio, magnésio e cloretos, que poderiam ter fornecido nutrientes aos organismos vivos.

Portanto, Marte era habitável no começo, e os elementos constitutivos da vida estavam lá. Contudo, pensar na possibilidade de vida em Marte requer ir além das similaridades com a Terra. Também se deve considerar o que é único ao Planeta Vermelho e avaliar o quanto essas diferenças afetaram a formação de ambientes habitáveis, sua duração, o desenvolvimento da vida e a preservação de seus vestígios. Apesar do volume extraordinário de dados que possuímos, nossa compreensão atual da história geológica de Marte em relação à Terra ainda é muito superficial, exceto nos locais de aterrissagem onde a exploração com os *rovers* gerou dados com um grau de escrutínio mais refinado. A exploração pelo *rover* Opportunity (que percorreu até hoje a maior distância em Marte, um pouco mais de 45 quilômetros) indica que as mudanças de ambientes em Meridiani Planum revelam sobretudo uma história local, mesmo que tenha como tela de fundo uma mudança climática em escala planetária.

As sondas orbitais oferecem uma visão global a partir do espaço que nos ajuda a decodificar a evolução geológica acumulada em camadas estratificadas. Porém, a resolução relativamente mais baixa dos dados orbitais nos mostra apenas as principais transições climáticas e geológicas. Tomadas individualmente, essas transições representam instantâneos no espaço e no tempo, quase sempre separados por dezenas ou centenas de milhões de anos, às vezes bilhões. Em outras palavras, o que observamos é uma caricatura da história de Marte. Temos uma visão grosseira de suas tendências gerais e de suas características marcantes. É como se estivéssemos lidando com uma série de planetas completamente diferentes, sobrepostos uns aos outros. Porém, na realidade, estão todos conectados por um *continuum* de mudanças de meio ambiente que explica como as épocas, os períodos e as eras geológicas se sucederam – sem que essas transições sejam visíveis do espaço. No entanto, os eventos que se produzem nesse *continuum* são fundamentais para a vida.

SEGREDOS DE METEORITO

Apesar dessas limitações, Marte é provavelmente o mundo que melhor conhecemos além da Terra, e o que aprendemos até agora nos ajuda a entender melhor como sua evolução poderia ter levado à formação de uma biosfera. Em 2011, um meteorito marciano de 320 gramas foi descoberto em Rabt Sbayta, no Saara ocidental, no Marrocos. Denominado "Beleza Negra", sua origem foi confirmada pela análise de bolsões de gás contidos em seus minerais e sua comparação com a assinatura única da atmosfera marciana, cuja composição fora estabelecida pela Viking. Esse meteorito nos forneceu informações sem precedentes sobre os processos anteriores que moldaram o Planeta Vermelho e nos reservou uma grande surpresa. A análise pelo decaimento radioativo do urânio em decomposição aprisionado no zircão durante a formação da rocha permitiu que os pesquisadores determinassem a idade da crosta com precisão. Sua química revelou o teor em água mais elevado já medido num meteorito marciano, uma água que poderia ter vindo de oceanos existentes em Marte no início de sua história e ainda presentes quando a rocha se formou num terreno vulcânico. O estudo de sua composição demonstrou que a formação do núcleo de Marte e a solidificação de seu oceano de magma se deram de forma extremamente rápida, apenas 20 milhões de anos após a formação do Sistema Solar.

Essa descoberta é muito significativa para uma origem possível da vida, pois sugere que existia água líquida na superfície de Marte aproximadamente 100 milhões de anos antes de ela surgir na Terra. Considerando a idade dos primeiros vestígios indiretos da presença da vida em nosso planeta e a semelhança dos ambientes marciano e terrestre do passado distante, essa descoberta permite conjecturar que a vida poderia ter surgido primeiro em Marte. Mesmo que isso seja ainda uma hipótese, os dados mostram que o ambiente primitivo marciano ofereceu condições favoráveis à vida *antes* da Terra.

Esses resultados também fornecem uma idade absoluta que permite estabelecer a cronologia da evolução geológica marciana com precisão. Esta é uma etapa crítica, pois, contrariamente à Terra e antes que cheguem as futuras amostras de Marte, só conseguimos obter idades absolutas para os meteoritos marcianos como o Beleza Negra. Geralmente, precisamos nos basear em cálculos de densidade de crateras de impacto nas superfícies planetárias para deduzir idades relativas. Em seguida, os resultados são ajustados e calibrados pelo padrão lunar, cujas idades absolutas dispomos graças às amostras trazidas pelas missões do programa Apollo e, mais recentemente, pela missão chinesa Chang'e 5. Esses estudos de densidade de crateras de impacto permitiram a identificação de três períodos geológicos em Marte, nomeados de acordo com províncias representativas. Um quarto período os precede – pré-Noachiano, que corresponde ao Hadeano na Terra e se estende de 4,5 a 4,1 bilhões de anos –, mas ele deixou poucos vestígios, pois a maioria foi apagada pela erosão e pela grande taxa de impactos de alta energia. Apesar do tempo e da erosão, a dicotomia entre o planalto e a planície, uma das características mais notáveis da paisagem marciana, formou-se durante esse período e ainda é visível hoje.

Marte apresenta uma grande assimetria topográfica entre seus dois hemisférios. Essa dicotomia divide claramente o planeta em duas regiões distintas, com um antigo planalto cheio de crateras no sul e planícies mais recentes no norte.

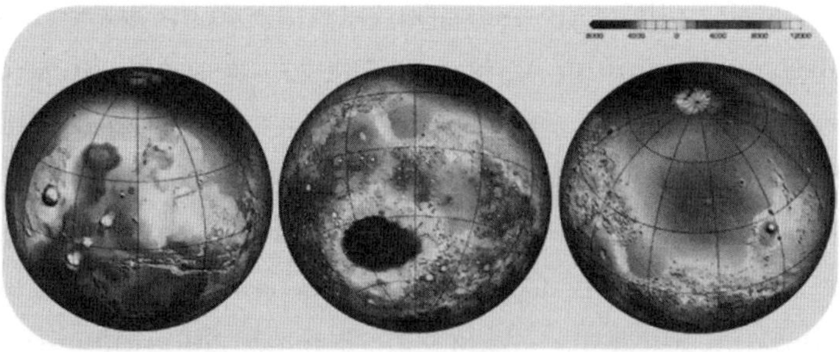

Visão global de Marte obtida graças aos dados do Mars Orbiter Laser Altimeter (Mola) a bordo da sonda Mars Global Surveyor. A diferença de altitude entre o planalto do hemisfério sul e as planícies do norte é claramente visível. As planícies do norte poderiam ter abrigado oceanos episódicos ao longo da história de Marte.
(Fonte: Nasa/JPL/Goddard Space Flight Center.)

Essa assimetria se formou há cerca de 4,3 bilhões de anos, talvez após uma colisão com um asteroide com o tamanho de cerca de dois terços da nossa Lua (hipótese do "megaimpacto"), ou, talvez, a partir de processos internos que teriam eliminado a crosta basal nas regiões das planícies do norte por convecção do manto. Ocorrida durante o período de acreção, ou logo depois, ela é uma das características geológicas mais antigas de Marte. É também uma das mais críticas. Sua formação esculpiu a geografia e a topografia e influenciou o clima, a hidrologia e a geologia. Por conseguinte, deve ser considerada como essencial a todo conceito de biosfera marciana.

O fim desse período foi marcado pela perda do campo magnético, um evento cujos vestígios ainda são detectáveis nas rochas. Há aproximadamente 4,1 bilhões de anos, a Bacia de Impacto Hellas se formou no hemisfério sul. Ao contrário das formações mais antigas, suas rochas não indicam magnetização, evidência de que o campo magnético que existia entre 4,3 e 4,2 bilhões de anos atrás havia desaparecido, deixando apenas vestígios na crosta do planeta. Uma vez extinto o campo magnético, a atmosfera marciana foi rapidamente erodida pelos ventos solares. Desse modo, foram necessários apenas 300 a 500 milhões de anos para que Marte passasse de um planeta semelhante à Terra ao deserto árido que conhecemos hoje.

O Noachiano sucedeu esse período há 3,7 bilhões de anos e representa um pico de atividade hidrológica, lacustre e vulcânica. Se a vida tivesse surgido em Marte, o Planeta Vermelho poderia ter oferecido ambientes habitáveis comparáveis aos da jovem Terra. Ainda que rios tenham existido no período anterior, seus vestígios mais abundantes são observados no Noachiano. Os grandes corpos hídricos e as direções de escoamento da água foram definidos pela dicotomia topográfica entre os hemisférios e pelo bombardeio intensivo de asteroides e de cometas que remodelaram a paisagem, criando bacias hidrográficas e inúmeras depressões, onde a água e os sedimentos se acumularam. Os impactos também moldaram a estrutura interna do planeta, formando aquíferos nos quais a água se armazenou. Foi também o período dos grandes lagos e dos mares internos – seus vestígios ainda são visíveis sob a forma de depósitos de minerais no alto planalto craterizado do sul. A morfologia de numerosas redes hidrográficas parece mostrar episódios curtos de clima mais ameno que teriam sido favoráveis à sua formação, provavelmente em resposta a mudanças rápidas da inclinação axial de Marte. No mesmo período, uma atividade vulcânica constante liberou gases de efeito estufa e acumulou abundantes depósitos de enxofre e de sulfatos. Olympus Mons, o maior vulcão do Sistema Solar, assim como os outros gigantes vulcões-escudo de Tharsis, começaram a se formar. A abundância das argilas produzidas pela ação da água dos rios e das fontes hidrotermais sobre rochas vulcânicas confirma a existência desses episódios.

HIPERÁRIDO, FRIO, MAS NÃO MORTO

Há 3,7 bilhões de anos, foi na transição entre o Noachiano e o Hesperiano que Marte evoluiu para um mundo hiperárido e frio. Nesse novo período geológico que durou cerca de 700 milhões de anos, os grandes vulcões de Tharsis continuaram se formando e os de Elysium surgiram, acumulando vastos depósitos de lava no planalto e nas planícies circundantes. A paisagem foi moldada por intensos fluxos de água catastróficos, gerados em terreno caótico ao sul e levando à formação de oceanos episódicos nas planícies do norte. Deltas e depósitos deixados por tsunamis, possivelmente com vestígios de antigas linhas da costa, são os últimos testemunhos desses grandes volumes d'água que ficaram estagnados esporadicamente nas planícies durante esse período e parte do seguinte, o Amazônico, que teve início há 3 bilhões de anos e perdura até hoje.

Essa longa duração mostra como Marte mudou pouco durante todo esse período. Porém, menos atividade não significa que nada tenha acontecido por lá. Na prática, mesmo que a escala dos processos seja muito menor agora, Marte ainda tem muita atividade. Alguns escoamentos fluviais episódicos podem ter ocorrido no último bilhão de anos, e talvez até mais recentemente, na região de Elysium. Embora o planeta esteja geologicamente mais calmo, a atividade vulcânica recente e a interação entre os vulcões e o gelo provam que havia fontes de energia e água há somente 50 mil anos na região de Cerberus Fossae, no hemisfério norte. Quanto ao vulcão Olympus Mons, suas últimas erupções datam apenas de 25 a 4 milhões de anos atrás, talvez menos, o que equivale a ontem na escala geológica. É por isso que esse vulcão gigante é considerado adormecido e não extinto.

Ainda acontecem tremores de terra em Marte. A missão Mars Insight da Nasa registrou mais de 500 desde sua aterrissagem em novembro de 2018 na Elysium Planitia, quase todos inferiores à magnitude 2 na escala Richter. Muitos podem ser atribuídos a pequenos impactos de meteoros ou ao resfriamento da crosta marciana. Mas outros são muito maiores (de magnitude 3,1 a 3,6), em especial alguns que têm seu epicentro na região de Cerberus, também conhecida por seus depósitos vulcânicos novos, o que parece se concatenar com a hipótese de uma atividade recente, até atual. A Insight registrou sismos ainda maiores em Valles Marineris (de magnitude 4,1 a 4,2) e um recorde de magnitude 5 em maio de 2022. Portanto, ao contrário do que se pensa, Marte não é um mundo morto.

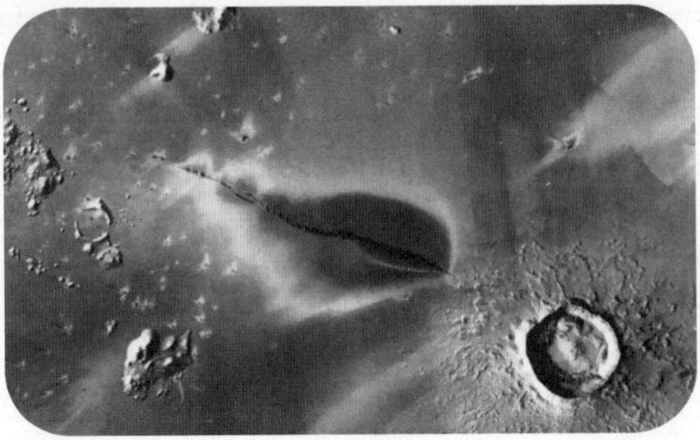

Depósitos vulcânicos recentes (50 mil anos) em torno de uma fissura na região de Cerberus Fossae, em Marte.
(Fonte: Nasa/JPL-Caltech.)

Pequenos escoamentos transitórios de água se formam ainda hoje na superfície e podem ter diferentes origens, como fontes de água salobra subterrânea ou degelo. Avalanches secas se formam também por explosão de dióxido de carbono e por nuvens de poeira sopradas pelo vento. A superfície marciana revela igualmente vastas extensões de antigas geleiras rochosas e outras recobertas de destroços. Vestígios de glaciações que datam aproximadamente de 4 milhões de anos – e talvez apenas 350 mil anos, em alguns casos – ainda são visíveis nos flancos de Olympus Mons. Nos períodos de forte obliquidade – quando a inclinação axial do planeta ultrapassava 30º –, as regiões equatoriais podem ter tido neve, no limite do alto planalto e das planícies, o que explicaria esses vestígios nas encostas dos altos vulcões. E quedas de neve não são completamente impossíveis hoje em dia, como atesta aquela de curta duração observada pela missão Phoenix, em setembro de 2008, quando flocos sublimaram (passaram do estado sólido ao gasoso) antes mesmo de tocar a superfície. Porém, o agente mais ativo de transformação da paisagem marciana atualmente é o vento, que a molda, ondulando os campos de dunas e escurecendo sazonalmente o céu com redemoinhos de poeira e tempestades capazes de cobrir uma região ou o planeta inteiro.

Observe-se que, embora essa cronologia da evolução do ambiente marciano se baseie na geologia e na estratigrafia, uma outra escala temporal, baseada na alteração dos minerais, foi concebida e produzida a partir dos dados do instrumento Omega, embarcado a bordo da Mars Express, a missão da ESA. O Omega é um espectrômetro de mapeamento mineralógico da superfície, a partir da detecção de luz visível e a radiação infravermelha. Essa cronologia compreende três períodos: Phyllocien, que se estende de 4,5 a 4 bilhões de anos atrás e é definido pelos minerais argilosos; Theiikien, que durou de 4 a 3,5 bilhões de anos e foi dominado por enxofre e sulfatos produzidos pela intensa atividade vulcânica desse período; e Siderikien, que começou há 3,5 bilhões de anos e prossegue até hoje, definido pela presença de óxidos de ferro. As duas escalas cronológicas se sobrepõem e evidenciam as fortes ligações existentes entre as mudanças espetaculares do meio ambiente e os períodos de transições climáticas.

AS PISTAS DO CARBONO

Ao longo do seu próprio *continuum*, a Terra nos deu evidências de que a vida interage com seu meio ambiente e se adapta no espaço e no tempo para manter fontes de energia e de nutrientes. Numa biosfera, a energia flui e se dissipa na forma de calor, os elementos químicos são reciclados, e esses elementos ou seus compostos circulam entre as formas dos seres vivos e não vivos. São também transportados de um ponto a outro do ambiente por ciclos biogeoquímicos. Portanto, a vida pode afetar significativamente os processos que controlam as trocas entre a atmosfera, os oceanos e a camada superior da crosta terrestre. Ao fazê-lo, deixa vestígios de sua atividade.

O carbono e o enxofre desempenham papel essencial nesses ciclos. Se um dos principais objetivos da exploração de Marte é "seguir a água" para caracterizar a habitabilidade, quando se trata de buscar vida poderíamos dizer que se deve "seguir o carbono". De fato, os compostos do carbono são essenciais à matéria orgânica e aos gases da atmosfera. Eles agem como neutralizantes nas soluções e são constituintes essenciais dos processos magmáticos e vulcânicos. Combinado com o carbono e o ferro, o enxofre também tem um papel fundamental nos sistemas vivos, e todos interagem via processos físicos, químicos e biológicos.

Considerando as semelhanças entre os meios ambientes dos primórdios da Terra e de Marte, alguns dos processos originários dos ciclos geoquímicos do carbono e do enxofre na Terra provavelmente também ocorreram no Planeta Vermelho, pelo menos nas primeiras centenas de milhões de anos de existência. Mas o esfriamento rápido de Marte teve um efeito nefasto sobre o desenvolvimento possível de uma tectônica das placas. Na melhor das hipóteses, essa tectônica permaneceu em estado embrionário, o que pode ter representado um obstáculo à habitabilidade e à vida, já que ela tem um papel primordial no ciclo do carbono. Na Terra, a tectônica das placas é responsável pela liberação do dióxido de carbono nas dorsais oceânicas, mas também por seu retorno ao manto do planeta por subducção (isto é, o deslizamento de uma placa tectônica sob outra de densidade menor), auxiliando assim a renovação das rochas e dos recursos minerais. No caso de Marte, os processos dominantes foram os impactos de asteroides e cometas, o vulcanismo e a atividade eólica, limitando talvez a habitabilidade e os recursos disponíveis para os organismos vivos. Apesar dessas diferenças, o carbono da atmosfera foi reciclado em parte por precipitação nas antigas bacias formadas pelos lagos e oceanos e, com o tempo, recoberto por outros sedimentos, o que poderia explicar a ausência de grandes depósitos na superfície.

As rochas carbonáticas, o hidrogênio da água e as reações entre o oxigênio e o carbono podem levar à produção de metano (CH4), que é então liberado na atmosfera. Contrariamente ao ciclo do carbono na Terra, esse processo se tornou menos eficaz em Marte com a perda da atmosfera, o desaparecimento de escoamento de água na superfície e a diminuição do vulcanismo. No entanto, o metano continua sendo produzido em Marte: foi detectado do espaço e na superfície na cratera de Gale, com variações sazonais e picos ocasionais maiores. Na Terra, 90% do metano é produzido por organismos vivos. Como ele é decomposto por radiação ultravioleta, sua presença em Marte não deveria ultrapassar 300 a 600 anos. Desse modo, o metano observado hoje não pode datar de 4 a 3,7 bilhões de anos atrás, quando as condições eram mais favoráveis. Ele é necessariamente recente e renovado de alguma forma, mas ainda não sabemos como. Sua presença poderia ser explicada por fontes bióticas (organismos vivos) ou abióticas (meio ambiente). Dentre as fontes bióticas, o metano pode ser produzido por organismos metanogênicos análogos ao que observamos nas profundezas da Terra. É possível que tais microrganismos tenham surgido no início da história de Marte e desaparecido quando as condições mudaram. Sua decomposição poderia ter acumulado metano nas profundezas e no solo congelado de maneira permanente, que seria liberado aos poucos na superfície por ocasião de aquecimentos sazonais da temperatura. Uma outra hipótese – provavelmente mais fascinante do ponto de vista da busca de vida – é que microrganismos sejam a fonte das emissões atuais após terem encontrado um meio de sobreviver sob a superfície.

As fontes abióticas de metano incluem a oxidação do ferro nos ambientes vulcânicos e hidrotermais antigos. Como no cenário anterior, o metano residual ficaria retido no solo gelado dentro de clatratos (hidratos de metano estruturados em "gaiolas") e seria liberado ao sabor das desestabilizações provocadas pelas condições climáticas. Ele também pode se formar por serpentinização, processo geoquímico que envolve reações entre o calor, a olivina (mineral do grupo dos silicatos) e a água em meios hidrotermais, ou então por reação entre a radiação ultravioleta e poeira de cometas caindo em Marte. Não faltam opções para explicar a presença de metano em Marte e, no momento, todas elas são plausíveis, incluindo a hipótese da vida. E, como se já não fosse suficientemente intrigante, há pouco Marte nos apresentou um novo mistério envolvendo o carbono.

No início de 2022, as análises de 24 amostras de sedimentos coletados pelo *rover* Curiosity na cratera Gale revelaram assinaturas de carbono incomuns. Essas amostras compreendiam argilas de um antigo lago. Após a coleta, elas foram aquecidas a 850ºC para separar seus elementos; depois, realizou-se a pirólise num fluxo de hélio inerte para evitar qualquer contaminação. O metano liberado durante a pirólise foi em seguida analisado com um espectrômetro a laser. Seis dessas amostras apresentaram relações elevadas entre o carbono-12 e o carbono-13 ($^{12}C/^{13}C$). A análise também revelou que a quantidade de ^{12}C era surpreendentemente alta em relação à assinatura habitual da atmosfera marciana ou daquela dos meteoritos marcianos. Na Terra, os organismos vivos utilizam o ^{12}C, mais leve, para metabolizar os nutrientes ou fazer fotossíntese, e sua abundância é uma marca (entre outras) de processos químicos ligados à vida em nosso planeta.

Contudo, como nada é simples, por mais promissor que esse resultado possa ser, vários processos além da vida podem explicá-lo. Os cenários que não envolvem a vida são numerosos e incluem a passagem do Sistema Solar por uma grande nuvem de poeira galáctica a cada 100 milhões de anos, ou a reação entre o dióxido de carbono e os raios ultravioleta na atmosfera marciana. Por outro lado, bactérias metanogênicas também poderiam causar esses resultados. Na Terra, esses microrganismos liberam metano na atmosfera, o qual reage com a radiação ultravioleta para produzir moléculas mais complexas que se depositam novamente na superfície e são preservadas nas rochas com sua assinatura específica. Teria Curiosity descoberto por acaso formas marcianas de vida análogas aos metanogênicos terrestres? Os dados não contradizem essa possibilidade, mas a única maneira de saber ao certo é continuar documentando essas hipóteses, coletando outras amostras e efetuando novos testes. Veremos então aonde os dados vão nos levar.

Por mais empolgantes que sejam essas novas possibilidades, a vida não se resume ao carbono. A biologia poderia ter se mantido no passado em Marte graças a um outro elemento, sempre abundante, o enxofre. De fato, numerosas bactérias descobertas nos sedimentos de análogos terrestres são micróbios que utilizam o enxofre como fonte de energia principal. E, considerando a composição do solo e da atmosfera de Marte durante seu primeiro bilhão de anos de existência, um metabolismo baseado na oxidação do enxofre parece ser um candidato sólido e viável para a produção de energia para organismos que viveram no início da história do Planeta Vermelho.

NAS PROFUNDEZAS DA CROSTA MARCIANA

Nosso conhecimento sobre Marte é resultado de algumas décadas de exploração e de análises de amostras desde a Viking. Nos dias de hoje, temos informação suficiente sobre o meio ambiente marciano, seus ciclos geoquímicos possíveis e como a vida poderia ter interagido com eles (hipoteticamente) para deduzir os tipos de indícios geológicos e químicos que ela teria deixado. Esses vestígios são as bioassinaturas que as missões mais recentes buscam, principalmente com os *rovers* Curiosity e Perseverance da Nasa nas crateras Gale e Jezero. Apesar das condições hostis que reinam na superfície, os dados convergem para um consenso de que Marte figura na lista prioritária dos mundos em que a vida poderia ter surgido no Sistema Solar. As novas descobertas nos encorajam a pensar que estamos no caminho certo.

Sendo otimistas e supondo por um momento que a vida tenha surgido cedo na história de Marte, podemos nos perguntar quais seriam suas chances de ter sobrevivido até hoje. E, se fosse o caso, onde poderia estar abrigada? Ao refletir sobre essa questão, escrevi um artigo para o jornal *Nature Astronomy* em 2021. A ideia me correu no final de 2020, depois de ter sido convidada a fazer uma palestra na Academia Nacional de Ciências, em Washington, sobre o desenvolvimento da visão estratégica da década em exploração planetária. Enfatizei a possibilidade de uma biosfera moderna em Marte e o impacto que a futura exploração humana poderia ter para a Astrobiologia, em particular a possibilidade de contaminação (nos dois sentidos). A seguir, reproduzo em parte esse artigo porque me parece pertinente para nossa discussão.[14]

> Lagos subglaciais ou sedimentos em zonas úmidas ainda podem existir nas profundezas das regiões polares de Marte; uma atividade vulcânica recente foi confirmada em Valles Marineris e Cerberus Fossae, o que permite considerar a presença de oásis subterrâneos perto de pontos quentes residuais, além de água em cavernas ou na forma de gelo. Mas esses oásis não se limitam forçosamente a esses *habitats* e poderiam estar muito mais espalhados e acessíveis do que pensamos. Primeiramente, se esses *habitats* modernos existem, eles não surgem do nada, por acaso. Suas características e sua localização são a soma de toda a história do meio ambiente e de uma hipotética vida passada. Para prever a viabilidade e a extensão de uma biosfera atual em Marte, deve-se então pôr em movimento todas essas imagens cristalizadas no tempo, obtidas por nossas missões, e pensar em Marte como um *continuum* ecológico dinâmico com 4 bilhões de anos, onde "seguir a água", embora indispensável, representa apenas um começo. Nós nos confrontamos com questões fundamentais, como a natureza da fonte de energia principal de tal biosfera; a capacidade desse *continuum* de favorecer a dispersão e a diversificação da vida, mas também de preservar sua capacidade de adaptação e sua sobrevivência no tempo – inclusive no momento atual. Onde esses microrganismos estariam hoje? Como responder a essas perguntas quando, salvo por informações limitadas de radar, a maioria dos dados documenta a superfície e a atmosfera? O próprio planeta Marte e os análogos terrestres nos dão indícios importantes sobre possíveis respostas.

Se a vida surgiu em Marte, a formação da assimetria entre o hemisfério norte e o sul foi provavelmente o evento mais importante de toda a história do planeta, pois ela criou esse motor indispensável ao desenvolvimento de uma biosfera. Ela é o ponto de partida de uma espécie de escada rolante entre o Sul e o Norte, onde a interação entre a topografia, a hidrologia e a geodinâmica poderia ter não somente favorecido o surgimento da vida, mas também permitido sua dispersão no conjunto do planeta. Todos os outros acontecimentos, inclusive as mudanças climáticas globais e cíclicas, apenas sobrepuseram-se sobre essa estrutura inicial. Assim, a existência e a distribuição de uma eventual biosfera moderna não podem ser compreendidas senão na continuidade dessa evolução e de seu papel na capacidade da vida para se dispersar e colonizar o planeta. Para se propagar, a vida em Marte poderia ter se beneficiado de meios de dispersão em todas as escalas. A geografia, as redes hidrográficas, a circulação atmosférica global com as tempestades de poeira e as crateras de impacto constituíram o que se poderia considerar como as "grandes artérias" de dispersão em escala planetária. Os oceanos episódicos na transição do Noachiano para o Hesperiano forneceram outro mecanismo importante e passivo para deslocar a biomassa do alto planalto do hemisfério sul para as planícies do norte, por meio das redes hidrográficas e de escoamentos de água catastróficos. Além disso, a presença desses oceanos coincidiu com a atividade dos vulcões de Tharsis e de Elysium. Os reservatórios magmáticos e as redes de falhas que se estendem até as planícies do norte no assoalho oceânico poderiam ter fornecido um ambiente ideal para a formação de chaminés hidrotermais oceânicas (o equivalente das fumarolas negras e brancas terrestres) e para a colonização do oceano e da crosta basal oceânica que, por comparação, constituem um dos maiores reservatórios de biomassa microbiana terrestre.

Uma vida primitiva em Marte teria tido, portanto, os meios para se dispersar e colonizar o planeta. Ao longo dos períodos geológicos seguintes, essa dispersão passiva poderia ter prosseguido graças a impactos ocasionais de meteoros, à formação de escoamentos temporários em ravinas que levam sazonalmente, ainda hoje, materiais das profundezas para a superfície e à biomassa levada pelo vento e que encontra

Efeito Perspectiva

Nossa geração é a primeira a ver a Terra a partir do espaço e a poder visualizar seu ecossistema frágil, cujos componentes dependem uns dos outros. Esta magnífica foto de nosso planeta foi feita por um astronauta a bordo da Estação Espacial Internacional, quando ela passava em cima do Iêmen. Percebem-se as sombras espetaculares e longas projetadas pelas nuvens.

Fonte: NASA-ISS035-E-34689.

Cometa 67P/Churyumov-Gerasimenko

Esta imagem de 67P foi feita pela câmera Osiris, da missão Rosetta, em 10 de março de 2015, a uma distância de 85,7 quilômetros do objeto. Os cometas são ricos em elementos voláteis e em moléculas orgânicas e inorgânicas. Muitas destas foram integradas aos planetas em formação por impactos. Na Terra, suspeita-se que tenham tido um papel importante no surgimento da vida.

Fonte: ESA/Rosetta/MPS para a equipe Osiris, MPS/UPD/LAM/IAA/SSO/Inta/UPM/Dasp/IDA. Processamento da imagem: Giuseppe Conzo.

Bioassinaturas terrestres

A cada verão, o fitoplâncton se espalha no Atlântico Norte e no Ártico, dispersão acompanhada de eflorescências que se estendem por milhares de quilômetros. Aqui, no golfo da Finlândia, ele traça os contornos de um vórtice. É possível que esse turbilhão oceânico bombeie nutrientes das profundezas. Essas imagens feitas a partir do espaço representam uma das numerosas assinaturas da vida na Terra. Esses vórtices são compostos de cianobactérias (algas azul-esverdeadas) semelhantes aos seus ancestrais de uma Terra bem mais antiga. Elas captam e armazenam a energia por fotossíntese.

Fonte: NASA – Lansat 8, NASA Earth Observatory, imagens por Joshua Stevens e Lauren Dauphin, com o auxílio dos dados Landsat do U.S. Geological Survey e os dados Modid de Lance/Eosdis Rapid Response.

Vênus

Visão da superfície de Vênus a partir da sonda Venera 8, em 22 de outubro de 1975. A cor é reconstituída com a paleta de Venera 13.

Fonte: Lavochkin, URSS.
Processamento de imagem: Ted Stryk.

Nascer do Sol em Meridiani Planum. Imagem feita em Marte pelo *rover* Opportunity em 6 de maio de 2004, 101 dias após o início da missão.

Fonte: NASA/JPL-Caltech/Cornell.

Paisagem de delta marciano
Depósitos estratificados, blocos em camadas, rochas fraturadas e dunas de areia basáltica. Descoberta pelo *rover* Perseverance, a paisagem da cratera Jezero revela uma história antiga dinâmica, oscilando entre períodos úmidos de delta, lagos e rios, e períodos áridos, quando erosão e vulcanismo se sucederam. Hoje em dia, o vento redesenha a paisagem.

Fonte: NASA/JPL-Caltech/ASU/MSSS.

As encostas do monte Sharp

Depois de passar dez anos em Marte, na cratera Gale, o *rover* Curiosity agora explora o monte Sharp e progride em paisagens cada vez mais espetaculares, como esta passagem situada entre antigos depósitos erodidos.

Fonte: NASA/JPL-Caltech/MSSS/Fredk/S Athinkson. Imagem feita em 15 de agosto de 2022.

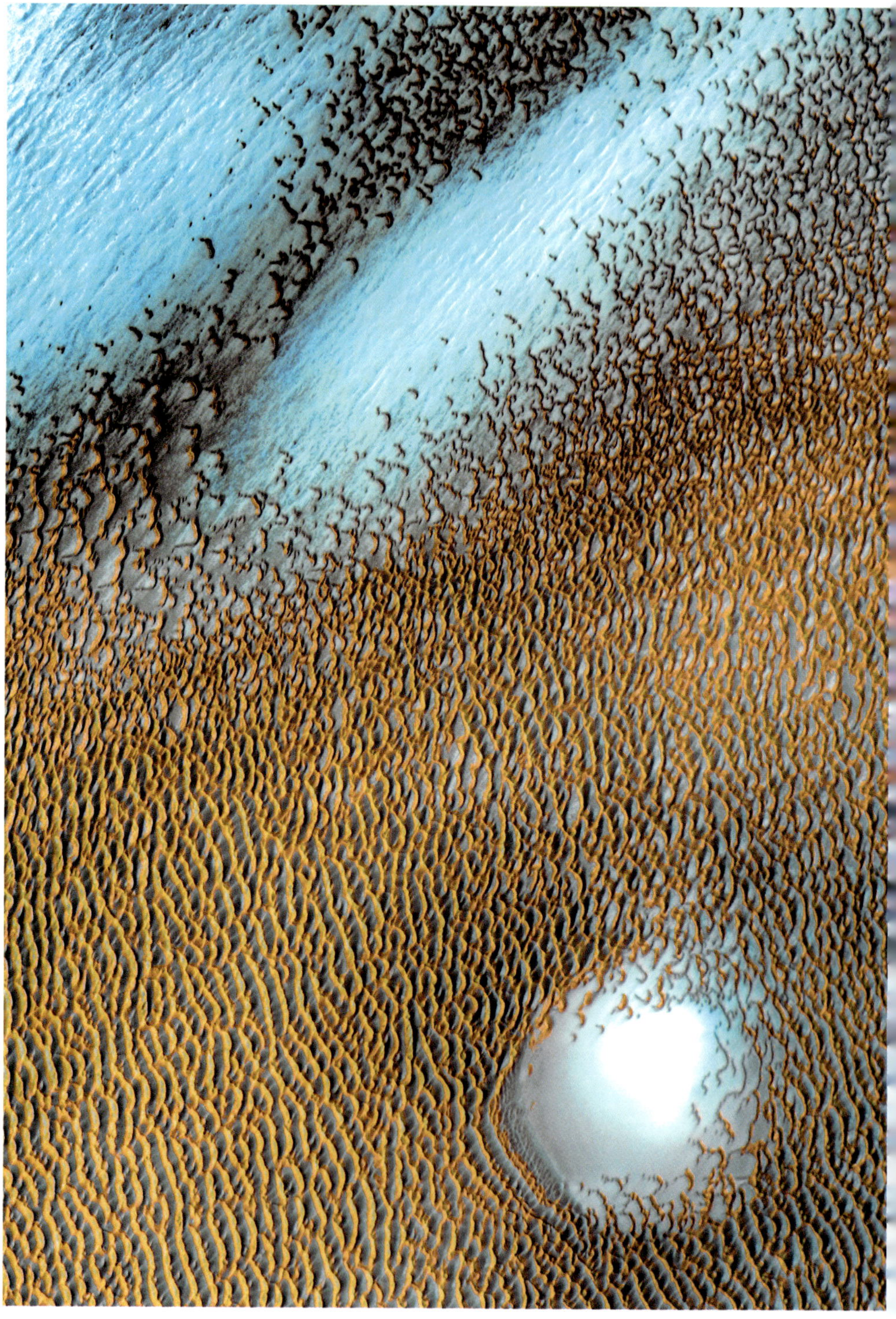

Ganimedes

Quando se aproximava de Ganimedes, em junho de 2021, a sonda Juno fez essa foto da cratera Kittu (15 quilômetros de diâmetro). A cratera tem um pico central e uma borda brilhante. Raias escuras difusas marcam o restante de materiais provenientes de um asteroide ou cometa.

NASA/JPL-Caltech/SwRI/MSSS. Processamento da imagem: Thomas Thomopoulous.

Um oceano de dunas

Este campo de dunas esculpidas pelo vento circunda a calota polar norte de Marte numa superfície um pouco maior do que a França. Esta imagem em cores falsas cobre uma região de 30 quilômetros de largura centrada em 80,3 graus de latitude norte e 172,1 graus de longitude leste. As regiões em azul são mais frias, e as regiões em amarelo e laranja, mais quentes. Em escala, a cratera mede 9 quilômetros de diâmetro, e as cristas das dunas são separadas por cerca de 500 metros.

Fonte: NASA/JPL-Caltech/ASU.

Europa

Foto próxima de Europa, lua de Júpiter, feita pela sonda Juno durante o perijove 45, em 29 de setembro de 2022. A superfície coberta de cristas e de falhas é recente e resulta de tensões e de compressões sofridas pela crosta congelada sob a influência das marés gravitacionais de Júpiter. Sua morfologia é mais um indício da existência de um oceano interior.

Fonte: NASA/JPL-Caltech/SwRI/MSSS. Processamento da imagem: Navaneeth Krishnan.

Encélado por Cassini
Durante décadas, os pesquisadores se perguntaram por que Encélado era o mundo mais brilhante do Sistema Solar e qual era sua relação com o anel E de Saturno. A sonda Cassini descobriu que sua superfície fresca e as partículas congeladas do anel E provinham de materiais expulsos por gêiseres conectados a um oceano interior. Nesse oceano, processos hidrotermais poderiam fornecer um ambiente favorável à química prebiótica, e talvez à vida.

Fonte: NASA/JPL-Caltech/SSI.

Vórtice polar em Titã
Esta imagem feita pela sonda Cassini mostra o vórtice polar sul de Titã, assim como uma enorme nuvem de gelo na atmosfera laranja da maior lua de Saturno.

Acima, “A ilha mágica” de Titã. Essas imagens colorizadas do radar da sonda Cassini mostram a evolução de um fenômeno transitório no Ligiae Mare em Titã. A análise indica que a chamada “ilha mágica”, que aparece e desaparece, é provavelmente o resultado de ondas que cobrem a costa regularmente. O mesmo fenômeno foi observado no Kraken Mare. Esse é o primeiro indício da existência de processos ativos nos lagos e mares de Titã.

Fonte: NASA/JPL-Caltech/ASI/Cornell (PIA20021).

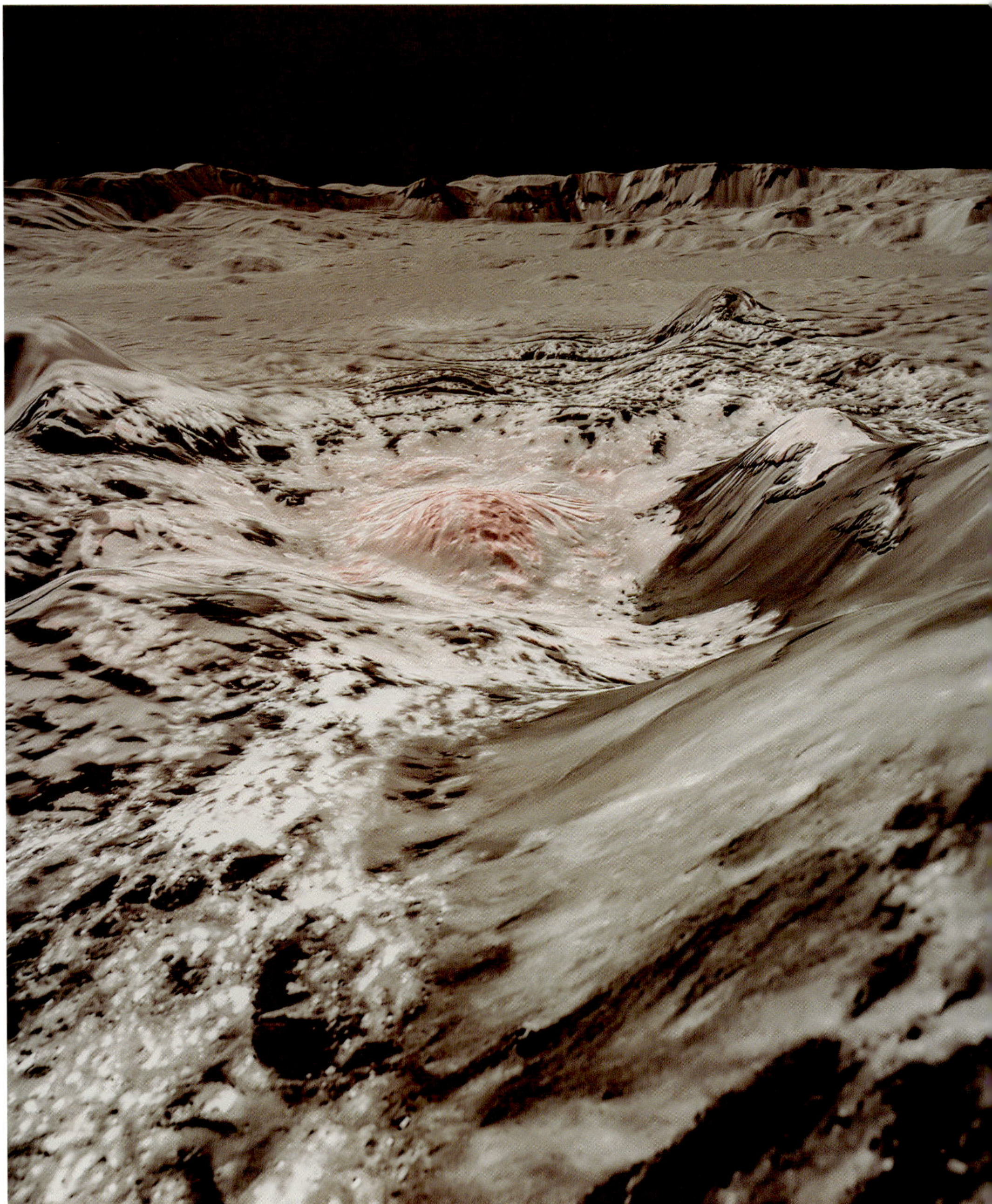

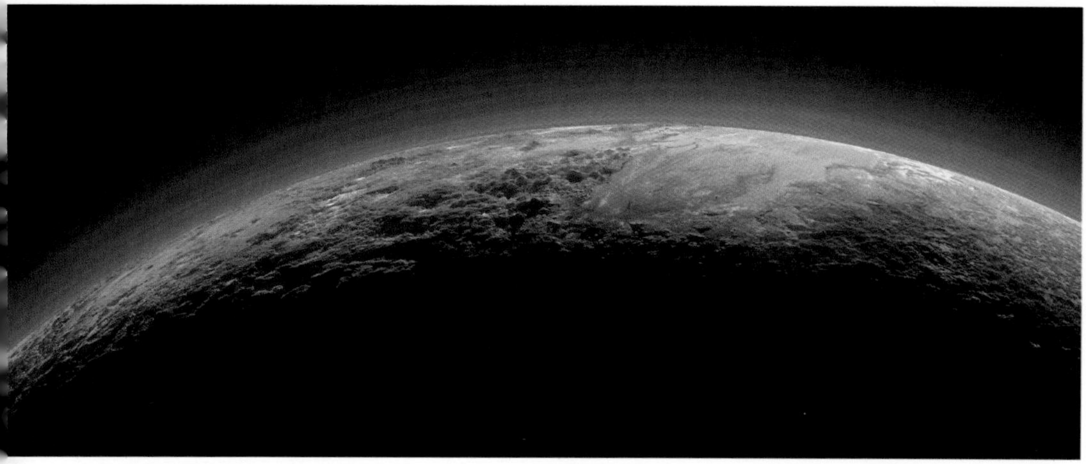

A atmosfera de Plutão

Ainda que 100 mil vezes mais tênue do que a atmosfera terrestre, a atmosfera de nitrogênio de Plutão é bastante complexa. Uma bruma estratificada em múltiplas camadas é claramente visível nessa imagem feita durante o sobrevoo do planeta anão pela sonda New Horizons, em 14 de julho de 2015. Também se vê uma parte de Spoutnik Planitia no limite das cadeias montanhosas.

Fonte: NASA/JHU-APL/SwRI.
Processamento da imagem: Roman Tkachenko.

Occator

Imagem em cores falsas da cratera Occator em Ceres (92 quilômetros de diâmetro), combinando o visível e o infravermelho. A região de Cerealia Facula está em primeiro plano (*facula* significa zona luminosa). Ela cobre uma superfície de 15 quilômetros de largura e sua composição é dominada por sais. O domo central, Cerealia Tholus, mede 3 quilômetros de diâmetro e 340 metros de altura. Ele se encontra dentro de uma depressão central com cerca de 900 metros de profundidade.

Fonte: Nasa/JPL-Caltech/Uclamps/DLR/IDA: Nico Schmedermann, Guni Thsngjam e Andreas Nathuers, da equipe das Dawn Framing Cameras.

Cânions congelados no polo norte de Plutão

A zona polar de Plutão apresenta longos cânions. O maior deles mede aproximadamente 75 quilômetros de largura e passa perto do polo norte. Um vale pouco profundo e sinuoso se estende ao longo do comprimento do fundo do cânion. A leste, outro vale serpenteia no canto inferior direito da imagem. Grandes fossas de forma irregular alcançam 70 quilômetros de diâmetro e 4 quilômetros de profundidade. Elas poderiam indicar lugares onde o gelo subterrâneo derreteu ou sublimou-se, provocando o desmoronamento do solo. A cor e a composição dessa região (representada em cores realçadas) são igualmente inabituais. Veem-se as altas altitudes num amarelo distinto, jamais observado em outro sítio de Plutão. As medidas infravermelhas de New Horizons mostram que o gelo de metano é abundante nessa região e que há relativamente pouco gelo de nitrogênio.

Fonte: Nasa/Johns Hopkins University Applied Physics Laboratory/ Southwest Research Institute.

abrigos ocasionais onde fica depositada. Microrganismos poderiam ter utilizado o avanço das geleiras para migrar regionalmente. Também tendemos a esquecer que a noção de *continuum* se estende à camada abaixo da superfície. A radiação ultravioleta curta e os raios cósmicos limitam a capacidade de um organismo de sobreviver na superfície. Por outro lado, sabemos que a zona mais profunda da crosta marciana traz uma certa estabilidade. Entre as duas, entretanto, há uma camada ativa de algumas centenas de metros de profundidade rica em gelo e regularmente desestabilizada por ciclos de gelo e degelo devido a mudanças climáticas. Esse degelo cíclico restabelece a conectividade entre a profundidade da crosta marciana e a superfície e permite que vias de dispersão continuem existindo sob a superfície e se reativando regularmente. O degelo basal das calotas polares, o escoamento subterrâneo da água, os tubos de lava e as grutas, os sistemas de falhas e as fraturas, os espaços intersticiais e os poros nas rochas e nos sedimentos, assim como as fissuras nos cristais dos minerais, são apenas alguns exemplos de como a superfície, a subsuperfície e a zona profunda de Marte permaneceram interconectadas em todas as escalas ao longo dos tempos geológicos. O vulcanismo recente e sua interação com o gelo das regiões polares demonstram que o "motor" ecológico ainda existe e que acessos a nichos potenciais ainda estão abertos perto da superfície. O "motor e a escada rolante" que poderiam ter permitido a dispersão e a sobrevivência de uma biosfera há 4 bilhões de anos ainda existem em Marte em escala planetária, mesmo que sua amplitude seja menor. Eles apenas saíram do campo de visão, abaixo da superfície.

Evidentemente, a dispersão não implica que a vida tenha sobrevivido, mas ela abre essa possibilidade e, se a vida surgiu em Marte, há muita chance de que não somente ainda esteja presente, mas que também esteja em todos os lugares em que as condições de dormência e atividade metabólica são possíveis. Por outro lado, o estudo dos ambientes análogos terrestres mostra que "em todos os lugares onde ela pode estar" não significa que seja fácil encontrá-la. Nesses ambientes, os oásis ocultos têm, com frequência, centímetros, até menos, já que sua presença está intimamente ligada às interações sutis e aos mecanismos retroativos entre os mecanismos vivos e seu meio ambiente. A distribuição e a abundância desses refúgios são determinadas por fatores como a microtopografia ou a estabilidade

> da água e podem ser afetadas por mudanças rápidas de fases que lembram aquelas que cimentam o solo moderno na cratera Gusev, por exemplo. Essa cratera se encontra nas baixas latitudes de Marte, bem longe das regiões que consideramos "especiais", onde sabemos que certos organismos terrestres poderiam sobreviver e se reproduzir e onde a vida marciana poderia persistir ainda hoje. Entretanto... esses oásis podem ser associados a uma mineralogia, uma geoquímica, uma textura de sedimentos, um pH particular do solo, uma umidade específica, fontes de energia particulares, condições únicas de abrigos e muitas outras coisas. E ainda que as radiações possam ter impacto sobre a habitabilidade, a migração de comunidades microbianas das profundezas da crosta marciana para a superfície permanece uma possibilidade e poderia permitir a recolonização cíclica de *habitats* subterrâneos muito mais próximos da superfície do que imaginamos. Essa colonização seria particularmente facilitada em lugares onde os minerais, como certas argilas, e as texturas dos sedimentos tenham propriedades que ofereçam uma proteção contra as radiações nocivas. Portanto, a chave está em decifrar essas interações em Marte, o que não é necessariamente uma tarefa fácil quando mal começamos a decodificá-las aqui na Terra. Descobrimos relativamente há pouco tempo a existência de esquemas repetitivos na distribuição dos *habitats* microbianos, esquemas profundamente ancorados nos mecanismos de *feedback* entre os fatores do meio ambiente, tais como a aridez, a radiação ultravioleta e os raios cósmicos, a salinidade, as grandes variações de temperatura e outros. Poder compreendê-los e caracterizá-los é essencial para uma busca racional da vida em Marte, pois eles nos oferecem novos e potentes métodos de exploração, particularmente bem-adaptados ao desenvolvimento de ferramentas de detecção por inteligência artificial.

A noção de *continuum* ambiental é essencial à descoberta de refúgios onde a vida poderia existir hoje – não apenas em Marte, mas em qualquer lugar do Universo. Ela é particularmente evidente nas regiões exploradas pelos *rovers*, onde descobrimos que a evolução de Marte não é uma história em preto e branco como parecia a partir da órbita, mas uma história marcada por nuances de cinza, como em nosso planeta, e isso tem implicações cruciais para a evolução da habitabilidade e da vida. Recentemente, o *rover* Perseverance nos mostrou isso mais uma vez, ao nos reservar algumas surpresas.

A cratera de Jezero foi escolhida para o estudo da evolução de um lago alimentado por um rio, que formou outrora um delta significativo. Da órbita, a história parece bem simples. Desde sua aterrissagem, contudo, Perseverance revelou uma história hidrogeológica dinâmica e complexa com a mudança frequente do meio ambiente. A história do rio e dos episódios lacustres está bem registrada, e Perseverance pode atestá-la. Mas o *rover* também observou grandes blocos rochosos que parecem deslocados na paisagem do delta. Com bilhões de anos, eles se formaram a partir de materiais em fusão que se esfriaram sob ou sobre a superfície, após erupções vulcânicas. Análises mais aprofundadas nos esclarecerão melhor. Outras mudanças repentinas foram desencadeadas pelo que parecem ser inundações catastróficas que preencheram a cratera de 45 quilômetros de diâmetro com um pouco mais de 100 metros de água em certos lugares.

Morros deltaicos residuais e blocos vulcânicos na cratera Jezero, em Santa Cruz, Marte. (Fonte: Nasa/JPL-Caltech/ASU/MSSS, 16 de fevereiro de 2022.)

Seja qual for a origem, essas torrentes erosivas modelaram a paisagem de modo rápido e eficaz. Esse detalhe é importante, pois cerca de um quarto das redes de canais de Marte parecem ter sido formadas desse modo, ou seja, por meio de eventos repentinos ao invés de fluxos prolongados. Eles modificaram o meio ambiente de maneira dramática a cada ocorrência, o que poderia ter forçado a vida a se adaptar para sobreviver. Por outro lado, escoamentos de água catastróficos teriam produzido depósitos massivos de sedimentos. Soterrados rapidamente num ambiente anóxico (sem oxigênio), os vestígios de organismos antigos e os de seus *habitats* poderiam ter sido preservados da oxidação e da destruição, e seus fósseis mantidos intactos. Essa perspectiva torna a exploração de Jezero e a busca de bioassinaturas no delta ainda mais animadoras.

MARTE, NOSSA ORIGEM?

E a exploração continua. De sondas orbitais a *rovers*, alguns poderiam se perguntar que obsessão é essa que nos leva a continuar explorando o que parece ser um planeta estéril, frio e hostil – ao menos quando observado superficialmente demais. Talvez a resposta a essa pergunta não se encontre somente em sonhos e fantasias milenares da humanidade em relação a Marte. Trata-se de algo mais profundo, muito pessoal e primordial – até mesmo, quem sabe, de algo ligado à origem da vida na Terra.

Quando se pensa na vida em Marte, tem-se não mais do que duas possibilidades: ela surgiu ou nunca existiu. Provar que nunca existiu é mais difícil. Antes de concluir que é hora de parar de buscar, são muitas as etapas críticas de exploração a serem superadas. Essa exploração acabou de começar, e esse momento ainda não chegou. Mas um prazo já aparece no horizonte e terá profundas repercussões sobre nossas pesquisas, quer a vida tenha existido em Marte ou não. Esse prazo é a chegada dos primeiros seres humanos ao Planeta Vermelho, independentemente da data. Uma vez que tivermos pisado em Marte, a contaminação do planeta será apenas questão de tempo. Os seres humanos são microbiomas ambulantes e as condições do meio marciano podem não ser diferentes o bastante para impedir microrganismos terrestres de se adaptarem no novo planeta. Por conseguinte, a chegada da humanidade marcará uma modificação definitiva do meio ambiente marciano: nós que levaremos vida onde talvez não houvesse. É igualmente possível que a vida marciana, se existir, seja um tanto similar à vida simples na Terra, em razão das similaridades entre os ambientes primitivos dos dois planetas e as dos elementos de base da vida que estavam disponíveis para a química prebiótica. Mas essa semelhança poderia ir além das semelhanças de seus meios ambientes primitivos. Poderíamos descobrir que a vida em ambos os planetas apresenta numerosas similitudes simplesmente porque existe uma possibilidade não negligenciável de que tenham a mesma origem e, nesse caso, tudo é uma questão de mecânica celeste e de *timing*.

Quando se formaram, Terra e Marte eram constantemente bombardeados por cometas e asteroides, que tinham muitas vezes vários quilômetros de extensão. Após essas violentas colisões, dejetos ejetados de seu campo gravitacional às vezes viajavam no espaço por vários milhões de anos. Não resta nenhuma dúvida de que Terra e Marte trocaram materiais assim. Temos evidências irrefutáveis de que rochas marcianas chegaram à Terra – os famosos meteoritos marcianos que revelam, graças à análise dos gases contidos em bolhas de ar aprisionadas em suas rochas, isótopos próprios à Marte.

Em teoria, a troca pode ocorrer nos dois sentidos, mas Marte tem alguns elementos que conspiram a seu favor. Devido ao seu tamanho e massa menores, a velocidade de escape de Marte não passa de 45% da terrestre. Sua atmosfera também exerce 165 vezes menos pressão do que a nossa, embora tenha sido mais densa no passado. Em outras palavras, os destroços precisam de muito menos energia para escapar de Marte do que da Terra. Por outro lado, a crosta marciana se esfriou mais ou menos 100 milhões de anos antes da nossa, e o meteorito Beleza Negra nos informou que já havia água no Planeta Vermelho nessa época. Supondo que a transição entre a química prebiótica e a vida tenha ocorrido também em Marte com a mesma velocidade do que na Terra, a vida poderia ter surgido lá milhões de anos antes. Se assim for, é possível que materiais ejetados de Marte tenham transportado moléculas orgânicas complexas ou até organismos primitivos para a Terra. Uma vida originária de Marte teria encontrado um meio ambiente familiar e favorável para evoluir e prosperar na Terra num meio que não era tão diferente de seu planeta de origem. No fim das contas, talvez sejamos esses marcianos que sempre tentamos descobrir com nossas missões. E, ao nos prepararmos para desembarcar em breve no Planeta Vermelho, talvez estejamos simplesmente voltando ao nosso ponto de partida.

Sendo Marte o berço original da vida na Terra ou não, outra razão explica a importância desse planeta e de sua exploração. Na Terra, os vestígios de nossas origens desapareceram, perdidos para sempre na reciclagem geológica. A maioria das rochas do Hadeano e do início do Arqueano desapareceu. Essa época esquecida é o que chamo de "horizonte biológico" da Terra, para além do qual não conseguimos ter acesso às nossas origens. Em compensação, terrenos de mesma idade são relativamente mais bem preservados em Marte. E mesmo que nossa vida tenha uma origem distinta, as similitudes entre os ambientes primitivos dos dois planetas poderiam fornecer preciosos indícios de como a química prebiótica efetuou a transição para a vida na Terra. É possível que Marte detenha a Pedra de Roseta de nossas origens, e a resposta que buscamos há tanto tempo talvez esteja em um antigo afloramento rochoso do Planeta Vermelho.

Margens planetárias

O pálido ponto azul... Esse simples nome evoca uma visão da Terra suspensa na escuridão do espaço, com grande parte de sua superfície recoberta por oceanos. Ao longo dos milênios, eles foram sinônimo de viagens para terras inexploradas, de salto no desconhecido. Falam da imensidão de nosso planeta e desta curiosidade ilimitada que leva os seres humanos a sempre querer ir além do horizonte. Portanto, não é de surpreender que Carl Sagan tenha criado uma metáfora para evocar o que era então uma exploração espacial nascente: "A exploração faz parte de nossa natureza. Começamos nômades e nômades ainda somos. Ficamos tempo suficiente nas margens do oceano cósmico. Estamos enfim prontos para ir às estrelas." No exato momento em que ele escrevia essas palavras em *Cosmos,* a metáfora ganhava vida em nossa vizinhança planetária.

OS MUNDOS OCEÂNICOS

Em 1979, Voyager 1 e 2 forneceram os primeiros indícios de que a superfície de Europa, uma das luas galileanas de Júpiter, era jovem e ativa: as imagens enviadas revelaram uma crosta de gelo e fraturas, recoberta apenas por algumas crateras de impacto.

Em 29 de setembro de 2022, a sonda Juno nos mandou a primeira visão de Europa desde aquela feita pela sonda Galileo 22 anos antes. Esta imagem de sua crosta congelada e fraturada foi capturada a 1.500 quilômetros da superfície. (Fonte: Nasa/JPL-Caltech/SwRI/MSSS, Perijove 45.)

Anos mais tarde, a sonda Galileo enviou imagens que mostravam uma superfície semelhante às peças de um quebra-cabeça, reforçando a ideia da presença de um oceano subterrâneo. Os sais na superfície e o vapor d'água na atmosfera pareciam indicar trocas químicas entre esse hipotético oceano oculto e a superfície.

Mais tarde, a missão Cassini descobriria mais de uma centena de gêiseres que lançam materiais a cerca de 200 quilômetros no espaço em outra pequena lua chamada Encélado, que orbita Saturno. A 65 mil quilômetros por hora, Cassini passou a menos de 50 quilômetros acima do polo sul de Encélado e descobriu partículas de gelo misturadas a vapor d'água, assim como moléculas orgânicas lançadas a 1.200 quilômetros por hora no espaço a partir de uma região denominada "Listras de tigre". Ali, falhas paralelas na crosta de Encélado apresentavam uma assinatura térmica anormal, mais um indício de que, em profundidade, poderia haver água aquecida por processos hidrotermais. Essa descoberta era só o começo. Desde então, compreendemos que a Terra não passa de um exemplo entre os numerosos planetas oceânicos que povoam nosso Sistema Solar: a maioria deles possui oceanos ocultos sob espessas camadas de rochas e gelo. Titã é a exceção, com grandes lagos e mares exóticos de superfície. A presença desses oceanos foi confirmada desde então em alguns desses mundos, mas provavelmente existam outros que encerram um potencial astrobiológico extraordinário, apesar de sua distância do Sol.

REINOS CONGELADOS

Nas profundezas de nossa vizinhança planetária, para além de Marte e do Cinturão de Asteroides, começa o reino congelado do Sistema Solar exterior. Na perspectiva de Júpiter, o Sol é cinco vezes mais distante e menor do que em relação ao que se observa da Terra, e quase todos os satélites que orbitam os gigantes gasosos Júpiter e Saturno parecem ter permanecido inalterados ao longo do tempo. Mas as aparências podem enganar. Nas últimas décadas, a exploração planetária e a dos ambientes extremos terrestres transformaram nossa percepção sobre a habitabilidade. Mundos distantes demais do Sol para fazerem parte da zona habitável podem, no entanto, desenvolver abaixo da superfície ambientes passíveis de levar ao surgimento e à preservação da vida. Reforçando seu potencial astrobiológico, sabemos que, por comparação, as fontes hidrotermais das profundezas oceânicas terrestres abrigam ecossistemas complexos que independem da superfície para suas necessidades de energia, metabolismo ou fontes de nutrientes.

Os oceanos internos que se suspeita existir sob a superfície dos satélites congelados do Sistema Solar exterior podem se estender em escala global ou serem localizados. Alguns deles são melhores candidatos do que outros, mas a existência de biosferas extraterrestres nesses mundos longínquos depende, como sempre, do mantra universal, que consiste na disponibilidade de fontes de água, energia, nutrientes, abrigo e carbono. Também depende da duração dos ciclos biogeológicos no tempo. À exceção dos planetas-anões Ceres e Plutão, a maioria desses mundos orbita na vizinhança das radiações mortais emitidas pelos gigantes gasosos. Expostos à superfície de Europa, astronautas em traje espacial não sobreviveriam mais do que 15 minutos. As radiações emitidas por Júpiter podem destruir instantaneamente as moléculas na superfície de seus satélites, e a vida não poderia sobreviver nas superfícies de nenhum deles. O mesmo aconteceria com as bioassinaturas, que também seriam destruídas se não tivessem proteção.

Se houver vida nesses mundos, ela estará em sua crosta congelada sob a superfície ou nas profundezas. Se tais ambientes existem, eles constituem os limites de seus ecossistemas. Como o Sol não pode ser uma fonte de energia eficaz a tal distância, essas biosferas hipotéticas devem extrair sua energia principalmente do interior dos mundos que elas ocupam. As marés gravitacionais incessantes provocadas pelos planetas gigantes em seus satélites e entre os próprios satélites desestabilizam constantemente seu interior, deformando-os de maneira cíclica em fluxos e refluxos cotidianos que trituram as rochas e fraturam sua superfície congelada. A fricção das marés que resulta disso produz energia suficiente para alimentar a atividade hidrotermal no fundo dos oceanos. A radiólise também pode produzir energia por dissociação das moléculas via radioatividade das rochas. Ela também pode resultar das reações entre os raios cósmicos e o gelo que recobre a superfície dos satélites. Os nutrientes assim produzidos podem chegar às profundezas dos oceanos por meio dos sistemas de fraturas e de falhas. Essa conectividade entre a superfície e a profundidade é um elemento essencial para uma biosfera duradoura e um critério que pode fazer a diferença entre o surgimento da vida e um mundo oceânico estéril. E quando existe vida, essa conectividade favorece a dispersão, a diversificação dos *habitats* e a adaptação, ou seja, elementos que aumentam as chances de sobrevivência e o acesso a novas fontes de energia e de nutrientes.

A variabilidade do meio ambiente a curto e a longo prazo dita a localização, a estrutura e a natureza dos *habitats* e da vida, assim como sua evolução. As forças de marés são exemplos dessa variabilidade e da ciclicidade induzida pela gravidade. Como essas forças são onipresentes, elas têm certamente um papel primordial na distribuição, nas características e na evolução desses ecossistemas hipotéticos, assim como no metabolismo dos organismos vivos.

Porém, essas marés não são os únicos elementos em jogo. As características dos oceanos também contam muito. Ao contrário dos oceanos terrestres, os dos satélites congelados quase não têm interação com a superfície, podendo até não ter nenhuma. As mudanças se produzem na interface entre a água e o gelo, e entre a água e as rochas no fundo oceânico, acarretando mudanças de densidade, temperatura e salinidade da água. Na Terra, a circulação e a evaporação da água são determinadas pelo vento, luz do Sol e correntes. No interior dos satélites congelados, onde não há energia solar, o movimento e a mistura de águas são essencialmente induzidos por convecção a partir do fundo oceânico. As correntes são também afetadas pelas forças concorrentes da inércia dos satélites e de sua rotação, que produzem uma circulação semelhante à célula de Hadley (comparável à circulação atmosférica tropical da Terra), na qual a água mais quente e menos densa sobe para as latitudes médias, enquanto a água mais fria e mais densa desce aos polos. Num ecossistema oceânico, essa circulação é essencial à distribuição dos nutrientes. Identificar sua origem e suas propriedades é, portanto, uma etapa crucial para compreender onde esses ecossistemas podem se encontrar e para caracterizar seus ciclos ecológicos, esses processos ambientais e biológicos que se repetem a intervalos regulares.

Inacessível ao olhar, a existência desses oceanos só pode ser deduzida a partir de indícios indiretos. Fortes variações de temperatura na superfície, por exemplo, indicam a presença de regiões quentes que podem contribuir para manter a água em estado líquido no subsolo. A existência de gêiseres mostra que a água líquida se movimenta e que a pressão das marés gravitacionais a impulsiona em direção à superfície. Uma refletividade elevada, sistemas recentes de fraturas e de falhas, assim como a ausência de crateras de impacto e o preenchimento recente de antigas bacias são igualmente indícios de que a atividade tectônica e outros processos ativos regeneram as superfícies. A mineralogia é também um importante indicador da presença de água líquida salgada sob a superfície congelada. Por fim, a existência de uma atmosfera tênue também pode, em alguns casos, indicar comunicação entre a superfície e um oceano subterrâneo, bem como a dissipação de gases através das redes de fraturas e dos terrenos caóticos. Todavia, os indícios à nossa disposição nem sempre estão tão acessíveis, e alguns deles exigem observações mais complexas – é o caso sobretudo dos efeitos de marés, das perturbações rotacionais e da detecção de anomalias gravitacionais.

INÚMEROS CANDIDATOS

Embora hoje se suspeite da existência de inúmeros oceanos no Sistema Solar exterior, sua presença é mais provável em alguns mundos do que em outros. É o caso de Encélado, Europa, Ganimedes, Calisto e Titã. Entre esses, Europa e Encélado apresentam indícios da existência dessa comunicação entre superfície e oceano, tão decisiva para a habitabilidade. Já as crostas geladas mais espessas de Ganimedes e Calisto poderiam impedi-la. Titã é um mundo completamente diferente e deve ser tratado como uma classe à parte – voltaremos a isso no capítulo seguinte. Além dessas cinco luas, Tritão, satélite de Netuno, Dioni, satélite de Saturno, e os planetas-anões Ceres e Plutão, todos são considerados mundos oceânicos em potencial a partir das observações realizadas nas missões espaciais.

Os satélites uranianos são ainda mais misteriosos. Quando Voyager 2 sobrevoou Urano, não passou perto o suficiente para detectar sinais reveladores de oceanos subterrâneos nessas luas. Em contrapartida, as imagens mostraram claramente a existência de um vulcanismo ativo, mas não composto de rochas em fusão, como é o caso da Terra. Esses mundos são tão frios que os materiais mais quentes que escapam de seus vulcões são feitos de gelo de água! Eles também mostraram sinais de atividade geológica recente. Dentre as 28 luas de Urano, suspeita-se que 5 delas – Ariel, Miranda, Oberon, Titânia e Umbriel – tenham oceanos subterrâneos.

Apesar da abundância de candidatos, mesmo os mais promissores não são iguais – e muitas características influenciam suas chances de desenvolver vida. Por exemplo, suspeitamos da existência de um oceano nas profundezas de Calisto, o satélite galileano mais distante de Júpiter. Em rotação síncrona, ele leva tanto tempo para dar a volta em Júpiter quanto o Planeta Gigante precisa para girar sobre si mesmo; consequentemente, apresenta sempre a mesma face ao seu planeta. Calisto é cerca de duas vezes e meia menor que a Terra e é o satélite mais craterizado do Sistema Solar. A densidade dessas crateras de impacto indica que houve atividade geológica ínfima em 4,5 bilhões de anos e que a superfície do satélite permaneceu quase a mesma desde então. Nenhum sinal de vulcanismo ativo ou de tectônica é perceptível. Somente algumas manchas brancas e brilhantes de gelo de água recobrem certos picos centrais dessas crateras. Esse pequeno satélite tem uma atmosfera muito tênue, composta de dióxido de carbono e de um pouco de oxigênio em sua exosfera, no limite do espaço. Ora, uma atmosfera tão rarefeita deveria se dissipar em cerca de quatro dias se não se renovasse regularmente pela sublimação do gelo de CO^2 presente na sua superfície.

Calisto não tem campo magnético, mas age como se tivesse uma camada condutora de eletricidade que poderia ser explicada pela presença de um oceano salgado em profundidade, apartado da superfície. Se ele existir, está a 250 quilômetros da superfície e sem nenhuma comunicação visível com ela. Uma forma de vida que se desenvolvesse ali só poderia contar com um ecossistema fechado onde rocha, gelo, água e calor interagissem para produzir os elementos essenciais à biologia e cujos recursos poderiam se esgotar mais rapidamente do que num oceano em comunicação com a superfície. Ainda temos muito a aprender sobre Calisto e ele poderia representar um caso extremo na gama dos mundos oceânicos; sua exploração nos fornecerá informações essenciais sobre os limites da habitabilidade e da vida nesse tipo de meio ambiente.

Ganimedes levanta o mesmo tipo de questões, mas talvez apresente um cenário mais favorável à vida. Com um diâmetro de 5.266 quilômetros, é o maior satélite do Sistema Solar e também o mais massivo. Com um núcleo metálico, um oceano interior e uma superfície congelada, esse mundo é absolutamente fascinante. Após Galileo, Juno foi a última missão a enviar dados do satélite gigante, em 7 de junho de 2021, passando a apena cerca de mil quilômetros de sua superfície.

Vista próxima de Ganimedes extraída pela sonda Juno
em seu sobrevoo, em 7 de junho de 2021.
(Fonte: Nasa/JPL/SwRI/MSSS/Kevin Gill.)

Entretanto, os melhores indícios de um oceano subterrâneo não vieram das sondas espaciais, mas do telescópio espacial Hubble, em 2015. Ganimedes é o único satélite conhecido que tem seu próprio campo magnético, o que leva à formação de auroras. Como revelam os dados do telescópio, esse fenômeno é afetado pelo campo magnético de Júpiter, criando um movimento pendular que não deveria existir e cuja presença indica haver algo que reage contra o campo magnético do planeta. Como no caso de Calisto, a melhor explicação para a origem dessa perturbação é a presença de uma grande quantidade de água salgada debaixo da crosta congelada de Ganimedes. Esse oceano poderia estar a um pouco mais de 150 quilômetros da superfície e teria uma profundidade surpreendente – da ordem de 90 quilômetros –, cerca de dez vezes maior do que a dos oceanos terrestres. Ele conteria também mais água do que todos os oceanos da Terra reunidos.

A morfologia da superfície de Ganimedes reforça as conclusões do Hubble. Essa lua apresenta dois tipos de terrenos; alguns deles se caracterizam por regiões amplas e refletivas, constituídas de cristas e de sulcos que cortam terrenos mais antigos e mais escuros. Isso se deve a fenômenos tectônicos globais que tensionam a superfície. Os terrenos mais antigos são inundados localmente por depósitos mais recentes, de aparência lisa, produzidos por vulcanismo de gelo. Ganimedes é envolvido por uma atmosfera rarefeita oriunda da decomposição do gelo de água em hidrogênio e em oxigênio pela radiação cósmica. O hidrogênio escapa mais rapidamente para o espaço em razão de sua baixa massa atômica e deixa o oxigênio para trás.

Portanto, Ganimedes tem muita água, um campo magnético e uma fonte de energia produzida pela fricção dos efeitos de marés que mantêm uma atividade tectônica. Mas isso seria suficiente para desenvolver vida? Questões demais permanecem em aberto para termos uma resposta. Primeiro, devemos compreender melhor as características, a estrutura e a topografia desse oceano, assim como a natureza das camadas que o delimitam perto da superfície e em profundidade. Além disso, nada indica que existam vias de comunicações entre a superfície e o oceano. Se for o caso, o influxo de nutrientes poderia, assim como em Calisto, ser limitado para organismos fechados num oceano sob uma camada de gelo muito espessa. Como em todo sistema, trata-se de certo modo de reciclagem e, portanto, de preservação do equilíbrio entre as fontes que fornecem e as que utilizam energia. Porém, mesmo com muitas incógnitas, podemos tentar projetar o que acontece nas profundezas de Ganimedes graças a modelos que utilizam nossos conhecimentos de processos terrestres análogos e as características físicas e químicas dos mundos oceânicos coletadas pelas missões espaciais e os telescópios há anos.

No caso de Ganimedes, onde não parece existir comunicação entre a superfície e o oceano, os nutrientes deveriam ser produzidos por fontes hidrotermais no fundo oceânico. Minerais extraídos da alteração das rochas sob a água poderiam então constituir uma fonte de nutrientes. Contudo, elementos essenciais à vida, como o fósforo, esgotariam-se rapidamente. Embora não excluam a possibilidade de vida, essas condições sugerem que ela só poderia existir em pequenas concentrações, o que seria provavelmente difícil de detectar. Essas conclusões valem evidentemente para a vida como conhecemos e em ambientes que nos são familiares.

Porém, como sempre em matéria de exploração, talvez isso não impeça Ganimedes de nos surpreender. Logo saberemos mais com a missão Juice (JUpiter ICy moons Explorer) da ESA, lançada em abril de 2023 e que passará pelo menos três anos explorando Júpiter e seu sistema, concentrando-se no estudo de Ganimedes como *habitat* possível para a vida. A Juice fornecerá também informações suplementares sobre Calisto e Europa, o que permitirá comparar a evolução das luas galileanas. Porém, embora dados complementares sejam necessários para chegar a uma conclusão sólida sobre a habitabilidade de Calisto e Ganimedes, a lista dos mundos oceânicos continua aumentando. O último deles é o Mimas.

OS MISTÉRIOS SOLUCIONADOS DE ENCÉLADO

De todos os candidatos à descoberta de vida no Sistema Solar exterior, Europa, Encélado e Titã são os mais promissores. Ficamos todos maravilhados com a descoberta dos gêiseres de Encélado. Essa pequena lua de Saturno tornou-se bastante conhecida e sua paisagem dinâmica já nos é familiar. Portanto, às vezes é difícil lembrar que dois mistérios antigos relacionados a Encélado só foram resolvidos bem recentemente: o primeiro é sua refletividade – Encélado é o objeto mais brilhante do Sistema Solar e reflete praticamente 100% da luz que recebe; o outro é sua relação com o "anel E" de Saturno. A missão Cassini respondeu a esses enigmas de uma só vez.

Antes da exploração do Sistema Solar exterior por sonda espaciais, os astronautas já haviam observado algo de diferente com o anel E de Saturno, bem menos definido do que os outros. Suas dimensões são extraordinárias: ele se estende de 120 mil a 420 mil quilômetros acima do equador de Saturno. Vasto, mas difuso, é composto de gelo e de poeira distribuída entre as órbitas de Mimas e de Titã. Em seu centro, Encélado orbita a 240 mil quilômetros de Saturno, o que levou os cientistas a suspeitarem de uma relação com o anel E muito antes da era espacial. Outro indício foi oferecido pelo brilho intenso do satélite congelado, que não podia ser explicado por uma superfície de gelo "sujo" exposta há muito tempo ao vácuo do espaço e à radiação cósmica. Os astrônomos também perceberam cedo que seu polo sul era bem mais brilhante do que o restante do globo, mas não conseguiam explicar as razões disso. A sonda Cassini pôs fim ao mistério em 2005, quando enviou as primeiras imagens de Encélado, que revelaram mais de 100 gêiseres em atividade! As partículas lançadas por esses jatos contribuem ou para a formação do anel E, ou as que não são lançadas para o espaço precipitam sobre a superfície de Encélado, renovando-a permanentemente com uma camada de gelo fresco. Uma parte dessas partículas alcança Mimas e Tétis e contribui para aumentar suas refletividades. Essa observação extraordinária foi apenas o começo de uma série de descobertas que nos obrigaram a repensar sobre as possibilidades da habitabilidade e existência da vida.

Com apenas 500 quilômetros de diâmetro, Encélado é, sob qualquer ponto de vista, um pequeno satélite que se assemelha mais a uma grande bola de neve estriada do que a uma lua. No entanto, apesar de seu tamanho reduzido, ele é totalmente diferenciado, com um núcleo de silício e um manto rico em água. Os gêiseres lançam sais e poeira de silício na crosta congelada e na região das "listras de tigre", perto do polo sul. Sua composição indica que elas são formadas pela interação de rochas com água a pelo menos 90ºC. Em compensação, a superfície de Encélado é extremamente fria, mais do que todas as outras luas de Saturno, com uma temperatura de -198ºC ao meio-dia. Ela é coberta de regiões craterizadas, mas também de planícies lisas ladeadas por terrenos estriados que têm algumas centenas de milhões de anos apenas. Outras regiões têm superfícies muito mais recentes, sem nenhuma cratera de impacto. Fissuras, fraturas e cicatrizes revelam a intensa tensão e a deformação sofridas pela lua.

No início de 2005, as imagens da missão Cassini revelaram os gêiseres. Sobrevoos posteriores permitiram analisar sua composição e detectar jatos permanentes lançados de câmaras pressurizadas em profundidade e que alcançavam até 500 quilômetros no espaço. Sua atividade lembra a dos gêiseres e das fumarolas terrestres e sua intensidade varia em função da posição de Encélado na órbita de Saturno. Ela é mais intensa quando a lua está afastada do gigante do que quando está próxima, sinal revelador de que o estresse devido às marés gravitacionais tem um papel na abertura e no fechamento das falhas na crosta congelada. Todavia, se esse efeito de maré fosse o único fator em jogo, Encélado acabaria por congelar inteiramente em 30 milhões de anos.

Gêiseres de gelo em Encélado, fotografados por Cassini em 30 de novembro de 2010, a 67 mil quilômetros de distância. O sul está em cima.
(Fonte: Nasa/JPL-Caltech/SSI/Cassini Imaging Team/ Jason Major.)

A geração de energia observada na pequena lua requer uma enorme fonte de calor, equivalente a mais de cem vezes o que a desintegração natural dos elementos radioativos das rochas poderia produzir. Ademais, isso não explica a concentração da fonte desse calor na região das "listras de tigre". Em contrapartida, essas observações fazem sentido se Encélado possuir um núcleo poroso que permita à água se infiltrar nele e se aquecer progressivamente graças às fricções de marés.[15] À medida que se aquece, a água menos densa sobe e transfere o calor à base do oceano, onde é liberada, carregando consigo partículas do fundo oceânico. Essa subida à superfície leva algumas semanas, até meses, e as partículas são em seguida liberadas no espaço por meio dos gêiseres.

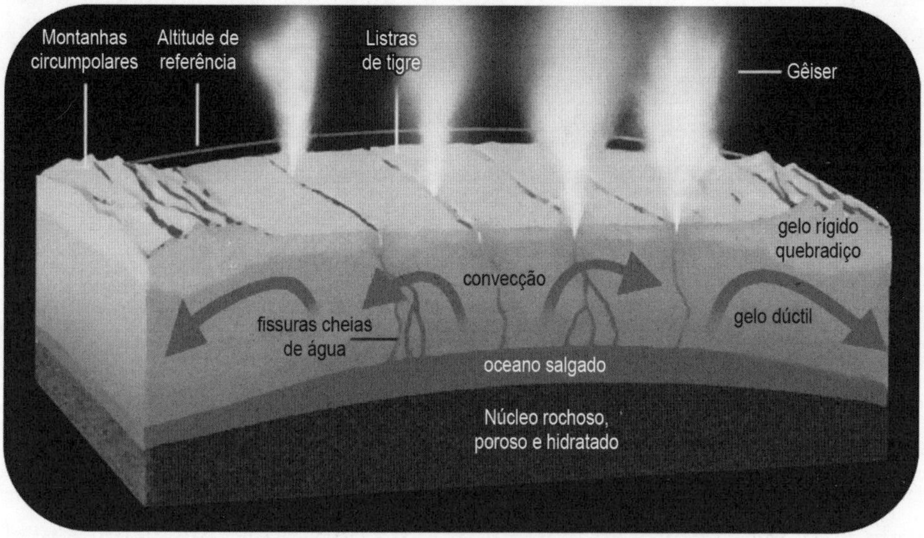

Ilustração do modelo atual da existência de gêiseres em Encélado e manutenção de uma fonte de calor. (Fonte: Nasa/ JPL-Caltech/Space Science Institute; PIA17190. Ilustração de Ron Miller.)

Esse modelo, elaborado por pesquisadores da universidade de Nantes, na França, em 2017, dá conta de todas as observações de Cassini e sugere um oceano em escala global. As simulações mostram também que a maior parte da água é expulsa em uma região estreita em torno do polo sul, com uma camada de gelo mais fina que recobre zonas quentes localizadas nessa região, o que é exatamente o que nos mostram os dados de Cassini. Com esse cenário de núcleo poroso, Encélado tem energia suficiente para alimentar uma atividade hidrotermal durante bilhões de anos! Como a durabilidade é primordial para uma biosfera, o modelo reforça a ideia de que esse pequeno mundo oceânico apresenta condições propícias à vida.

Encélado revelou também outros tesouros astrobiológicos ocultos, principalmente no que diz respeito à composição das partículas analisadas durante a passagem de Cassini pelos gêiseres. Sabemos agora que o oceano é levemente salgado e que uma atividade hidrotermal é mantida no fundo oceânico em contato com as rochas. Também foram descobertas moléculas orgânicas complexas, provavelmente produzidas nesse núcleo ativo. Elas poderiam ter sido injetadas no oceano por chaminés hidrotermais, num processo que lembra os cenários de surgimento da vida na Terra. Essas moléculas orgânicas complexas são, em seguida, transportadas por bolhas de gás provenientes das chaminés do fundo do oceano. Explodem na interface entre o oceano e a crosta congelada à medida que sobem, dispersando assim os compostos orgânicos em gotas que congelam quando o vapor entra em contato com o gelo. São depois ejetadas no espaço pelos gêiseres quando as fissuras se abrem nos ciclos de marés gravitacionais. O enxofre e o nitrogênio também são identificados sob formas utilizáveis para a vida, e o modelo de núcleo permeável demonstra que Encélado dispõe de fontes estáveis de energia. Mais surpreendente ainda é o nível de metano detectado nos gêiseres, não explicado apenas pelos processos geoquímicos conhecidos. Ele é compatível com uma atividade microbiana nas proximidades de fumarolas hidrotermais ou com processos não biológicos diferentes dos da Terra.

EXPLORANDO OS OCEANOS SUBTERRÂNEOS

Neste estágio, foi estabelecida a habitabilidade do oceano de Encélado, e essa pequena lua é uma candidata altamente prioritária para futuras missões de Astrobiologia. O Enceladus Vent Explorer (EVE)[16] é um dos conceitos tecnológicos atualmente testados em fendas de geleiras terrestres utilizadas como ambientes análogos ao Encélado e talvez também à Europa. Desenvolvido pela Nasa, trata-se de um endoscópio em forma de enguia que utiliza uma série de segmentos móveis replicados. Ele se dobra para avançar e inverte sua rotação para reduzir a torsão. O EVE está em fase de estudos e, se um dia for selecionado como missão, será enviado para a região ativa dos gêiseres para explorar o oceano subterrâneo. Essa missão possibilitaria determinar a origem e a evolução de Encélado, inclusive as trocas entre a superfície e o interior. Ela também poderia nos auxiliar a compreender se existe uma síntese orgânica hoje e se a pequena lua é capaz de manter uma biosfera ativa.

Outras propostas tecnológicas estão sendo desenvolvidas e poderiam ser empregadas na exploração dos mundos oceânicos. O Swim, cujo acrônimo significa Sensing With Independent Micro-swimmers (Detecção com Micronadadores Independentes), é um deles.[17] Como o EVE, ele está em fase de estudos no Jet Propulsion Laboraty, na Califórnia. Num oceano ou lago planetário, o Swim poderia, a partir de uma nave-mãe, distribuir entre 10 e 100 Micronadadores Independentes, controláveis individualmente e dotados de sistemas integrados de detecção e de comunicação. Uma missão dessas poderia dar ampla autonomia à exploração da habitabilidade e das bioassinaturas, assim como uma grande redundância de sistemas robóticos, e seria adaptável à exploração de Europa, Encélado e Titã. Ela asseguraria a reprodutibilidade dos estudos do oceano longe da nave-mãe e permitiria a caracterização de microbiomas (micróbios que vivem num ambiente específico) presentes na interface do oceano e do gelo. Um exército de robôs levaria a um aumento considerável na quantidade de amostras e, consequentemente, das chances de descobertas.

Todavia, o primeiro estudo aprofundado de um mundo oceânico será feito pela missão Europa Clipper,[18] que chegará ao sistema de Júpiter em abril de 2030 para explorar a habitabilidade de Europa, o menor dos satélites galileanos, cujo tamanho corresponde a 90% da nossa Lua. Será seguida pouco depois pela missão Juice da ESA. A Europa Clipper efetuará dezenas de sobrevoos próximos, recolhendo informações sobre a superfície congelada e o oceano de Europa e talvez atravessando gêiseres, como Cassini fez com Encélado. Porém, ao contrário deste, os gêiseres de Europa são mais imprevisíveis e podem ter origens múltiplas. O telescópio Hubble nos deu o primeiro indício da possível existência deles em 2012 e novamente em 2014. As imagens pareciam mostrar plumas de vapor d'água se elevando até 200 quilômetros no espaço. Desde então, observações continuadas revelaram o que parecem ser erupções esporádicas, entrecortadas por períodos mais calmos.

EUROPA, UM MUNDO FASCINANTE

Essa descoberta levou os pesquisadores a reexaminarem os dados da missão Galileo de 1997, nos quais encontraram indícios que passaram despercebidos na época, simplesmente porque os instrumentos analíticos ainda não eram, naquele momento, suficientemente precisos para essa interpretação. A análise desses dados revelou uma irregularidade do campo magnético que, até então, nunca havia sido explicada. Uma geração depois, a modelização 3D do campo, as assinaturas de ondas de plasma e os dados do Hubble parecem indicar que o que a Galileo detectou foi, na verdade, um gêiser em plena atividade. Alguns gêiseres poderiam resultar de uma comunicação entre um oceano subterrâneo e a superfície, como em Encélado. Outros menores também poderiam se desenvolver a partir de bolsões de água líquida situados mais acima na crosta congelada. Esses bolsões teriam se formado em decorrência de enormes quantidades de energia desprendida por ocasião de impactos de cometas ou de asteroides.

A cratera Manannán, com 29 quilômetros de diâmetro, oferece um exemplo desse fenômeno. O impacto que a formou, há 20 milhões de anos, produziu calor intenso suficiente para derreter o gelo no entorno, criando um bolsão d'água. Com o tempo, essa água congelou progressivamente, aumentando a pressão sobre o líquido remanescente até provocar uma erupção. O resultado foi a formação de marcas na superfície, semelhantes a uma teia de aranha, que testemunham a atividade passada de um gêiser. Essas marcas não diferem muito daquelas observadas no polo sul de Marte, quando o dióxido de carbono entra em erupção na primavera. Contudo, embora esses depósitos indiquem a presença de bolsões d'água pouco profundos na crosta congelada, o oceano é muito mais profundo e os primeiros indícios de sua existência vieram das imagens de Voyager e Galileo.

Gêiseres em Europa poderiam provir da água de um oceano subterrâneo e de bolsões de água mais próximos da superfície. Uma vez na superfície, os depósitos de sal de cloreto são bombardeados por enxofre proveniente do vulcanismo de Io, a lua mais próxima de Júpiter, o que explicaria as assinaturas espectrais observadas na superfície de Europa.
(Fonte: Nasa/JPL-Caltech. Ilustração artística.)

Europa está em rotação síncrona em torno de Júpiter e perturbações gravitacionais complexas provenientes do Planeta Gigante e dos outros satélites galileanos mantêm uma leve excentricidade em sua órbita. Disso resulta uma ínfima oscilação, e Europa sofre mais atração de Júpiter quando está próxima do que quando está mais distante dele. Essa oscilação deforma continuamente a pequena lua, e a tensão resultante é liberada sob a forma de fraturas, falhas e fissuras. A baixa densidade de crateras de impacto indica que sua superfície é relativamente recente e ativa. Ela também é recoberta de terrenos caóticos, de faixas escuras cujos lados poderiam se sobrepor uns aos outros, assim como grandes blocos semelhantes às peças de um quebra-cabeça. As fraturas são cobertas por materiais congelados que preencheram recentemente espaços abertos por elas.

Portanto, a maioria das características da superfície pode ser explicada como uma resposta da crosta congelada à tensão produzida pelas marés gravitacionais, mas não todas. É o caso particular das formações com quase mil quilômetros de comprimento, cuja origem parece mais associada a um processo bastante similar ao da tectônica das placas na Terra. É como se a superfície de Europa se deslocasse de forma independente do seu interior. Pode ser então que uma camada líquida, ou uma camada de gelo levemente mais quente sob a crosta, esteja comprimida entre a crosta e o interior. Além disso, o campo magnético de Júpiter mostra perturbações no espaço ao redor de Europa, sugerindo a presença de um campo magnético induzido no interior da pequena lua, criado por uma camada profunda de fluido condutor de eletricidade.

Como acontece com os outros satélites, o melhor candidato para explicar essas observações é um oceano global de água salgada que poderia ter uma profundidade de 160 quilômetros e se situar entre 10 e 32 quilômetros abaixo da superfície. A missão Europa Clipper testará essa hipótese. Caso haja um oceano, a tensão das marés gravitacionais deve deformar cerca de 30 metros da superfície. Se a lua estiver inteiramente congelada, a deformação não deverá ultrapassar 1 metro.

Sem sombra de dúvida, Europa é um dos mundos mais fascinantes e promissores para nossa busca de vida no Sistema Solar. Embora precisemos de mais informações para entender todo seu potencial, já podemos esboçar o retrato de uma biosfera hipotética com os dados de que dispomos. Na superfície, a temperatura nunca fica acima de -160ºC no equador e -220ºC nos polos. Portanto, a base da crosta congelada deveria se encontrar no ponto de congelamento do oceano situado abaixo. Considerando a pressão e a salinidade, essa temperatura fica provavelmente entre 0 e -4ºC na interface. A vida poderia extrair sua energia da radioatividade das rochas e da dissipação das forças de marés gravitacionais entre Europa, Júpiter e os outros satélites galileanos. A combinação dessas fontes de calor possivelmente produz intensas correntes convectivas, nas quais as mais quentes entram em contato com a base congelada, que as esfria e as leva novamente para as profundezas do oceano. Em princípio, esse processo também poderia, com o tempo, erodir a base da crosta congelada; talvez as regiões caóticas* observadas na superfície sejam zonas onde águas oceânicas profundas e quentes entram em contato com o gelo e o derretem brevemente.

Um outro cenário considera que, como acontece em Vênus, Europa sofre uma recomposição periódica catastrófica, mais ou menos a cada 5 milhões de anos. Talvez não seja mero acaso que isso corresponda à idade estimada da superfície de Europa atualmente, levando em conta possíveis margens de erro se o oceano estiver situado mais profundamente estabelecido do que considerado nos modelos atuais. Se for assim, abre-se a possibilidade de o oceano não apenas se comunicar com a superfície nas zonas em que a crosta congelada de Europa é mais fina e fraturada, mas também de que ele se misture com ela periodicamente.

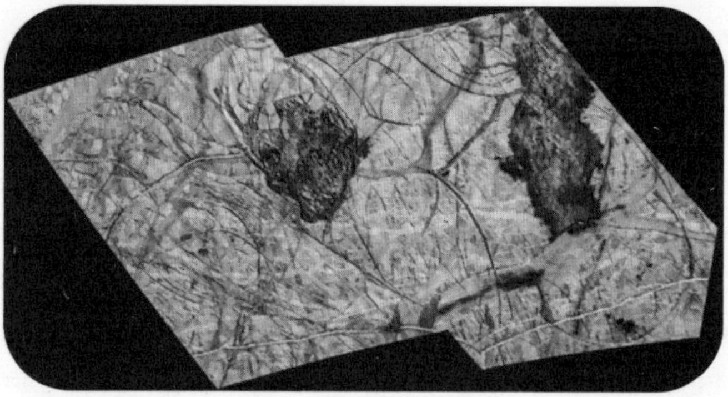

As regiões de Thera (à esquerda, com aproximadamente 70 × 85 quilômetros) e Thrace (à direita) são áreas enigmáticas de Europa. Poderiam ser regiões onde o oceano subterrâneo rompe o gelo. (Fonte: Nasa/JPL/University of Arizona, missão Galileo, imagem nº PIA02099.)

Esses ambientes surpreendentes levam a vislumbrar descobertas fascinantes. Bolsões d'água pouco profundos nos forneceriam indícios

* N.R.T.: Regiões com ocorrências de muitas fraturas no gelo superficial.

essenciais sobre a geoquímica da crosta congelada e sobre a massa de materiais orgânicos ali estocada pelos cometas e asteroides ao longo do tempo. Europa já possuía todos os ingredientes essenciais à vida durante sua formação (carbono, hidrogênio, nitrogênio, oxigênio, fósforo e enxofre). Com a contribuição de cometas e asteroides, os elementos químicos indispensáveis à vida poderiam, então, ser encontrados tanto na crosta quanto no oceano subterrâneo. As regiões caóticas, as fraturas e as falhas podem ter servido como canais de troca desses elementos químicos entre esses ambientes, sendo meios onde havia água. Esses elementos também podem ter se misturado durante as recomposições periódicas da superfície. Como a energia das marés gravitacionais pode alimentar um sistema de circulação de água e de nutrientes quase indefinidamente, um meio ambiente propício à vida poderia perdurar. Se for assim, descobriremos vida em Europa dentro de alguns anos. Na verdade, muitos especialistas afirmam que será um choque se não for descoberta. Como Encélado, essa pequena lua possui todos os ingredientes necessários para tal. Se estiverem certos, que tipo de vida poderia ter encontrado refúgio nesse oceano subterrâneo?

A observação de microrganismos em meios análogos aos do entorno das fumarolas hidrotermais terrestres sugere que uma vida microbiana poderia ser um cenário básico para a vida em Europa. Estudos recentes vão ainda mais longe ao sugerir que o oceano de Europa poderia conter oxigênio suficiente para manter organismos semelhantes a peixes! Seja como for, se existir, a vida em Europa oferecerá uma miríade de novos conhecimentos, ainda mais porque há pouca probabilidade de que ela seja parecida com a nossa. De fato, contrariamente a Marte, as trocas planetárias com os mundos gelados são improváveis. Mais uma vez, a mecânica celeste dita as regras: mesmo com um fluxo regular de materiais provenientes da Terra ou de Marte, a duração da transferência é de cerca de 2 bilhões de anos. É difícil imaginar que microrganismos sobrevivam todo esse tempo. Mesmo que conseguissem, a depender da trajetória, a velocidade de chegada seria de 18 mil a 112 mil quilômetros por hora. Essas formas de vida até poderiam sobreviver a uma entrada com o limite mais baixo de velocidade, mas certamente pereceriam entrando pelo limite mais alto.

Essas observações sugerem, então, que, se a vida surgiu em Europa e Encélado, foi muito provavelmente uma vida local, uma segunda gênese, e não materiais provenientes da Terra ou de Marte. Teríamos muito a aprender com uma descoberta assim, em especial sobre as numerosas combinações da vida no Universo a partir de seus elementos constitutivos mais simples. Apesar de tudo, mesmo sem uma origem em comum com a Terra, qualquer vida existente em Europa e Encélado provavelmente seguiria uma biologia reconhecível, baseada em uma bioquímica que nos é familiar. Mas essa lógica pode não se aplicar à maior e mais misteriosa das luas de Saturno: Titã.

Um mundo de incógnitas

Quatorze de janeiro de 2005. No final daquela manhã, estávamos reunidos em um pequeno grupo no saguão próximo ao auditório principal de nosso prédio no Centro de Pesquisa Ames da Nasa. A expectativa crescia à medida que os minutos passavam. Se tudo tivesse corrido como planejado, a sonda Huygens da ESA já estaria na superfície de Titã, o maior satélite de Saturno. A última imagem que havíamos recebido fora registrada pouco mais de três semanas antes, logo após sua separação de Cassini, a sonda espacial da Nasa. Com um pouco de sorte, a Huygens teria conseguido atravessar a atmosfera suspensa com seu paraquedas e nós, em breve, veríamos Titã de perto pela primeira vez. A última imagem dessa lua havia sido transmitida pela Voyager 2 em agosto de 1981, tendo sido captada a um pouco mais de 4,5 milhões de quilômetros de distância.

Titã era conhecido pelos astrônomos desde muito tempo. O satélite de Saturno havia sido descoberto por Christiaan Huygens em 1655. Em 1903, o astrônomo espanhol Josep Comas i Solà foi o primeiro a levantar a hipótese da existência de uma atmosfera em Titã, descoberta confirmada por Gerard P. Kuiper em 1944. Mais tarde, as sondas Pioneer 11 e Voyager 1 nos permitiram observar Titã mais de perto, enviando dados intrigantes. Em 1º de setembro de 1979, antes de deixar o Sistema Solar, a Pioneer 11 passou a aproximadamente 584 mil quilômetros de Titã. A essa distância, a resolução da câmera permitiu registrar apenas um disco laranja, distante e embaçado. Alguns meses mais tarde, em 12 de novembro de 1979, a Voyager 1 se aproximou a cerca de 4 mil quilômetros da lua, revelando uma superfície escondida sob uma atmosfera densa rica em nitrogênio. Ninguém se surpreendeu, portanto, que Titã se tornasse uma das prioridades da missão seguinte. Unindo esforços, a Nasa, a ESA e a Agência Espacial Italiana (ASI, na sigla em italiano) iriam produzir o que é ainda hoje uma das missões mais extraordinárias da história da exploração planetária. A Nasa forneceu a sonda orbital Cassini; a ESA, o módulo de pouso Huygens; e a ASI, a antena de alto ganho de Cassini, assim como uma grande parte do sistema de rádio e dos instrumentos científicos. A odisseia fantástica de Cassini no sistema de Saturno terminaria em 15 de setembro de 2017.

AS PRIMEIRAS IMAGENS DE TITÃ

Nesse dia de janeiro de 2005, todos os olhares estavam voltados para as telas de televisão. Huygens estava prestes a atravessar a atmosfera de Titã, coletar dados sobre sua composição e estrutura e aterrissar, esperávamos, em total segurança. A ansiedade estava crescendo em nosso pequeno grupo. Meu pescoço já estava dolorido de olhar por tanto tempo para a televisão fixada no alto de uma parede. Nós sabíamos que havia ocorrido problemas de transmissão entre Huygens e Cassini, este último atuando como retransmissor para a Terra. Alguns desses problemas foram detectados rapidamente e soluções de emergência puderam ser implementadas. Contudo, apenas um canal de comunicação estava funcionando, o que resultou na perda de quase metade das imagens capturadas.

De repente, a primeira apareceu. Ela havia sido tirada a 16 quilômetros acima da superfície pela câmera de descida e pelo espectrorradiômetro, no momento em que Huygens finalmente saía da névoa orgânica de Titã. Uma vez iniciada a transmissão, as imagens e os dados chegaram em sequências rápidas. Fixei meu olhar na tela, incrédula, como ainda hoje fico toda vez que revejo as imagens da descida. Não acreditava em meus olhos. Víamos colinas, leitos de rios, talvez uma linha costeira e uma superfície mais escura. A cena se parecia incrivelmente com a paisagem que vejo do avião ao retornar de viagem, quando a aeronave está prestes a aterrissar na baía de São Francisco – com a diferença, é claro, da ausência de vegetação e das marcas onipresentes da humanidade. Essas imagens nos ofereceram um vislumbre de um mundo extraordinário e deram aos astrobiólogos a chance de exercitar seus conhecimentos e imaginação.

Mais de 18 anos se passaram desde que a ESA realizou essa aterrissagem espetacular em Titã. A Huygens foi a primeira nave espacial a pousar nessa lua até então inexplorada e em um mundo do Sistema Solar exterior. Foi uma volta por cima extraordinária para a ESA após a perda de Beagle 2 em Marte um ano antes, além de um triunfo retumbante que possibilitaria à humanidade descobrir novas fronteiras planetárias.

O essencial da missão de Huygens ocorreu durante essa descida de 153 minutos na atmosfera mais densa de todos os satélites do Sistema Solar. Uma vez no solo, a sonda sobreviveu por mais 72 minutos antes de ficar sem energia e perder o contato com a Terra. Mas, nesse curto intervalo de tempo, descobertas científicas fundamentais foram feitas. Após os sobrevoos da Pioneer e Voyager, inúmeras questões permaneciam em aberto, sobretudo a respeito da origem do nitrogênio e do metano presentes na atmosfera de Titã. A radiação solar deveria ter destruído o metano rapidamente e seu nível elevado na atmosfera da lua permanecia um mistério. Huygens nos ajudou a esclarecer algumas dessas questões, além de nos dar mais informações acerca do potencial de Titã para abrigar vida.

UMA ATMOSFERA SINGULAR

Durante sua descida, Huygens coletou informações sobre a estrutura da atmosfera, sua temperatura, pressão e densidade, desde 1.400 quilômetros de altitude até o solo, onde a sonda registrou uma temperatura de -180ºC e uma pressão atmosférica 1,5 maior que a da Terra. Titã também estava envolto por uma névoa densa e opaca que bloqueava a maior parte da radiação solar do espectro da luz visível. A descida de Huygens foi bastante turbulenta: os resultados da medição dos ventos por Efeito Doppler e a análise das imagens da descida indicaram que a sonda foi desviada em direção ao leste em mais de 160 quilômetros devido aos ventos de mais de 400 quilômetros por hora.

As observações posteriores de Cassini sugerem que, assim como Vênus, Titã apresenta o fenômeno de "super-rotação", que ocorre quando uma atmosfera gira muito mais rapidamente que a superfície. Mais abaixo, Huygens também foi atingida por fortes ventos contrários antes de finalmente conseguir pousar e se deslocar por uma curta distância em um ambiente bem mais calmo. Apesar desse percurso difícil, a sonda conseguiu enviar os primeiros dados sobre a composição da alta atmosfera, sobre as razões isotópicas e a presença de gases traços,* incluindo seus compostos orgânicos, confirmando que a atmosfera de Titã é composta principalmente de nitrogênio (97%) e metano (2,7%). A abundância de isótopos atmosféricos indica que parte do nitrogênio poderia ter origem em materiais da Nuvem de Oort, e não do sistema de Saturno. A Nuvem de Oort é uma espécie de esfera formada por cometas congelados e inativos situados entre 2 mil e 200 mil UA do Sol. Portanto, cometas poderiam ter sido

* N.R.T.: São gases cuja quantidade relativa na atmosfera é baixa, correspondendo apenas a um porcentual diminuto da sua composição.

incorporados muito cedo no núcleo de Titã, levando consigo materiais densos e ricos em compostos orgânicos.

Os baixos níveis de metano na parte superior da atmosfera atingiram a saturação a cerca de 6.500 metros de altitude. Depois, Huygens registrou um aumento súbito de 40% do metano, ao passo que o nitrogênio permaneceu constante, indicando a provável presença de metano líquido no solo. Ainda que o metano possa ter origens diversas, os isótopos de carbono não indicam uma origem microbiana, mas mais provavelmente de gelo aprisionado sob a superfície durante a formação de Titã. Esse cenário poderia explicar por que o metano ainda é encontrado no satélite. Nas condições atuais, ele seria destruído por meio de processos fotoquímicos em algumas dezenas de milhões de anos se ele não fosse reconstituído de alguma maneira. Estocado sob a forma de gelo no interior do planeta, o metano poderia ser, dessa forma, liberado esporadicamente na atmosfera em decorrência do criovulcanismo, hipótese sustentada pelos níveis de certos gases, como o argônio-40, compatíveis com uma grande atividade geológica.

A atmosfera de Titã também é rica em moléculas orgânicas. Os hidrocarbonetos são produzidos por uma cadeia de reações químicas a mais de 900 quilômetros de altitude na atmosfera. A radiação solar e as partículas de alta energia decompõem as moléculas de nitrogênio e de metano, permitindo o desenvolvimento de uma química orgânica complexa. Algumas moléculas se aglutinam, formando agregados maiores que descem para a base da atmosfera por efeito gravitacional. A maior densidade e a altitude mais baixa facilitam a formação de agregados ainda maiores que produzem a névoa de aerossóis à base de metano que envolve Titã. Em teoria, compostos orgânicos complexos, como as tolinas, podem ser formados. Hidrocarbonetos aromáticos policíclicos (HPAs) também foram detectados por telescópios terrestres. Na Terra, os HPAs tiveram um papel importante na origem da vida, facilitando a síntese do RNA. Em seguida, moléculas cíclicas aromáticas como o ciclopropenilideno (C3H2) também foram detectadas. A descoberta de tolinas é importante, pois elas formam os anéis de base encontrados na estrutura do DNA e do RNA na Terra. É a menor e mais simples molécula de cadeia fechada encontrada em qualquer atmosfera, o que sugere que uma estranha química prebiótica poderia estar em curso. E, em Titã, é necessário levar em consideração que essas moléculas literalmente chovem sobre sua superfície!

Huygens tentou detectar a existência de descargas elétricas na atmosfera. Ainda que não tenha observado nenhuma, sinais de baixíssima frequência foram registrados, o que levou à descoberta do que poderia ser um oceano de água salgada e de amoníaco de 50 a 80 quilômetros abaixo da superfície congelada. Nós já sabíamos que uma química prebiótica estranha poderia existir na superfície com potencial de gerar formas de vida diferentes daquela que conhecemos, porém a existência de água líquida subterrânea abre novos horizontes. Titã se assemelhava cada vez mais ao atanor* de um alquimista, um laboratório natural e um mundo similar à Terra primitiva onde seria possível estudar os processos químicos que levaram à vida há mais de 4 milhões de anos em nosso planeta. Além disso, Titã parecia ser o lugar favorito para imaginar uma vida diferente da nossa, uma bioquímica baseada no metano. Mas Huygens não havia sido projetada para investigar esse tipo de hipótese.[19] Sua missão era centrada na atmosfera e, nesse campo, os dados que a sonda enviou revelaram a amplitude do potencial astrobiológico de Titã.

TORRENTES E CHUVAS DE METANO LÍQUIDO

Durante a descida da sonda pela atmosfera, o radar começou a coletar dados a 1.200 quilômetros de altura que revelaram regiões bastante contrastantes, sobretudo um platô elevado muito diferente do terreno erodido mais escuro em que Huygens aterrissou, que lembrava o fundo de um lago e as planícies aluviais terrestres. A câmera de descida revelou pela primeira vez o que estava escondido sob a névoa laranja: cânions proeminentes de uma centena de metros de profundidade abertos por redes de drenagem muito parecidas com os leitos de rios terrestres. Sua forma sugere uma

* N.T.: Forno usado pelos alquimistas.

erosão rápida causada por enxurradas repentinas e violentas. Outras estruturas pareciam ter sido formadas por chuvas ou por erosão lateral de metano líquido. Essas redes de drenagem provavelmente contribuíram para a formação de um lago no passado, localizado não muito distante da zona de aterrissagem de Huygens. No entanto, a bacia não apresentava nenhum indício de acumulação de metano líquido no momento da aterrissagem.

Ao contrário dos *rovers* marcianos, Huygens não podia se basear em imagens de alta resolução para selecionar um local de aterrissagem antes da missão. Dessa forma, a sonda foi concebida para suportar uma aterrissagem difícil, ou até mesmo uma amerrissagem,* e para sobreviver tempo suficiente para coletar dados. Após ter ficado à deriva ao sabor do vento, Huygens encerrou sua jornada na região de Adiri, em uma planície de areia úmida ou talvez de partículas comprimidas de gelo granulado. A paisagem parecia ao mesmo tempo familiar e extremamente estranha, com seixos arredondados no primeiro plano das imagens.

À esquerda: Titã e Tétis vistos pela sonda Cassini em 26 de novembro de 2009. Fonte: Nasa/JPL/Space Institute. À direita: na superfície de Titã, Huygens descobre os seixos arredondados e uma superfície granulada congelada em 14 de janeiro de 2005. (Fonte: ESA/Nasa/University of Arizona.)

* N.T.: É quando o pouso é realizado em um líquido.

Huygens capturou a mesma imagem diversas vezes até que não tivesse mais energia, registrando no processo a formação de uma gota de metano criada pelo calor produzido pela sonda. A vista da planície e dos seixos arredondados tinham me convencido que Huygens havia pousado em um rio. Análises posteriores mostraram que a sonda havia aterrissado em um leito de rio coberto por seixos compostos de hidrocarbonetos e de gelo de água. Rochas feitas de gelo de água roladas e embotadas pelo tempo em torrentes de metano líquido... Bem-vindo a Titã!

Durante a curta duração de sua missão, Huygens produziu uma quantidade fantástica de dados, permitindo que compreendêssemos os complexos processos físicos e químicos de sua atmosfera. A missão abriu, assim, novas perspectivas de pesquisa fascinantes em um mundo onde tudo parece familiar, mas onde nada é de fato o que parece ser. Um mundo onde poderíamos, quem sabe, explorar ao mesmo tempo a vida como a conhecemos e a vida como não a conhecemos.

Ao final da missão de Huygens, Cassini a substituiu a partir da órbita. Após uma viagem de sete anos a partir da Terra e sua separação de Huygens, Cassini passou por uma odisseia científica de 13 anos ao redor do sistema de Saturno, tendo Titã como objetivo central. Durante esse período, Cassini efetuou mais de 100 sobrevoos aproximados, mapeou a superfície e deu continuidade ao estudo aprofundado de sua atmosfera. A detecção de grandes marés gravitacionais parece confirmar a presença de uma camada de água subterrânea, quilômetros abaixo dos lagos e mares de metano que se encontram na superfície. Nas profundezas da crosta, a água é mantida em estado líquido pelo calor interno, e é também possível que a química do metano haja como um anticongelante. Os dados sugerem que esse oceano é tão salgado quanto o Mar Morto, constituído provavelmente de uma salmoura de água misturada com sais de enxofre, de sódio e de potássio. A espessura variável da crosta congelada poderia ser um sinal de que o oceano subterrâneo está em processo de congelamento, o que tem consequências para a habitabilidade de Titã e para os processos de troca de metano com a atmosfera. O vulcanismo de gelo que favorece a transferência do metano pode ocorrer somente em regiões relativamente quentes e pontuais, não podendo acontecer por meio de um sistema de placas tectônicas como o encontrado na Terra. Logo, a ocorrência desse processo é impossível caso a crosta se torne totalmente rígida.

Mapa dos mares e lagos de metano e de etano no hemisfério norte de Titã, feito a partir dos dados do radar da sonda Cassini entre 2004 e 2013. O polo norte está no centro e a vista se estende até 50 graus de latitude norte. Mares e lagos são as partes mais escuras. A região acima e à esquerda do polo norte é cheia de pequenos lagos de 30 quilômetros ou menos. Aproximadamente 97% dos mares e lagos se situam no hemisfério norte, em uma região de 900 por 1.800 quilômetros.
(Fonte: Nasa/JPL-Caltech/ASI/USGS: PIA17655.)

Como no caso do ciclo hidrológico terrestre, as precipitações e os líquidos se acumulam sob a superfície e em reservatórios subterrâneos. Os rios correm em direção a grandes bacias, formando lagos e mares em sua maioria nas regiões polares. Alguns desses grandes mares existem também nas regiões equatoriais, formados durante tempestades de chuvas ocasionais. Kraken Mare, o maior mar de Titã, está situado na região polar norte. Composto principalmente de metano líquido, mas também de etano e nitrogênio, ele é quase tão grande quanto o mar Cáspio. Esse mar chamou imediatamente atenção, pois ele contém 80% do líquido existente na superfície de Titã. Cobrindo cerca de 520 mil quilômetros quadrados, sua profundidade estimada por radar é de 85 a 305 metros e, com a excentricidade orbital de Titã, suas marés podem variar de 1 a 5 metros. Quando os mares evaporam e os vulcões de gelo entram em erupção, nuvens se formam na atmosfera. Quando ocorre a condensação e a chuva cai, o ciclo pode recomeçar, porém alimentado por metano e não, como na Terra, por água.

Por outro lado, da mesma forma que em nosso planeta, as condições meteorológicas são largamente determinadas pelas estações. Em um ano – equivalente a quase 30 anos terrestres –, cada uma das quatro estações tem duração de 7,5 anos terrestres, ao passo que os equinócios e os solstícios acontecem a cada 15 anos terrestres. Eles são caracterizados por tempestades de poeira, chuvas de monções e pancadas de chuva que enchem as bacias e formam deltas e leques aluviais.

Graças a seu sistema de câmeras que permite capturar imagens em planos aproximados em luz visível, infravermelho e ultravioleta, Cassini revelou os segredos da superfície de Titã e sua geologia escondida sob a grossa névoa orgânica. E graças a seu radar foi possível adentrar a atmosfera e descobrir a sua superfície,[20] coberta por planícies em mais de dois terços de sua extensão. Vastos campos de dunas – que podem atingir cada um mais de 1,5 quilômetros de largura e 100 metros de altura – se estendem por centenas de quilômetros na região equatorial. Ao contrário de seus análogos terrestres, essas dunas não são formadas por areia de sílica, mas por gelo de água coberto de hidrocarbonetos formados quando a radiação solar atinge o gelo e reage quimicamente, criando moléculas orgânicas em sua superfície. Esses grãos podem também se constituir na atmosfera e cair em forma de chuva, e é provável que os dois processos ocorram de maneira orquestrada.

Titã tem colinas, montanhas e terrenos esculpidos pela chuva e erosão, que foram nomeados "labirintos". O restante da paisagem é composto por lagos e mares. Titã é, portanto, surpreendentemente diverso e com diferentes ambientes, com destaque para uma atmosfera densa em que uma química orgânica complexa e estranha acontece. A superfície é geologicamente ativa, com um ciclo comparável ao hidrológico terrestre – mas composto por hidrocarbonetos e mares e lagos cheios de metano líquido. A lua de Saturno tem um revestimento de gelo desacoplado do interior e, sob a superfície, um oceano de água salgada líquida. Nesse oceano, o amoníaco e outros sais produzem líquidos menos densos que sobem pela crosta e liberam o metano do gelo. Para saber se uma biosfera pode existir em Titã, devemos imaginar como esses diferentes fenômenos se comunicam uns com os outros e o que suas trocas produzem.

IMAGINAR FORMAS DE VIDA EM UMA SOPA SUPERCONGELADA

O ambiente em Titã representa o que há de mais próximo da "sopa primordial" presente na superfície da Terra há mais de 4 bilhões de anos. Entretanto, a lua de Saturno está 10 vezes mais afastada do Sol que nosso planeta e recebe 100 vezes menos energia. É por isso que, no caso de Titã, essa sopa está supercongelada na superfície, representando um meio perigoso e impossível para uma vida tal qual a conhecemos na Terra. Para compreender um pouco melhor o que aconteceria se um micróbio terrestre qualquer caísse em um lago de Titã, basta imaginar Han Solo preso em carbonita em *Guerra nas estrelas*! Mas isso não é motivo para renunciar totalmente à possibilidade de encontrar vida na superfície de Titã, sobretudo nos seus mares e lagos, onde ela poderia utilizar metano líquido como solvente ao invés de água. Uma vida metanogênica poderia absorver hidrogênio no lugar de oxigênio, reagir com acetileno no lugar de glicose e produzir metano ao invés de dióxido de carbono. Para testar essa hipótese, foram mensuradas as concentrações de hidrogênio, na atmosfera, e de acetileno, na superfície. Em ambos os casos, os resultados são compatíveis com a possibilidade de vida em Titã. Dito isso, tais resultados podem também ser explicados por meio de processos mineralógicos e meteorológicos.

Para que a vida possa subsistir na superfície de Titã, teria de ser extremamente estranha em comparação com os padrões terrestres. Por exemplo, considerando as condições locais, ela não poderia se alojar em estruturas celulares constituídas de ácidos graxos, como os lipídios. Por outro lado, as protocélulas poderiam utilizar uma outra molécula, a acrilonitrila (CH_2CHCN), cujas propriedades únicas permitem a uma molécula atrair outra, formando assim uma membrana. Uma quantidade suficiente dessa molécula foi descoberta na atmosfera de Titã para, teoricamente, permitir a formação de milhões de formas de vida unicelulares. Mas poderia esse tipo de vida sobreviver em tal meio?

Simulações baseadas em um ambiente de metano puro mostraram como moléculas de acrilonitrila flutuantes se comportam ao contato com moléculas de metano a -183ºC. Essa temperatura parece impedir a formação das camadas flexíveis necessárias à formação de células similares àquelas existentes na Terra. Ao invés disso, as moléculas se organizam em estruturas cristalinas rígidas comparáveis ao sal ou ao gelo. Seria possível, portanto, que as moléculas vivas sobre Titã dispensem as membranas e utilizem o ambiente glacial para se unir e, por exemplo, aderir às rochas. Pode-se imaginar que elas aguardem que o vento, as correntes ou as marés levem nutrientes até elas. Em uma certa medida, poderia ser um modo de vida passivo mantido por um ambiente dinâmico, um tipo de coevolução da vida e do ambiente um pouco diferente do nosso, e que talvez não ofereceria tantas opções de evolução. As possibilidades de adaptação e de sobrevivência dessa forma de vida, seus meios de dispersão e ciclos ecológicos ainda não são compreendidos. Sendo assim, longas estações com condições meteorológicas variadas e tempestades são provavelmente elementos essenciais da manutenção desses ecossistemas, incluindo o aporte regular de matérias orgânicas oriundas da atmosfera.

A possibilidade de um tipo de vida exótica em Titã é um cenário que continua a ser explorado. É uma hipótese que ganhou força com os anos graças aos dados obtidos por Cassini e Huygens e das observações telescópicas terrestres e os modelos. Hoje, os pesquisadores começam a atribuir muito mais importância à ideia de uma forma de "vida fria", que desconhecemos, nos mares e lagos de metano e em um ambiente extremo na superfície.

CENÁRIOS PARA VIDA EM OCEANOS SUBTERRÂNEOS

Nas profundezas, no entanto, as coisas poderiam ser bem diferentes. A descoberta de um oceano de água muda a situação. Embora não represente um indicador absoluto de vida por si só, sua presença remete à química prebiótica, a uma bioquímica possível no campo da água líquida e a temperaturas que permitem a sobrevivência de uma forma de vida (simples) do tipo terrestre. Para avaliar o potencial da habitabilidade desse ambiente, é necessário mais uma vez imaginar as possíveis vias que as moléculas orgânicas formadas na atmosfera poderiam percorrer para chegar ao oceano subterrâneo. Se essas vias existirem, essas moléculas poderiam servir de base e de nutrientes para a vida. Compreender como sua exposição à superfície as modifica nos auxilia a desenvolver estratégias de detecção de bioassinaturas.[21]

Nesse cenário, os compostos orgânicos produzidos na atmosfera são depositados por precipitações ou simplesmente pela gravidade. Uma vez no solo, eles são espalhados pelo vento, pelo movimento de dunas e poeiras ou mesmo pelos rios. O seu grau de degradação depende do lugar onde são depositados, do tempo que passam ali e do mecanismo de transporte. Uma parte desses materiais orgânicos vai para os lagos e mares de metano, onde é depositado no fundo das bacias. Eles podem, em seguida, ser transportados em direção ao oceano subterrâneo através de rachaduras da crosta congelada de Titã. Uma vez no oceano, eles se misturam aos materiais inorgânicos da coluna de água e se depositam no fundo sob a forma de sedimentos.

Mas esse mecanismo não funciona somente partindo da atmosfera ao oceano. Aqui, descobertas anteriores sobre a origem da atmosfera entram em jogo. Os cometas – oriundos da Nuvem de Oort – que foram integrados a Titã durante sua formação são naturalmente ricos em materiais orgânicos. Como eles já fariam parte da composição interna dessa lua de Saturno, a outra hipótese é a de que poderiam chegar ao oceano diretamente a partir do interior. Assim, mesmo se moléculas orgânicas não puderem alcançar o oceano a partir da superfície, a via interna continua disponível para os elementos de base da vida encontrarem um caminho até o oceano subterrâneo. No cenário mais favorável, as duas vias são possíveis.

Além disso, esse oceano poderia estar em contato com o emaranhado de gelo e rocha, permitindo o desenvolvimento de gradientes de oxirredução (redox) e a produção de elementos mais pesados, dois fatores essenciais para um ambiente habitável e para a produção de fontes de energia para a vida. Na Terra, os gradientes dos sedimentos são produzidos por variações na composição dos minerais e nas características da coluna de água. Ainda que a natureza do fundo do oceano não seja conhecida em detalhes, ele poderia ser constituído de uma interface entre a de gelo sob alta pressão e a rocha. Mesmo que a analogia não seja perfeita, um dos ecossistemas mais disseminados na Terra vive em condições mais ou menos similares, sem luz ou oxigênio, bem sob o fundo do oceano. Conhecido como "biosfera profunda", ele é composto de uma grande diversidade de comunidades microbianas, algumas entre as quais poderiam ser pertinentes para Titã. Elas se alimentam de moléculas inorgânicas produzidas graças à alteração química das rochas pela água, liberando metano. Outras, como a das bactérias que oxidam o amoníaco, podem sobreviver em meios oceânicos escuros e pobres em oxigênio, criando elas mesmas oxigênio por conversão do amoníaco em nitrito, um mecanismo que elas utilizam para metabolizar a energia.

O ecossistema mais disseminado na Terra se encontra na crosta oceânica, e a maior parte dos ecossistemas microbianos terrestres vivem na escuridão. Sua atividade modifica os ciclos bioquímicos e geoquímicos, assim como a composição dos oceanos. É possível imaginar um processo semelhante em Titã, mas a única maneira de comprovar isso é procurando por assinaturas que demonstrem alterações químicas que poderiam ser associadas a uma atividade metabólica. E ainda que nenhuma vida com origem nas profundezas do oceano possa sobreviver na superfície, suas bioassinaturas poderiam ser transportadas até ela regularmente através do criovulcanismo. É esse cenário que a missão Dragonfly da Nasa vai testar. Selecionada em junho de 2019, ela será lançada em junho de 2027 e chegará em Titã em 2034, após viajar 1,29 milhão de quilômetros.[22] A pesquisa de bioassinaturas químicas e o estudo do ciclo ativo do metano em Titã são seus principais objetivos. A Dragonfly também explorará a química prebiótica desde a atmosfera até a superfície.

DRAGONFLY

Em matéria de exploração, entre todos os mundos do Sistema Solar Titã é o que oferece o maior leque de estratégias possíveis. Pode-se pousar nele com aterrissadores, deslocar-se por sua superfície com *rovers* e amerissar em lagos. Pode-se também explorar os oceanos com submarinos, a atmosfera com balões ou ainda voar com aviões e drones autônomos. Levando em consideração sua densidade (1,5 vezes a da Terra), voar na atmosfera de Titã é fácil. Em Marte, o helicóptero Ingenuity desbravou tal possibilidade de maneira espetacular em um ar muito mais rarefeito, realizando diversas demonstrações de voo e de reconhecimento para o *rover* Perseverance.

A missão Dragonfly foi precedida por outros projetos que não foram selecionados, mas que demonstram, no entanto, a ampla gama de abordagens tecnológicas que o ambiente de Titã possibilita para sua exploração. Ao longo dos anos, imaginaram-se missões que utilizassem balões de ar quente, com ou sem aterrissadores, e sondas orbitais. Um outro projeto concebia um avião autônomo alimentado por geradores radioisotópicos. Em 2010, o projeto Titan Mare Explorer (TiME) foi concebido para explorar o Ligiae Mare, o segundo maior mar de Titã. A ideia era utilizar uma sonda de amerissagem para analisar a composição do mar, produzir imagens, observações meteorológicas e levantamentos por sonar. Esse projeto era um dos três finalistas do programa Discovery da Nasa, mas ao fim a missão Mars Insight foi a escolhida. Eu continuo convencida atualmente de que TiME é um dos projetos mais imaginativos concebidos em muitos anos, e espero que ele decole em direção a Titã em um futuro não muito distante.

No momento, os holofotes estão sobre Dragonfly. Comandada por Zibi Turtle, essa missão faz parte do mesmo grupo de inspiração que TiME. Os dois projetos aliam rigor científico, inovação tecnológica e uma certa magia misturada com um romantismo intangível, que dá a impressão de estarmos vivendo nas páginas de um livro de ficção científica. A Dragonfly fará uso da atmosfera densa para colocar em voo uma sonda semelhante a um drone, que explorará Titã por pelo menos três anos. Mas essa sonda passa longe daqueles drones comuns vendidos em lojas: o quadricóptero/octocóptero de 450 quilos utilizará oito rotores de aproximadamente um metro cada um acoplados em quatro partes. Para colocar em perspectiva, a sonda tem mais ou menos o mesmo tamanho que o *rover* Perseverance, que mede 3 metros de comprimento, 2,7 metros de largura e 2 metros de altura. A Dragonfly descerá na atmosfera com um paraquedas. Uma vez livre dele, o drone aterrissará de maneira autônoma utilizando seus rotores e estenderá uma antena de alto ganho para se comunicar diretamente com a Terra. Sua fonte de energia e de calor será nuclear. Durante os três anos de missão primária, ela colherá amostras da superfície voando de um ponto a outro a uma velocidade máxima de 32 quilômetros por hora. O objetivo será encontrar sinais reveladores de uma atividade biológica na zona equatorial de Titã, perto da cratera Selk, no campo de dunas de Shangri-La. A proximidade de Selk deverá possibilitar o estudo da composição do subsolo de Titã a partir da análise de material exposto no campo de destroços gerado pelo impacto que formou a cratera.

Um espectrômetro de massa permitirá identificar os compostos químicos que poderiam estar ligados a processos biológicos nas amostras de superfície e de atmosfera. Um espectrômetro de raios gama e de nêutrons especificará a composição da superfície no local em que o drone aterrissar, e um conjunto de instrumentos, incluindo um sismômetro, obterá os dados geofísicos e meteorológicos. A Dragonfly levará câmeras microscópicas e panorâmicas para obter imagens do terreno e procurar locais de exploração em que os objetivos da missão possam ser atingidos. Instrumentos destinados à manutenção do robô também serão utilizados para coleta de dados sobre a atmosfera e o interior de Titã. Por exemplo, mensurações Doppler e a comunicação por rádio ajudarão na análise de sua rotação, que é influenciada por sua estrutura interna.

Cratera de impacto Selk (90 quilômetros de diâmetro) em Titã, situada a 7º de latitude norte e 199º de longitude oeste, na região de aterrissagem prevista para a missão Dragonfly.
(Fonte: Nasa/JPL-Caltech/Universidade do Arizona/LPG Nantes. Missão Cassini (mapeamento por luz visível e por infravermelho, Vims). Imagem nº PIA20022.)

Além da Dragonfly, outros projetos de missões já estão sendo estudados no escopo da estratégia de exploração decenal, sobretudo um submersível cujo objetivo será estudar as moléculas orgânicas nos mares. O carbono e o nitrogênio são abundantes em Titã, mas nós não sabemos se funções biológicas podem se desenvolver em um solvente como o metano. A vantagem de uma missão desse tipo seria possibilitar o acesso aos sedimentos depositados no fundo para eventualmente descobrir processos químicos, físicos e biológicos que podem não existir na superfície. O local de exploração visado, assim como para o projeto TiMe, é o mar Ligiae, um mar de quase 127 mil quilômetros quadrados composto de um pouco mais de 2 mil quilômetros de margem. Esse mar está provavelmente ligado ao Kraken Mare por um canal, que será explorado ao longo de uma missão estendida. A missão poderia percorrer 1.200 quilômetros em 12 meses, ou seja, a metade do tempo utilizado para a pesquisa. Nesse projeto, a cápsula que protege o submersível se desprenderia de uma sonda orbital e atravessaria a atmosfera antes de amerrissar. O satélite continuaria operacional para dar apoio à missão a partir do espaço. Uma vez que o metano é um meio transparente, a comunicação com o submersível e a programação dos comandos continuam possíveis mesmo quando o robô está submerso.

A Dragonfly analisará amostras do ambiente de Titã, a fim de determinar a composição de sua superfície em diferentes contextos geológicos. O drone permitirá explorar diversos locais para determinar a habitabilidade, estudar até onde a química prebiótica evoluiu e procurar traços de bioassinaturas de uma vida à base de água ou de hidrocarbonetos.
(Fonte: Johns Hopkins APL.)

Se a missão Cassini-Huygens permitiu que respondêssemos a certas perguntas, os seus 13 anos de exploração deram origem a muitas outras. A Dragonfly foi concebida para testar nossas hipóteses sobre os ciclos geofísicos de Titã e compreender o que poderia fazer dele um mundo habitável para a vida como a conhecemos e como não conhecemos. Titã é um mundo extraordinariamente fascinante por si só. Mas ele também nos oferece uma prévia do que poderia ser a vida extraterrestre, uma coisa talvez totalmente estranha em relação a tudo que conhecemos. É um laboratório natural nos confins de nosso Sistema Solar, uma espécie de jardim para dar nossos primeiros passos em direção à detecção e à compreensão da vida em exoplanetas distantes.

Novos horizontes

Com os mundos oceânicos, descobrimos que a água líquida não é algo específico da Terra, mas comum no Sistema Solar, o que reforça nossa esperança de encontrar oásis para a vida longe da zona habitável. Ainda assim, por mais entusiasmados que estejamos, existem limites de tamanho e distância além dos quais não ousamos imaginar que um mundo possa ser habitável. No entanto, parece que a mãe natureza não se interessa pelas nossas teorias. Evidência disso é que Encélado, o pequeno satélite de Saturno – que não tem nem 500 quilômetros de diâmetro –, aparece como um dos melhores candidatos à habitabilidade do Sistema Solar, apesar do seu tamanho reduzido, e a descoberta dos seus gêiseres é só o início. Com quatro meses de intervalo, as missões Dawn e New Horizons expandiram esses limites teóricos até o impensável.

GRANDES SURPRESAS

O planeta-anão Ceres foi descoberto na região caótica dominada por asteroides entre Marte e

Júpiter em março de 2015. Após explorar Vesta, essa era a segunda etapa da missão Dawn, da Nasa, em sua viagem pelo Cinturão de Asteroides do Sistema Solar. Para responder às nossas questões sobre a formação deste último, a Dawn estudaria esses dois pequenos mundos (Vesta e Ceres). Cerca de quatro vezes menor do que nossa Lua, com um diâmetro de 941 quilômetros, Ceres representa sozinho 25% da massa total do Cinturão de Asteroides. É uma espécie de relíquia, um vestígio que nos mostra como eram os protoplanetas há pouco mais de 4,5 bilhões de anos e uma testemunha dos tempos mais longínquos do Sistema Solar. É também uma lembrança de sua juventude turbulenta, quando os planetas ainda se movimentavam antes de se estabilizarem em sua órbita atual. Abrindo um caminho no espaço, os efeitos de maré desses planetas criaram o caos no Sistema Solar.

A migração dos planetas é hoje explicada pelas teorias do Grand Tack e de Nice. Naquela época, o Sistema Solar não se assemelhava a nada do que é hoje. Júpiter se dirigia para o Sol, antes de ser levado à sua posição atual pela formação de Saturno. Os efeitos gravitacionais dessa migração lançaram inúmeros protoplanetas em direção ao Sol, enquanto outros foram, provavelmente, ejetados para sempre para além dos limites do nosso sistema planetário. Esse processo impediu Marte de atingir um tamanho comparável ao da Terra, o que mudou seu destino.

A composição de Ceres, por sua vez, indica que ele não se formou no Cinturão de Asteroides, mas mais provavelmente perto da órbita de Netuno, antes de migrar para o Sistema Solar interior. Esse suposto vínculo com os mundos congelados foi confirmado pela descoberta de sais de amoníaco e de carbonatos de sódio em Occator, uma cratera de impacto de 92 quilômetros de diâmetro. Hoje, Ceres ainda se encontra sob a influência gravitacional dos gigantes gasosos, que provocam perturbações cíclicas de seu eixo de inclinação, fazendo-o oscilar entre 2 e 20 graus e produzindo episodicamente estações; as últimas datam de 14 mil anos atrás. Nos períodos de inclinação máxima, as crateras de impacto que ficam à sombra atuam como armadilhas frias capazes de preservar gelo de água durante bilhões de anos, como acontece com a Lua e com Mercúrio.

Compreender a origem de Ceres e classificá-lo é problemático. Inicialmente considerado um planeta, quando descoberto pelo astrônomo italiano Giuseppe Piazzi, em 1801, ele foi em seguida reclassificado como asteroide quando outros objetos foram identificados na mesma região do céu. Depois, com Plutão e Éris, entrou na controvérsia dos planetas-anões. E, devido à sua posição no Cinturão de Asteroides, às vezes, é denominado ao mesmo tempo planeta-anão e asteroide. Essa indefinição reflete tanto a soma dos conhecimentos acumulados ao longo das últimas décadas de exploração quanto a conscientização de que nossa classificação dos objetos planetários deve ser aprimorada e ampliada – assim como ocorre com as estrelas. Estas são identificadas de acordo com suas características e seus estágios de evolução. Seja como for, apesar do tamanho reduzido, Ceres é um mundo complexo que mostra sinais de atividade geológica recente.

Com muita energia disponível no início de sua história, seu interior se dividiu parcialmente num manto congelado e num oceano de água líquida. Poderia ainda haver uma massa subterrânea de líquido salobro e, mesmo não sendo distribuída globalmente, ela persiste ao menos sob a forma de bolsões subterrâneos localizados. Um indício indireto da proporção relativa de gelo subsuperficial que resta é fornecido por algumas das suas grandes crateras de impacto, cujas morfologias sugerem uma renovação da superfície pelo colapso lento das suas bordas e por vulcanismo de gelo. Outro indício é fornecido pela densidade de Ceres, que é consistente com a ideia de que 25% de sua massa total se apresente na forma de gelo e de que a quantidade de água que o constitui seja somente menor que a presente na Terra. O restante é constituído por rochas, sais hidratados e clatratos.*

As variações do campo gravitacional indicam também a presença de um reservatório subterrâneo de água salgada que poderia alcançar várias centenas de quilômetros de largura e uma profundidade de 40 quilômetros.

* N.R.T.: Estruturas formadas por moléculas de água que apresentam cavidades que abrigam moléculas de outros materiais.

O vapor de água produzido pela sublimação do gelo perto da superfície, detectado pelo observatório espacial Herschel, da ESA, é outro indício de um interior congelado. Ele poderia indicar que o oceano, ou uma lama oceânica, infiltra-se e sobe à superfície através das redes de falhas e de fraturas antes de sublimar no espaço.

A descoberta da montanha Ahuna Mons, única em seu gênero, da altura do Mont Blanc,* fornece indícios geológicos. Encontra-se do lado oposto à bacia de Kerwan, a maior cratera de impacto de Ceres (284 quilômetros de diâmetro). Com o impacto, a energia se propagou e se concentrou na face oposta de Ceres, fraturando sua crosta e facilitando a subida do gelo de água lamacenta e de sais de carbonato de sódio provenientes do oceano subterrâneo. Ahuna Mons tem apenas algumas centenas de milhões de anos e provavelmente desaparecerá com o tempo, como aconteceu com outras montanhas em Ceres. De fato, durante toda a história desse pequeno mundo, criovulcões se formaram, mas a viscosidade dos materiais que os constituem os impede de conservar a mesma forma: com o tempo, eles se achatam e desaparecem. Os que são observados hoje se encontram no interior ou perto de crateras de impacto recentes e se formaram há pouco. Entretanto, sua presença demonstra que Ceres continua geologicamente ativo, com salmouras ainda próximas da superfície.

Por fim, há também o domo situado no centro da cratera Occator, com 22 milhões de anos e batizado de Cerealia Facula. Essa bacia de impacto de 96 quilômetros de diâmetro apresenta um dos depósitos mais reluzentes descobertos em Ceres.

Inicialmente observados pelo telescópio Hubble, em 2023, essas regiões brilhantes encontradas igualmente em outros locais de Ceres deixaram os pesquisadores perplexos por muito tempo, e o mistério não se desfez até que a missão Dawn finalmente revelasse sua origem. Em Occator, onde são mais espetaculares, eles cobrem a região central e outras zonas localizadas na superfície da cratera. Quando as câmeras de

* N.T.: O Mont Blanc situa-se entre a França e a Itália, nos Alpes, e é considerado o ponto culminante da Europa ocidental, com seus 4.810 metros.

Dawn os capturaram pela primeira vez em seu campo de visão, eles pareciam faróis no espaço. Alguns podem ter se formado há apenas 2 milhões de anos. Compostos de salmouras de sulfato de magnésio, de alumínio, de argilas ricas em amoníaco e de carbonatos de sódio, sua formação indica uma origem hidrotermal, com temperaturas superiores a 50ºC. A superfície de Ceres tem centenas deles, localizados principalmente nos picos centrais, na superfície e nas encostas das crateras mais recentes. Eles se formaram após a liberação de energia causada pelos impactos e a subida de materiais ricos em substâncias voláteis através das fraturas da crosta. Uma vez na superfície, precipitaram-se e formaram esses depósitos característicos.

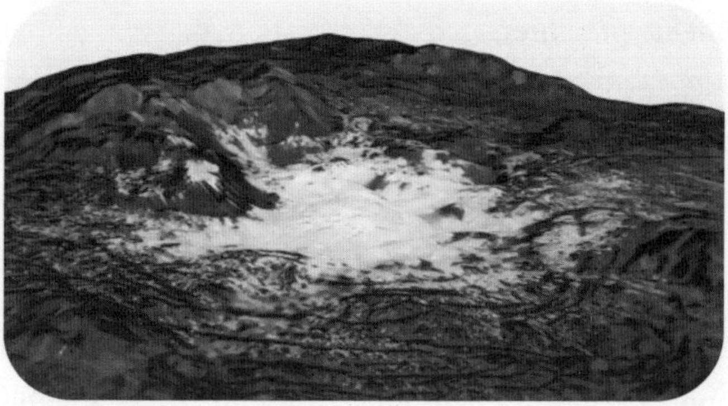

As imagens que compõem o mosaico de Cerealia Facula (15 quilômetros de largura), na cratera Occator, foram feitas a uma distância de 35 quilômetros acima da superfície de Ceres pela sonda Dawn e projetadas em um modelo topográfico (sem distorção vertical). (Fonte: Nasa/JPL-Caltech/Ucla/MPS/DLR/IDA/PSI. PDS imagem nº PIA22480.)

Ceres é o único planeta-anão do Sistema Solar interior e, em muitos aspectos, é um mundo ímpar. Embora seu interior esteja provavelmente congelando, esse processo ainda não foi concluído, como mostra sua atividade geológica recente. Ele também reúne todas as condições para ser um mundo habitável para uma vida simples. Há abundância de água sob diferentes formas, com um reservatório profundo enriquecido em sais e abrigado sob uma crosta de gelo fraturada. Alguns dos minerais observados em Ceres também foram detectados nos gêiseres de Encélado, e sua composição indica que ainda existem fontes de energia. O criovulcanismo também poderia estar ativo. Moléculas orgânicas em grandes quantidades, como as tolinas – produzidas no interior de Ceres ou trazidas por cometas – foram descobertas pela sonda Dawn dentro e no entorno da cratera Ernutet, assim como em outros depósitos esparsos na superfície. Além disso, a detecção de carbonatos e de argilas indica que se formaram num ambiente termal quente e rico em água, considerado favorável ao surgimento da vida. Seu oceano e a presença de materiais orgânicos não são prova de que a vida já tenha existido ou exista hoje, mas seus elementos constitutivos e a química necessária para seu desenvolvimento estão surpreendentemente presentes.

O MUNDO EXTRAORDINÁRIO DE PLUTÃO

Por mais surpreendentes que sejam as descobertas feitas em Ceres em 2015, nesse mesmo ano tínhamos outra surpresa mais monumental ainda. Quatro meses após o início da missão Dawn em Ceres, uma outra sonda espacial roubou a cena e foi mais longe nos limites da habitabilidade, desta vez nos confins do Sistema Solar. Em 14 de julho de 2015, após uma viagem de quase 5 bilhões de quilômetros, era chegada a hora do encontro da New Horizons com Plutão. Para incredulidade geral, esse sobrevoo no planeta-anão, esperado por dez anos, revelou um mundo totalmente novo, inusitado e extraordinário.

Atravessando o espaço a 60 mil quilômetros por hora aproximadamente, a New Horizons proporcionou um dos momentos mais deslumbrantes da história recente da exploração planetária. Lembro-me de ter escrito um artigo para a revista *Scientific American*[23] quatro anos depois. Não era sobre Plutão, mas o planeta-anão é uma ilustração perfeita da introdução: "Nossa faculdade de caracterizar a natureza repousa em nossa capacidade de questioná-la, que depende em parte da tecnologia disponível...

e de nossos modos de pensar". Absolutamente nada havia nos preparado para o que descobriríamos, nem mesmo em nossos sonhos mais loucos. Plutão simplesmente nos pegou de surpresa.

Quando o astrônomo Clyde Tombaugh o descobriu em 18 de fevereiro de 1930, Plutão mal podia ser separado do fundo de estrelas nas placas fotográficas. Apenas seu movimento relativo denunciava sua presença. Ele foi encontrado exatamente onde o astrônomo Percival Lowell previra que o nono planeta do Sistema Solar estaria – a uma distância tão grande que, de sua superfície, o Sol parece apenas uma estrela brilhante no céu noturno que o ilumina com um brilho comparável com o da Lua cheia na Terra. Plutão está tão longe que muitos pensavam que ele não passaria de uma bola de gelo sem interesse derivando nas fronteiras do Sistema Solar. As coisas começaram a mudar depois que James Christy, em 22 de junho de 1978, descobriu o satélite Caronte, evento que foi um divisor de águas na exploração de Plutão.

Com a descoberta de Caronte, Plutão deixou de ser apenas um objeto transnetuniano entre tantos outros no Cinturão de Kuiper, uma região 30 vezes mais distante do Sol do que a Terra e considerada uma espécie de relíquia da história do Sistema Solar primitivo. Como na relação entre Júpiter e o Cinturão de Asteroides, essa região contém gelo e destroços rochosos suficientes para formar um outro planeta, mas a migração de Netuno ocorrida no passado no Sistema Solar exterior e os efeitos gravitacionais que ela produziu perturbaram a região, impedindo que esses materiais se aglutinassem (acreção). Dentre esses objetos, o Cinturão de Kuiper provavelmente abriga um pouco mais de 1 trilhão de cometas.

Caronte tornou Plutão especial bem antes de termos evidências de que ele era único em seu gênero. Com aproximadamente metade do tamanho de Plutão, é a maior lua quando em comparação com o tamanho do respectivo planeta (enquanto Plutão tem 2.363 quilômetros de diâmetro, Caronte tem 1.124) e forma com ele um sistema binário cujo baricentro se situa no exterior de Plutão devido à relação das massas dos dois corpos. Assim, pode-se qualificar Plutão como um planeta-anão com sua lua Caronte, mas também pode-se qualificar ambos como um "planeta-anão duplo". Além de Plutão nunca ter sido explorado por uma missão espacial antes, essa particularidade foi um dos pontos determinantes para a escolha da missão New Horizons pela Nasa anos mais tarde. A sonda tinha o objetivo de compreender o sistema de Plutão e caracterizar o Cinturão de Kuiper e a formação do Sistema Solar primitivo. Ela também coletou informações sobre a atmosfera, a superfície, o interior e o meio ambiente de Plutão e seus satélites. Depois, em 1º de janeiro de 2019, a New Horizons sobrevoou Arrokoth, corpo binário de contato – o objeto mais distante já explorado por uma sonda espacial. Devido à sua inacreditável distância do Sol, objetos como Arrokoth permaneceram imutáveis ao longo do tempo e nos mostram como eram os elementos constitutivos do Sistema Solar primitivo e sua composição. Arrokoth se constitui de rochas, gelos variados e compostos orgânicos ricos em enxofre, assim como de macromoléculas complexas.

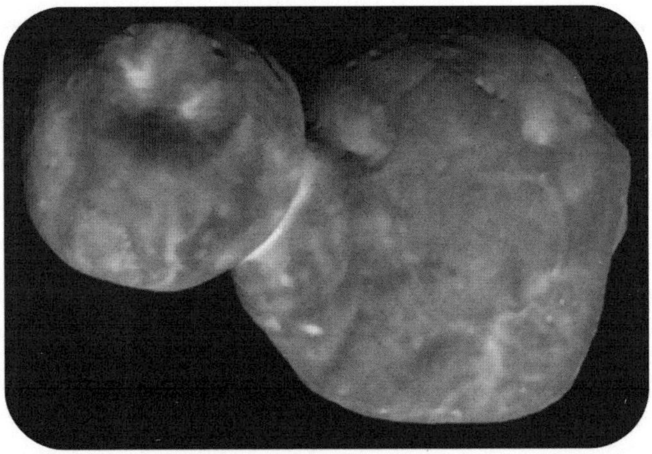

Arrokoth (36 quilômetros de comprimento) é um dos milhares de pequenos mundos congelados do Cinturão de Kuiper. É constituído de dois lobos distintos unidos por uma estreita conexão. A análise feita pela New Horizons revelou a presença, na superfície, de metanol, de cianeto de hidrogênio, de gelo de água e de compostos orgânicos complexos ricos em enxofre. (Fonte: Nasa/Johns Hopkins University Applied Physic Laboratory/Southwestern Research Institute/National Optical Astronomy Observatory. Lorri/New Horizons.)

Antes dessa missão, o telescópio Hubble proporcionara um maior conhecimento de Plutão. Mesmo que fossem pixelizadas, as primeiras imagens cobriam praticamente uma rotação inteira e revelaram uma superfície feita de contrastes de albedo em grande escala. Esses contrastes foram interpretados como regiões topográficas distintas, formadas por bacias e crateras de impacto, e também como indícios da migração de zonas congeladas na superfície ao longo das estações. A atmosfera, 100 mil vezes mais rarefeita do que a da Terra, parecia complexa. Composta de 98% de nitrogênio, com um pouco de metano e de monóxido de carbono, ela é mais densa no periélio e menos no afélio. Plutão leva 248 anos para completar uma órbita altamente elíptica e inclinada, o que o leva para dentro da órbita de Netuno, a uma distância mínima de 4,5 bilhões de quilômetros do Sol e a uma distância máxima de 7,4 bilhões de quilômetros. Sua órbita não é sua única peculiaridade. Assim como Vênus e Urano, Plutão tem uma rotação retrógrada e gira de lado com uma inclinação axial de 120 graus. Oscilações lentas de 20 graus provocaram mudanças constantes na posição dos trópicos e na atmosfera ao longo de milhões de anos.

Hubble foi essencial para aprimorar nossos conhecimentos não apenas antes do lançamento da New Horizons, em 19 de janeiro de 2006, mas também durante seu percurso no espaço, já que contribuiu para a descoberta de novas luas de Plutão e para a melhoria de nosso conhecimento da dinâmica de seu sistema. Hidra foi descoberta em 2025 por uma equipe coordenada por Hal A. Weaver, que procurava companheiros menores no entorno de Plutão e Caronte antes do sobrevoo da New Horizons. Hidra e Nix foram descobertas independentemente por Max J. Mutchler e Andrew J. Steffl no mesmo ano; Cérbero foi acrescentada à lista por uma equipe coordenada por meu colega do Instituto Seti, Mark Showalter. Um ano depois, Mark repetiu a proeza com a descoberta de Estige. À exceção de Caronte, as outras luas têm apenas algumas dezenas de quilômetros de largura. Cérbero, a menor, mal mede 19 quilômetros. Sua formação se deve à acreção de destroços em torno de Plutão após sua colisão com um outro objeto do Cinturão de Kuiper, seguindo o mesmo mecanismo que formou nossa Lua.

UMA ATIVIDADE INESPERADA

Era isso que sabíamos sobre o sistema de Plutão antes do sobrevoo da New Horizons. Depois tudo mudou. Entre as inúmeras imagens emblemáticas enviadas pela sonda, a atmosfera azul permeada por faixas de brumas permanece em minha mente como uma das visões mais surpreendentes e inesperadas. Ironicamente, a cor azul da atmosfera de Plutão se deve à presença de tolinas, moléculas orgânicas vermelhas que difundem a luz em comprimentos de onda azuis. Quando a atmosfera condensa ciclicamente em direção à superfície, essas macromoléculas orgânicas complexas caem e fornecem à Plutão esse tom vermelho alaranjado que cobre grande parte de sua paisagem. Seguindo o mecanismo inverso, quando a atmosfera se expande e se rarefaz durante o verão, ela é lançada no espaço e a gravidade de Caronte captura uma fração dela. As tolinas caem então em sua superfície, sendo responsáveis pela mancha vermelha observada no seu polo norte.

Como a atmosfera tênue de Plutão escapa regularmente para o espaço, é necessária uma fonte de nitrogênio para realimentá-la. Nos mundos oceânicos que orbitam os gigantes gasosos, essa fonte se encontra geralmente no interior, mas isso requer mundos consideravelmente mais ativos geologicamente do que tudo que se podia suspeitar antes do sobrevoo da New Horizons. Mais uma vez, não ficamos decepcionados. Plutão está tão distante do Sol que pensávamos que deveria ter estado frio desde sua formação. Nesse cenário, o planeta-anão teria sido um mundo congelado que se aqueceu progressivamente por meio da radioatividade das suas rochas. Hoje em dia, as observações parecem indicar para um estado inicial mais quente e a presença de um oceano já nas primeiras fases de sua formação. O modelo da "partida a quente" faz referência à rapidez da formação de Plutão e outros grandes objetos do Cinturão de Kuiper, como Éris e Makemake, todos provavelmente com oceanos. Indícios reveladores desses começos precoces são ainda visíveis em sua morfologia. Se Plutão tivesse começado "a frio" e o gelo tivesse derretido no interior, a crosta teria se contraído com o tempo e produzido vestígios de compressão na superfície. No cenário "a quente", ao contrário, o oceano teria congelado progressivamente, acarretando uma expansão da crosta e a formação de vestígios característicos, exatamente o que a New Horizons observou. Mas a sonda descobriu também uma geologia complexa e surpreendente e uma variedade fenomenal de paisagens feitas de montanhas de gelos de água, de vales, planícies, crateras, terrenos poligonais e geleiras.

Depois do sobrevoo, algumas dessas formações ficaram famosas, como a planície de Sputnik, em forma de coração. Criada em decorrência de uma colisão com um objeto de 400 quilômetros de diâmetro há 4 bilhões de anos, a bacia de impacto de 1.062 por 805 quilômetros se encontra 3 mil metros abaixo dos terrenos adjacentes e acumulou, com o tempo, espessas camadas de gelos de nitrogênio, de metano e de monóxido de carbono. Terrenos poligonais recobrem essas regiões no norte e no centro. Unidos por depressões profundas, eles poderiam ser a evidência de uma convecção alimentada pela sublimação do nitrogênio ou pelo calor interno proveniente da radioatividade das rochas. A ausência de crateras de impacto na planície indica que o processo teve início recentemente na escala geológica, talvez há apenas 1 ou 2 milhões de anos.

Existem igualmente geleiras constituídas de gelo de nitrogênio sólido descendo através dos vales em direção às bacias e deslizando sobre uma base de gelo de água na planície. Uma das características mais espantosas da superfície de Plutão é provavelmente a Tartarus Dorsa, uma cadeia de montanhas de 500 metros de altura recoberta de texturas complexas feitas de lâminas de gelo que se assemelham a pontas de flechas. Seus equivalentes terrestres mais próximos são formações de neve criadas pela ação combinada da sublimação e do vento, chamadas de "penitentes". Os terrenos fraturados mais antigos, que datam dos primórdios do Sistema Solar, também foram erodidos por processos glaciares. Com Plutão, parece que finalmente encontramos o lugar mítico em que o inferno acabou congelando...

A margem montanhosa da planície de Sputnik. As montanhas al-Idrisi, com 2.400 metros, terminam abruptamente na margem da planície Suoutnik, onde gelos ricos em nitrogênio formam o que parecem células de convecção. A grande variedade dos terrenos montanhosos e geleiras descoberta em Plutão era totalmente inesperada. A imagem cobre 80 quilômetros de largura. (Fonte: Nasa/Johns Hopkins University Applied Physics Laboratory/Southwest Research Institute. PDS ID: PIA20213.)

Em contrapartida, Caronte parece não estar mais ativa. A lua está em órbita síncrona com Plutão, girando em torno de seu planeta durante o mesmo tempo necessário para que Plutão efetue uma rotação completa, ou seja, 153 horas. É por isso que Caronte mostra sempre a mesma face ao planeta-anão e nunca nasce ou se põe. Ela é dominada por impactos e por processos tectônicos, sendo estruturada em torno de duas grandes províncias: o hemisfério norte é permeado por terrenos craterizados; o hemisfério sul, recoberto de planícies complexas. Essas duas províncias são separadas por cristas e cânions produzidos pela extensão da crosta congelada de Caronte. O último episódio significativo de recomposição ocorreu há 4 bilhões de anos. É provável que Caronte possuísse então um oceano subterrâneo que depois congelou, o que explica as fraturas de extensão observadas em sua superfície. Atualmente, a lua está totalmente congelada e é fria demais para abrigar vida; apesar da existência de um oceano em seu passado distante, as condições favoráveis à habitabilidade não duraram tempo suficiente. A história de Plutão poderia ser muito diferente.

VESTÍGIOS DE UM OCEANO PRIMITIVO?

Hoje, a temperatura extremamente baixa de Plutão não permite a existência de vida na superfície, mas poderia abrigar um ambiente habitável se ainda tiver um oceano interior. Esse cenário é considerado como cada vez mais plausível à medida que progride a análise dos dados da New Horizons. Na verdade – o que é totalmente chocante para um mundo tão pequeno –, poderíamos até considerar não só a habitabilidade passada de Plutão, mas também a habitabilidade presente e... futura!

Com uma partida "a quente", a formação de Plutão foi provavelmente violenta e rápida. Alguns modelos registram uma acreção que vai de alguns milhões a somente 30 mil anos, acompanhada de uma transferência de energia abaixo da superfície por ocasião das colisões com asteroides e cometas que teria possibilitado a formação de um oceano subterrâneo há 4,5 bilhões de anos. Esse cenário é razoavelmente sustentado pela geologia. Por exemplo, a formação da planície de Sputnik devido a um impacto gigante, há 4 bilhões de anos, desencadeou ondas de choque e de pressão na superfície e no núcleo de Plutão, com a energia se concentrando na região oposta ao impacto. Essas ondas deixaram, na paisagem, vestígios que se assemelham a impressões fósseis. Como essas ondas viajavam em velocidades diferentes e através de materiais distintos, sua forma e disposição permitiram a dedução da existência de um oceano primitivo de 150 quilômetros de profundidade, o qual continha minerais formados por trocas entre o núcleo e a água. Do ponto de vista da habitabilidade, isso significa que Plutão dispunha de água líquida e de energia abundantes numa época em que a Terra não passava de uma massa fundida de magma. Porém, mesmo que a água e a energia sejam essenciais à habitabilidade, elas são apenas uma parte do que torna um mundo habitável. A vida também precisa de abrigos, de energia, de nutrientes e de fontes de carbono.

Supondo que a vida tenha surgido no oceano de Plutão, um *habitat* situado no seu interior certamente teria fornecido proteção. A abundância das colisões com cometas e asteroides nesses tempos longínquos também assegurou a formação de fraturas profundas, permitindo comunicação entre o oceano e a superfície. Ainda que destrutivos, esses astros podem ter fornecido uma outra vantagem crucial para o desenvolvimento da habitabilidade de Plutão e, talvez, da vida. Originários do Cinturão de Kuiper, provavelmente eram ricos em gelo, sobretudo os cometas, acrescentando assim por acreção muito gelo e substâncias voláteis a Plutão, assim como compostos orgânicos e de carbono. Além disso, como a New Horizons mostrou, as tolinas se formam facilmente, por reação entre os raios cósmicos, a luz ultravioleta e o metano na superfície e na atmosfera. Os sistemas de falhas e de fraturas lhes teriam permitido alcançar o oceano, para onde teriam levado os elementos constitutivos da vida e os nutrientes. Mas esse não é o único mecanismo que poderia ter enriquecido o oceano primitivo com matéria orgânica. Os materiais de acreção que formaram Plutão eram eles próprios ricos em compostos orgânicos. De fato, Plutão se constitui, desde sua formação, de elementos que poderiam ter encontrado um ambiente favorável para começar uma química prebiótica, até mesmo a vida, no oceano.

Se ainda existir um oceano no interior de Plutão, trata-se do vestígio desse oceano primitivo provavelmente constituído de uma mistura de água e de amoníaco. Seu volume atual é um mistério, mas temos indícios que mostram que persiste ao menos uma fração líquida, o que poderia explicar como a atmosfera tão tênue de Plutão se manteve ao longo do tempo. Isso significaria que ainda existem vias de comunicação entre a superfície e a atmosfera. Nesse ponto, os montes Wright e Picard, os dois cumes mais altos de Plutão, chamaram imediatamente atenção.

Ambos os picos medem 150 quilômetros de extensão e 4 mil metros de altura. Apresentam depressões no cume e encostas acidentadas. Sua morfologia levava a supor que fossem criovulcões, enquanto a pequena quantidade de crateras de impacto em suas encostas e na região indicaria uma idade de menos de 1 bilhão de anos, até muito menos. A reavaliação de sua topografia não confirmou essa hipótese, mas a decepção durou pouco. Depois disso, um mapeamento geológico mais detalhado do monte Wright e da região vizinha revelou outros montes circulares; acredita-se que se formaram após uma pressurização produzida por congelamento. Essa tensão na crosta cria fraturas e permite ao líquido escapar do interior.

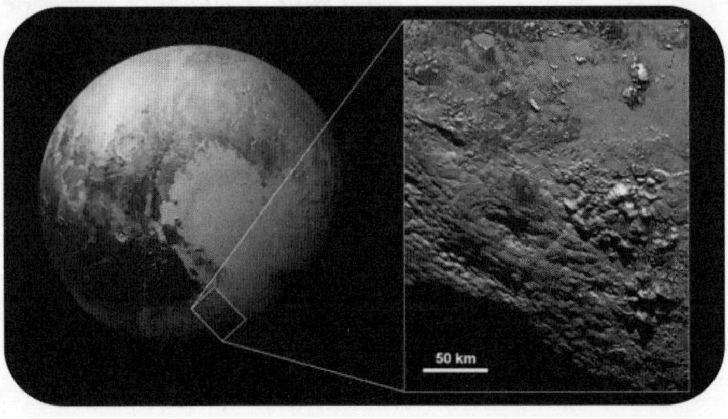

Localização do monte Wright em Plutão, onde se suspeita a existência de criovulcanismo regional. (Fonte: Nasa/JHUAPL/SwRI.)

Essa atividade criovulcânica, que explicaria as formações observadas em Plutão, poderia acontecer em bolsões de água isolados no centro da crosta ou em comunicação com o oceano interior. Embora não se excluam outras hipóteses, as descobertas recentes de depósitos mistos de amoníaco e de gelo de água são indícios extras da existência de um oceano em profundidade. Essa interpretação casa perfeitamente com outros criovulcões observados na região de Virgil Fossae, a oeste da planície de Sputnik, uma zona montanhosa de gelo de água onde havia, no passado, atividade tectônica. No meio ambiente de Plutão, o amoníaco exposto à superfície é destruído pelos raios ultravioleta do Sol em menos de 1 bilhão de anos. Porém, a ausência de crateras de impacto indica que os depósitos em Virgil Fossae têm menos de 10 milhões de anos. Ademais, a morfologia local parece mostrar um fluxo criovulcânico de gelo de água misturado a amoníaco, um potente anticongelante. Se houver amoníaco em proporções suficientes em Plutão, talvez seja isso o que tem impedido o congelamento do oceano subterrâneo até hoje.

Sem dúvida, este não é o fim da saga desse oceano. Em alguns bilhões de anos, quando o Sol entrar na fase Gigante Vermelha e uma grande parte do Sistema Solar for apenas uma lembrança, a temperatura de superfície de Plutão se aquecerá atingindo 27°C. Embora esse período ameno provavelmente não dure mais do que 1 ou 2 milhões de anos, o pequeno e surpreendente planeta-anão – que até pouco tempo atrás não passava de um conjunto de pixels imprecisos em nossos telescópios – poderá ser o último mundo habitável de nosso Sistema Solar.

NOVAS CANDIDATAS À VIDA

Nossa exploração das luas congeladas e a revelação de mundos oceânicos ampliam nossas concepções do que poderia ser a última fronteira da habitabilidade e dos lugares onde a vida espera ser descoberta. O sistema de Plutão poderia ser a ponta do *iceberg* planetário no Cinturão de Kuiper, que teria cerca de 35 mil corpos celestes com um diâmetro superior a 105 quilômetros. Um deles é Éris, outro mundo congelado situado a 68 UA do Sol e um pouquinho menor do que Plutão (2.340 quilômetros). O diâmetro de sua lua, Dysnomia, é 25% a 35% daquele de Éris (cerca de 700 quilômetros). Também é possível que Éris tenha um oceano interior no limite do manto e do núcleo. Poderia também ser o caso de Makemake (45,6 UA do Sol) e de Haumea (43 UA do Sol), e a lista não para por aí.

Aprendemos com esses pequenos mundos que nem o tamanho, nem a distância do Sol deviam ser considerados *a priori* como fatores que excluem a habitabilidade. Por isso, há pesquisadores impacientes para voltar a Plutão e Caronte para continuar as buscas. O sistema de Plutão revelou uma incrível diversidade e uma dinâmica que merecem ser estudadas com mais profundidade. Os dados científicos coletados pela New Horizons e os progressos tecnológicos realizados desde seu lançamento permitirão estudos muito mais aprofundados e a realização de um mapeamento global, agora com um radar, para compreender sua estrutura interna.

Atualmente, está em estudo e em fase de conceito na Nasa uma missão batizada de Persephone: "Um orbitador do sistema Plutão e um explorador do Cinturão de Kuiper". Objetiva estudar cientificamente a estrutura interna de Plutão e de Caronte e tentar confirmar a existência do oceano interior. Ela também deve estudar a evolução das superfícies e das atmosferas no sistema de Plutão e a evolução da população dos objetos do Cinturão de Kuiper. Se for selecionada, essa missão poderá ser lançada em 2031, efetuar um sobrevoo dos objetos do Cinturão de Kuiper em 2050, e dar uma volta completa no sistema de Plutão entre 2058 e 2061. Uma missão ampliada poderá programar um outro encontro da sonda com um objeto do Cinturão de Kuiper para 2069.

O sobrevoo de Plutão, em 14 de julho de 2015, e o de Arrokoth, em 1º de janeiro de 2019, levantaram questões fascinantes que Persephone se propõe a documentar. Retornar a essa região nos ajudaria a dar um grande salto em nosso conhecimento de objetos primitivos, vestígios do período inicial do Sistema Solar, e de sua habitabilidade. Inúmeras questões permanecem em aberto no caso de Plutão: ele tem um campo magnético próprio ou induzido? Plutão e Caronte são completamente diferenciados? Quais as evidências da presença de um oceano interior? Quais as idades relativas e os processos geológicos na formação dos diferentes terrenos? Qual a origem das substâncias voláteis e como evoluem? Qual a composição química e a estrutura térmica das atmosferas, das névoas e das exosferas de Plutão e Caronte? O estudo das outras luas também pode dar informações sobre a origem e a evolução da composição da superfície de Caronte e sobre as restrições que os pequenos satélites do sistema de Plutão exercem sobre seu desenvolvimento. Do mesmo modo, Persephone abordará certas questões fundamentais referentes aos objetos do Cinturão de Kuiper, sobretudo o que a densidade, a forma e a distribuição desses objetos podem nos ensinar sobre o meio ambiente, as colisões e a formação de sua população no começo do Sistema Solar. A partir da superfície desses objetos, ela também dará informações fundamentais sobre sua origem, evolução e geologia, bem como sobre a variação de suas propriedades de superfície, sua composição, seus elementos voláteis e suas atmosferas (quando existem).

AMPLIAR OS LIMITES DA HABITABILIDADE

Com Plutão, batemos um recorde inesperado no campo da atividade geológica para um mundo tão pequeno e distante. Mas talvez existam outras fronteiras de habitabilidade que ainda não foram plenamente exploradas e que parecem ser igualmente espantosas. Assim, muito mais perto de nós, alguns dos planetas e luas mais improváveis poderiam, a despeito de todas as evidências, ter sido habitáveis no passado ou ainda abrigar oásis secretos.

Há dez anos, quem teria ousado pensar que nossa própria Lua pode ter sido habitável em algum momento de sua história? No entanto, não se passa um dia sem que se anunciem novas evidências da presença de água na Lua, seja gelo de água em alçapões frios dentro de crateras situadas na penumbra permanente, seja água de composição em minerais hidratados ou água capturada da Terra sob forma de íons quando a Lua passa na cauda da magnetosfera terrestre. O manto lunar parece conter tanta água quanto o manto superior da Terra.

Por outro lado, é possível que a Lua tenha desenvolvido uma primeira atmosfera substancial logo após sua acreção e depois outra algumas centenas de milhões de anos mais tarde, durante seu pico de atividade vulcânica, que levou 70 milhões de anos para se dissipar. Teoricamente, é possível que tenha havido água líquida nesse período na superfície e em ambientes protegidos do regolito lunar, uma camada superficial de destroços rochosos e de poeira. Resta saber se essas condições temporárias poderiam ter levado ao surgimento da vida, que depende de outros fatores, muitos ainda especulativos. Um deles é a duração necessária à transição da química prebiótica à biologia. Nesse quesito, nossa única referência é a Terra, e as estimativas vão de apenas alguns milhares de anos a 10 milhões de anos.

O que torna a Lua ainda mais interessante é que, mesmo que os elementos constitutivos da vida não estivessem presentes originalmente, colisões com asteroides carbonados e cometas poderiam tê-los trazido ou transferido da Terra por impactos. Não sabemos se essa fertilização ocorreu, mas a transferência de materiais da Terra primitiva para a Lua é bem mais do que uma simples teoria, pois hoje dispomos de evidências concretas a respeito disso. Entre as amostras lunares coletadas pela Apollo 14, uma delas continha traços de minerais cuja composição química é típica da Terra e inabitual para a Lua. Portanto, a hipótese é de que essa rocha poderia provir de nosso planeta depois de ter sido ejetada durante uma colisão entre um asteroide e a Terra há 4 bilhões de anos. Esse exemplo de troca planetária é também o que leva os astrobiólogos a afirmarem que, além de Marte, a Lua poderia ser outro bom candidato para procurar vestígios das origens e dos primeiros momentos da vida na Terra. Rochas terrestres que datam dessa época, propulsadas sobre a Lua, teriam sido protegidas da destruição enquanto, na Terra, a tectônica das placas e a erosão apagaram a maior parte dos traços dessa época distante.

Os mundos congelados do Cinturão de Kuiper pulverizaram o limite de distância do Sol no qual pensávamos poder encontrar condições habitáveis. A Lua nos ensina a desconfiar das aparências. E, com Mercúrio, talvez estejamos ampliando os limites da proximidade do Sol, onde ambientes habitáveis poderiam ter existido. Mercúrio é tão próximo do Sol que a vida na superfície nunca foi possível. Entretanto, é mais um exemplo de um terreno situado do outro lado de bacias massivas de impacto que poderia revelar muitas surpresas – pelo menos, é o que parecem pensar alguns astrobiólogos. No caso de Mercúrio, a região interessante foi formada por uma colisão com um enorme corpo celeste há 3,9 bilhões de anos, que deu origem a Caloris, uma das maiores bacias de impacto do Sistema Solar, com um diâmetro de 1.550 quilômetros. No lado oposto à bacia, existem vastas zonas de terrenos caóticos compostos de campos de morros residuais e de superfície erodida que revelam a perda de vários milhares de metros de elevação da superfície. Entre esses terrenos, antigos derramamentos de lava indicam uma perturbação geotérmica do passado.

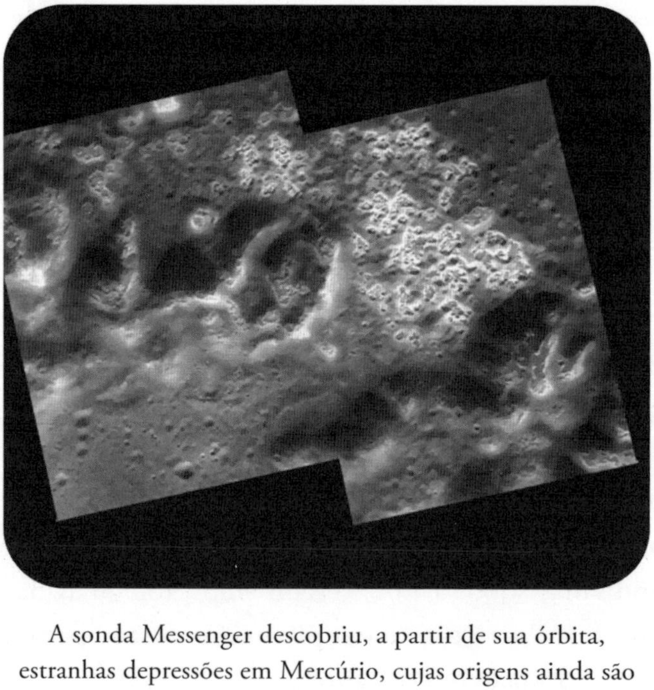

A sonda Messenger descobriu, a partir de sua órbita, estranhas depressões em Mercúrio, cujas origens ainda são um enigma. Essas formações variam em tamanho, de 20 metros a 1,5 quilômetros de diâmetro e 40 metros de profundidade. (Fonte: Nasa/Johns Hopkins University Applied Physics Laboratory/Carnegie.)

Essa morfologia particular do terreno sugere um desmoronamento progressivo devido à perda de elementos voláteis, talvez por sublimação de materiais ricos em enxofre, mas outras hipóteses evocam a água. Como a Lua, Mercúrio comporta depósitos permanentes de gelo. Seria então possível que certas regiões subterrâneas de Mercúrio tivessem desenvolvido oásis habitáveis nos 2 bilhões de anos em que esses terrenos se formaram? Mesmo que muito brevemente tenha havido condições de habitabilidade subterrânea, vestígios de química prebiótica ou de vida primitiva poderiam ainda existir nessas regiões. Por mais espantoso que possa parecer, ainda há depósitos de gelo nas zonas de penumbra e eles são candidatos interessantes para uma futura missão de Astrobiologia.

UMA SITUAÇÃO NOVA

No momento atual, não sabemos se os elementos constitutivos da vida se reuniram em um desses mundos, que representam as últimas fronteiras da Astrobiologia atual. Porém, quanto mais os exploramos, mais esses limites são ampliados. É provável que nem todos os ambientes habitáveis levem à vida, mas isso precisa ainda ser provado. A velocidade com que ocorre a transição entre a química prebiótica e a vida é possivelmente um fator crucial. Se ela for rápida, o que se assemelha hoje às fronteiras da habitabilidade poderia, na verdade, revelar estados transitórios da vida do efêmero ao duradouro, como uma sequência temporal de diferentes fotografias da vida e de sua diversidade em nosso Sistema Solar. Nossa geração é a ponta de lança dessa era maravilhosa de exploração, feita de descobertas estimulantes e de horizontes planetários que nos desafiam a expandir constantemente nossos limites. E podemos nos maravilhar ao perceber que, embora estejamos decifrando nossa própria árvore da vida na Terra, começamos a explorar ativamente uma árvore genealógica potencialmente estendida ao Sistema Solar. Pouco importa a estranheza das novas formas de vida que encontraremos nessa viagem de exploração. Elas farão parte de nossa família, literalmente nascidas sob o mesmo Sol há 4,5 bilhões de anos, ao nosso lado, em nossa pequena ilha no oceano cósmico. Não sabemos ainda quantas vezes e onde a vida emergiu, mas podemos levantar hipóteses a partir do que aprendemos até agora ao explorar o Sistema Solar e os ambientes terrestres extremos.

Na visão otimista, imagina-se que uma vida simples surgiu em todos os ambientes habitáveis possíveis, seja na escala global de um planeta ou de uma lua, seja em oásis isolados. Na pessimista, acredita-se que somos únicos no Sistema Solar. É provável que a resposta para essa questão esteja entre esses dois extremos – e aí que as coisas logo se tornam complexas. Atualmente, existem numerosos modelos que tentam explicar a origem da vida.

Contudo, se imaginamos uma espécie de árvore genealógica da vida no Sistema Solar, três cenários se apresentam. No primeiro, a vida surge num planeta (ou numa lua) e fica confinada ali. No segundo, a vida (ou seus elementos constitutivos) emerge e é levada para outro mundo por intermédio de trocas planetárias durante colisões com asteroides e cometas. Uma vez nesse novo ambiente, a vida se desenvolve quando encontra condições favoráveis. Terra e Marte são bons candidatos para esse cenário: a troca planetária funciona nos dois sentidos, mesmo que seja mais favorável que ocorra de Marte para a Terra; além disso, a vida pode ter surgido de forma independente em cada um dos planetas. O terceiro cenário é a panspermia, que seria como um agente de fertilização na totalidade do Sistema Solar. A biodiversidade seria então ditada pela natureza dos diferentes ambientes e sua evolução ao longo do tempo. E esses cenários não se excluem mutuamente.

A probabilidade e a diversidade das origens possíveis da vida no Sistema Solar dependem, portanto, das respostas que encontrarmos para estas perguntas: ocorreram trocas planetárias no Sistema Solar interior? Sim, e temos evidência disso. Os meteoritos de Marte encontrados na Terra mostram que isso aconteceu pelo menos numa direção, de Marte para a Terra. Essas trocas ocorreram no Sistema Solar exterior entre certas luas? Ainda não sabemos, mas a descoberta de fragmentos do asteroide

Vesta no asteroide Bennu mostra que se trata de um processo universal passível de ocorrer com corpos celestes de qualquer tamanho. A panspermia é um verdadeiro motor para distribuir vida ou seus elementos constitutivos? Algumas descobertas recentes reanimaram esse velho conceito, que hoje se mostra como uma possibilidade mais real. Entretanto, precisamos de mais tempo para compreender se é o vetor principal da distribuição da vida no Universo ou um mero contribuinte ocasional. Resta saber – questão intrigante – se esses processos se combinaram; nesse caso, a herança biológica do Sistema Solar poderia ser a de uma família muito mais próxima do que aquela em que pensamos hoje. A descoberta das primeiras bioassinaturas fora da Terra no Sistema Solar esclarecerá essas questões, que podem ser, em sua maioria, estendidas a qualquer sistema planetário além do nosso.

Revoluções no céu noturno

Na última década, não se passou um dia sem que se descobrisse um novo exoplaneta. Hoje, consideramos suas existências algo natural. São inúmeros mundos além do Sistema Solar, orbitando sóis longínquos ou estrelas exóticas no céu noturno. Isso é tão verdadeiro que, agora, para ser manchete dos jornais, um exoplaneta precisa ser especialmente diferente ou se parecer muito com a Terra. Fiz esse comentário a uma colega durante um debate público por ocasião do balanço científico de 2021, quando se falava sobre os eventos do ano que haviam se destacado. Estava espantada ao perceber que os exoplanetas já não chamavam mais a atenção da mídia, sinal evidente de que foram integrados à nossa consciência universal.

RUMO A UM PLURALISMO CÓSMICO

No entanto, não faz muito tempo – primeiros meses do século XVII, na Itália – que Giordano Bruno foi enviado à fogueira acusado de heresia, em parte por ter ousado pensar que a existência de outros mundos era possível. E indo ainda mais longe, ele acrescentou que esses mundos também poderiam abrigar vida. E ele não havia sido o primeiro a dizer isso. A pluralidade dos mundos, essa crença de que existem no Universo inúmeros mundos onde a vida poderia ter surgido, remonta à Antiguidade, com Tales, na Grécia, e Lucrécio, no Império Romano. Em contrapartida, Platão e Aristóteles consideravam nosso planeta como único. As doutrinas cristãs dominantes reiteraram depois essa ideia. Mas houve notáveis exceções, como os teólogos que pensavam que a existência de uma vida alienígena era compatível com a fé cristã e como os eruditos muçulmanos que abraçaram essa ideia na Idade Média. O budismo postula a existência de incontáveis mundos habitados por seres inteligentes, mas não necessariamente neste Universo. Quanto ao hinduísmo, sempre ensinou os conceitos de multiverso e de dimensões múltiplas num vasto oceano cósmico composto de inúmeros sistemas planetários onde transborda vida extraterrestre. Na Europa, porém, com a influência dominante da Igreja, o conceito de pluralismo dos mundos habitados foi posto de lado durante um milênio, pelo menos oficialmente.

Foi preciso esperar a revolução copernicana e a invenção do telescópio para abalar o *status quo*. O modelo de Ptolomeu de uma Terra imóvel no centro do Universo foi então substituído pelo heliocentrismo de Copérnico, que colocou o Sol no centro do Sistema Solar. A invenção do telescópio permitiu observar os planetas como nunca antes. Essas "estrelas errantes" dos gregos surgiram então, pela primeira vez, como mundos de verdade. Os astrônomos começaram a descrever suas características físicas e seus ciclos. No século seguinte, as leis universais de Newton pareceram se oferecer naturalmente ao pluralismo cósmico como uma evidência estatística. Ao mesmo tempo, seus discípulos fizeram da crença numa vida extraterrestre inteligente um componente ortodoxo do newtonianismo. Apontamentos históricos indicam que a pluralidade dos mundos apareceu até mesmo dentro de debates teológicos.[24]

Hoje, o debate prossegue em fóruns multidisciplinares entre cientistas, filósofos e teólogos, cada um enriquecendo a conversa com sua própria perspectiva. Mas, com a abundância dos elementos de base da vida e com os milhares de exoplanetas já confirmados em nossa galáxia, o verdadeiro desafio atual consiste sobretudo em tentar pensar que a vida na Terra é um acidente. Na atualidade, os teólogos parecem dispostos a assumir o pluralismo cósmico numa visão moderna da fé religiosa em que a vida alienígena faz parte do plano divino. Esse conceito já integrava a visão do Universo de Angelo Secchi, que estava convicto da existência de outros mundos habitados. O jesuíta Secchi (1818-1878) foi um dos fundadores da Astrofísica moderna e diretor do observatório astronômico do Collegio Romano, na Itália.[25]

No mundo do século XXI, a civilização humana está prestes a se tornar interplanetária. A cada dia, mais descobertas mostram que nosso lugar no Universo nada tem de privilegiado. E, no entanto, 4 bilhões de anos de evolução nessa região de nossa galáxia nos tornaram seres vivos conscientes, que partiram em busca de suas origens nas profundezas siderais. Durante milhares de anos, sonhamos com uma fraternidade cósmica à deriva no espaço como nós. Perguntamo-nos se mundos extraterrestres podiam existir ou se eram apenas fruto de nossa imaginação. Interrogamo-nos sobre suas paisagens misteriosas e sobre a possibilidade de que fossem habitados. Essas fantasias alimentaram gerações de ensaios, romances de ficção científica, filmes premiados ou filmes "B". O que é muito diferente hoje é que as evidências são irrefutáveis: tais mundos realmente existem. Nos últimos 30 anos, familiarizamo-nos com eles e, mais ainda, com sua inacreditável abundância. Eles nos ofereceram visões de Tatooine e Mordor,* que, em suas similitudes e diferenças, mostraram-nos como poderia ter sido nos primórdios de nosso Sistema Solar há 4,6 bilhões de anos. Ofereceram-nos igualmente uma base sólida para refletir sobre o tipo de vida que poderia neles evoluir.

* N.T.: Tatooine é uma referência cinematográfica à saga *Guerra nas estrelas*, enquanto Mordor é uma alusão intertextual à obra *O Senhor dos Anéis*, de J.R.R. Tolkien.

Agora parte integrante e essencial da busca de vida além da Terra, a procura por exoplanetas também traz alguns problemas. O primeiro é bastante evidente: os planetas não são estrelas. Por mais brilhantes que possam ser, eles apenas refletem a luz de suas estrelas e, conforme a proximidade de sua órbita, podem se perder nessa luz. Até o mais imponente dos planetas é, em geral, relativamente pequeno comparado à maioria das estrelas e, devido à distância e a seu tamanho, podem não passar de uma fração de pixel numa imagem ou, no máximo, alguns pixels. Para complicar as coisas, esses problemas frequentemente aparecem juntos. Logo, paciência e determinação são essenciais para detectar um exoplaneta e poder confirmá-lo. Para isso, dispomos de métodos diversos para separar esses candidatos difíceis de detectar do fundo estelar, e vários deles podem ser utilizados para procurar um exoplaneta e confirmá-lo.

PONTOS NA NOITE OU COMO DETECTAR EXOPLANETAS

Na presença de planetas, uma estrela oscila muito levemente em resposta às forças gravitacionais. Essa oscilação se traduz por uma variação de cor no espectro natural da estrela, dando-lhe uma aparência mais azul ou mais vermelha em razão do efeito Doppler. Esse método de detecção é conhecido pelo nome de velocimetria (ou método de velocidade radial). Outro método consiste em procurar sombras e é chamando de método de trânsito. Quando um planeta passa diretamente entre sua estrela e o observador, a luz da estrela diminui levemente, e essa diminuição de intensidade é mensurável. Em outras palavras, trata-se de um método fotométrico. Os trânsitos de planetas do tipo terrestres podem atenuar a luz de uma estrela em um fator de 1/10.000, o que demonstra a precisão requerida para poder detectar esses mundos distantes.

As imagens diretas são um novo método disponível graças a telescópios e capacidades de captação de imagens cada vez mais potentes. Os astrônomos bloqueiam a luz das estrelas, ocultando-as, e buscam a luz refletida pela atmosfera de um planeta no infravermelho. Outro método, indireto, conhecido pelo nome de "microlentes gravitacionais", utiliza a teoria da relatividade geral e a força gravitacional dos objetos distantes para curvar e focalizar a luz proveniente de uma estrela. Como mostrou Einstein, a gravidade deforma o espaço e o tempo, e a massa de uma estrela curva o espaço em torno dela. Portanto, a gravidade deforma e concentra a luz, como a lente de uma lupa. Essa técnica permite que os astrônomos encontrem planetas, utilizando a luz de uma estrela longínqua ou, em nosso caso, uma estrela e um planeta, quando sua trajetória é modificada pela presença de uma lente massiva. Por conseguinte, a estrela distante se mostra mais brilhante por um curto período. Mas esse método requer a observação de inúmeras estrelas por longo tempo, pois ninguém pode prever onde e quando acontecerão as microlentes. Por fim, o último método é a astrometria, usada para detectar os planetas medindo as mudanças ínfimas na posição de uma estrela que oscila em torno do centro de massa de um sistema planetário.

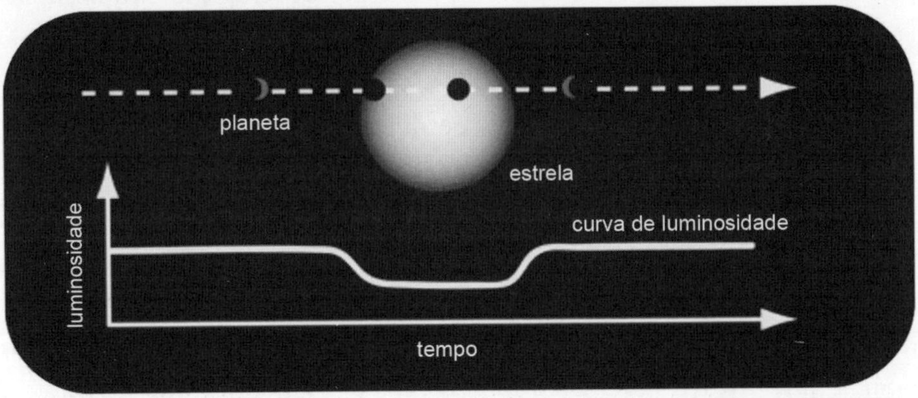

Método de trânsito. Curva de luminosidade e planeta passando diante de sua estrela. Medindo as variações na curva de luminosidade de uma estrela e conhecendo suas dimensões, os astrônomos podem determinar o tamanho de um planeta. Em seguida, o período orbital do planeta é medido pelo tempo que separa dois trânsitos. Uma vez conhecido o período, a terceira lei de Kepler pode ser aplicada para determinar a distância que separa o planeta da estrela, o que também permite elaborar modelos de meios ambientes. (Fonte do gráfico e da legenda: Nasa Ames.)

O método de trânsito se relaciona com cerca de 75% dos exoplanetas detectados até agora, principalmente porque foi utilizado pelas missões Kepler e K2, e agora por Tess (Transiting Exoplanet Survey Satellite), dois telescópios espaciais voltados à busca de exoplanetas nos últimos anos. Ainda que esses dados mudem quase diariamente, mais de 5.573 exoplanetas e 4.151 sistemas planetários foram confirmados num pequeníssimo quadrante de nossa galáxia, e cerca de 10.085 candidatos ainda esperam confirmação. Se nos apegarmos a esses dados, a Via Láctea contém ao menos tantas estrelas quantos planetas, ou seja, de 100 a 400 bilhões de mundos desconhecidos, provavelmente muito mais. Nem todos se encontram na zona habitável de suas estrelas, mas, como nos ensinou a exploração do Sistema Solar, um objeto não precisa ser um planeta nem se encontrar na zona habitável para desenvolver ambientes favoráveis à vida. Supondo que o Sistema Solar seja relativamente representativo da proporção de luas em relação aos planetas, só nossa galáxia poderia conter entre 20 e 80 trilhões de luas, num Universo observável que comporta pelo menos 125 bilhões de galáxias... Esses números são simplesmente astronômicos. Porém, embora previstas, essas luas estiveram até hoje fora do alcance de nossa tecnologia e ainda esperam confirmação de seu *status*. Com recursos tecnológicos de detecção cada vez mais sensíveis, não resta dúvida de que elas logo fornecerão mais estatísticas.

Nossa percepção da abundância, da distribuição e da dimensão dos exoplanetas está relacionada à resolução de nossos instrumentos e à eficácia de nossos métodos de detecção. Por exemplo, os Júpiteres quentes pareceram o tipo dominante de exoplanetas no céu noturno por muito tempo (voltaremos a isso), mas, na realidade, era seu tamanho que os tornava mais fáceis de detectar com nossos recursos. Porém, com o tempo e os progressos tecnológicos, objetos menores foram descobertos, como talvez a primeira grande exolua,* anunciada em 10 de maio de 2016 (Kepler-1625b I) e situada a 8 mil anos-luz da Terra. Com uma massa comparável a Netuno, poderia orbitar um planeta com várias vezes a massa de Júpiter.

* N.T.: Exolua é um satélite natural que orbita um planeta fora do nosso Sistema Solar, denominado exoplaneta.

Em 2022, Kepler-1708b I foi apresentada como outra exolua candidata, cujo tamanho seria de cerca de 2,6 vezes o da Terra. As dimensões dessas luas são desproporcionais em relação a tudo que nos é familiar no Sistema Solar. Todavia, mais uma vez, são os métodos de detecção e a tecnologia que introduzem o viés estatístico. No momento atual, a busca de exoluas é efetuada em grande parte pelo método de trânsito, sendo portanto difícil separar seu sinal daquele dos planetas em torno dos quais elas orbitam. Porém, com a nova geração de telescópios na Terra e no espaço, podemos esperar a detecção de um número crescente de pequenos objetos.

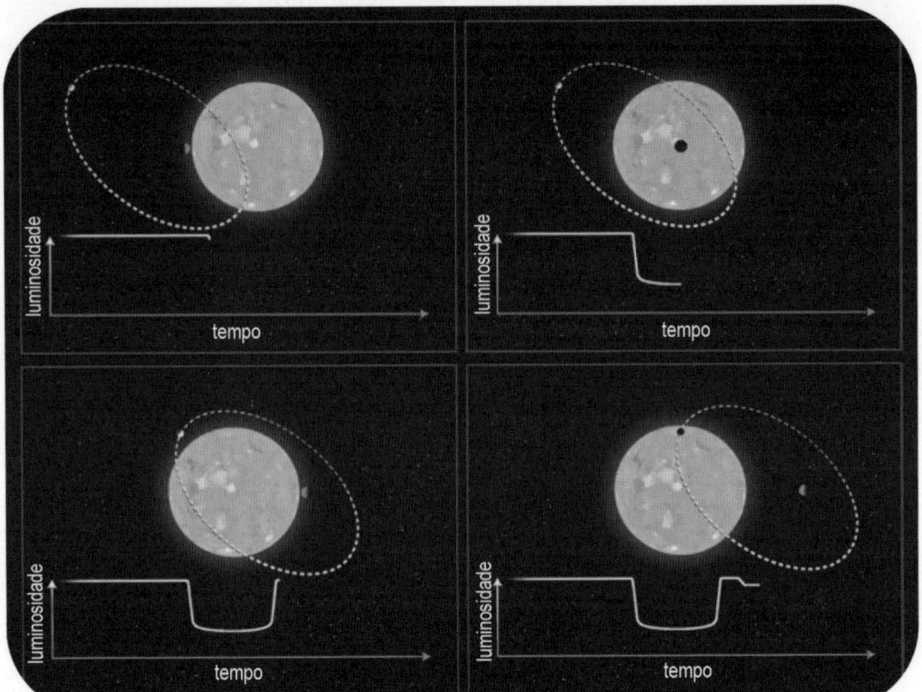

Trânsito do exoplaneta Kepler-1625b, que leva a supor a presença de uma exolua. Essa imagem foi realizada a partir de medidas fotométricas (método de trânsito) oferecidas pelo telescópio Hubble. A passagem de Kepler-1625b provoca uma diminuição periódica da luminosidade da estrela. Uma cavidade secundária na curva poderia indicar a presença de uma exolua com tamanho próximo daquela de Netuno. Essa descoberta precisa ser confirmada por novas observações. (Fonte: Nasa/ESA/D. Kipping (Columbia University) e A. Feild (STScl).)

Kepler e Tess abriram o caminho nos últimos 13 anos. O telescópio espacial James Webb (JWST) se uniu recentemente à busca, dando-nos a primeira confirmação definitiva da presença de um gás de efeito de estufa (CO2) na atmosfera de WASP-39b. Nos próximos anos, talvez tenhamos uma representação mais precisa da real distribuição dos exoplanetas e de suas luas por tipos e tamanhos em nossa galáxia. Mas sejam quais forem nossos limites, é preciso constatar o caminho percorrido em apenas algumas décadas, e nos custa acreditar que a era moderna da detecção dos exoplanetas tenha começado somente nos anos 1980, e com telescópios terrestres. O ritmo das descobertas vem se acelerando desde então.

PRIMEIRAS DETECÇÕES

Por muitas razões, o deserto de Atacama, no Chile, está intimamente ligado à Astrobiologia, e sua exploração nos ajuda a preparar missões planetárias em busca de bioassinaturas, em especial em ambientes análogos a Marte. Mas ele tem também um vínculo profundo com a Astronomia, o que não surpreende quando se conhece o céu noturno por lá. Entre os observatórios estabelecidos no Atacama, está o observatório de Las Campanas que abriga os telescópios gêmeos Magalhães (6,5 metros de diâmetro), construídos em Cerro Manqui. Em breve serão acompanhados pelo Telescópio Gigante Magalhães (GMT), que estará operacional em 2029 e explorará o Universo longínquo em busca de bioassinaturas em exoplanetas. Las Campanas é também a base do telescópio do Pont (2,5 metros de diâmetro), instrumento que capturou uma imagem que foi manchete no mundo inteiro em abril de 1984: ela mostrava um disco de poeira em torno da estrela Beta Pictoris. O espaço no disco circunstelar sugeria que planetas haviam se formado ali, mas os astrônomos não conseguiram detectá-los na época.

A primeira detecção presumida de um exoplaneta ocorreu em 1989. A equipe coordenada pelo astrônomo David Latham identificou um objeto orbitando uma estrela situada a 126 anos-luz da Terra, na constelação de Cabeleira de Berenice. Inicialmente considerada uma anã marrom, a HD 114762 b só foi confirmada como exoplaneta 13 anos depois. Em 2001, com o auxílio dos dados do Hubble Space Telescope (HST), David Charbonneau e Timothy Brown efetuaram a primeira detecção da atmosfera de um exoplaneta e analisaram sua composição. O planeta girava em torno de uma estrela semelhante ao Sol, situada a 150 anos-luz da Terra, na constelação de Pégaso. Nessa época, já tínhamos a evidência de que exoplanetas se escondiam no céu noturno, como aqueles detectados, em 1992, pelos astrônomos Aleksander Wolszczan e Dale Frail em torno de PSR B1 257+12, um pulsar situado a 2.300 anos-luz, na constelação de Virgem. A estrela deveria ter emitido pulsações a cada 0,006219s, mas às vezes elas estavam um pouco descompassadas e, espantosamente, as anomalias se reproduziam em intervalos regulares. Ocultos nesses sinais, encontravam-se dois planetas, cuja massa equivale a três e quatro vezes a da Terra. Foram os dois primeiros exoplanetas detectados e confirmados, mas, devido a um ambiente que os expunha a radiações extremas, nenhum deles podia abrigar vida.

O primeiro exoplaneta a orbitar uma estrela da sequência principal semelhante ao Sol foi descoberto três anos depois, em 6 de outubro de 1995, por Didier Queloz e Michel Mayor no Observatório de Haute-Provence, na França, e foi identificado como 51-Pegasi b. Com metade do tamanho de Júpiter, tem uma órbita que o leva excepcionalmente perto de sua estrela. Inúmeros outros exoplanetas similares seriam identificados nas décadas seguintes e denominados de "Júpiteres quentes". As descobertas se encadeavam. Um outro exoplaneta em torno de uma estrela semelhante ao Sol (HD 209458) foi detectado independentemente, na constelação de Pégaso, por duas equipes coordenadas por David Charbonneau e Greg Henry, em 1999. No mesmo ano, essa descoberta foi logo seguida pela do primeiro sistema multiplanetário em órbita em torno de uma estrela da sequência principal e, depois, pelo primeiro sistema planetário em órbita em torno de um sistema de estrelas múltiplas. Dois planetas foram detectados durante a descoberta do sistema e, mais tarde, mais dois outros. Todos os quatro tinham o tamanho de Júpiter.

Em 4 de abril de 2001, foi a vez de um planeta situado na zona habitável de sua estrela, descoberto por uma equipe de astrônomos suíços a partir de La Silla, outro observatório situado no deserto de Atacama: a uma distância de 128,6 anos-luz, situado na constelação de Eridano, o HD 28185 b é do tamanho de Júpiter e orbita quase à mesma distância que a Terra do Sol. Enquanto as descobertas realizadas com os instrumentos terrestres se sucediam, a era dos telescópios espaciais estava a ponto de revolucionar o que conhecemos sobre céu noturno. Lançados com alguns anos de intervalo, esses observatórios no céu forneceriam instrumentos de detecção potentes e complementares e povoariam a galáxia com uma infinidade de mundos extraterrestres.

OBSERVATÓRIOS NO CÉU

Em 22 de junho de 2003, a Agência Espacial Canadense lançou a missão Most (Microvariabilidade e oscilações das estrelas). Esse satélite de 65 kg transportava um telescópio de alta precisão, do tamanho de um prato, que podia medir as oscilações da luz das estrelas. Tratava-se do primeiro telescópio dedicado à astrosismologia, mas ele também podia medir a luz refletida pelos exoplanetas e detectá-los pelo método de trânsito. O telescópio espacial Spitzer se uniu à busca dois meses depois para recolher dados sobre o tamanho e a atmosfera dos exoplanetas. Menos de dois anos após o início da missão, os astrônomos anunciaram a primeira observação direta da luz infravermelha de um par de Júpiteres quentes, HD 209458 b e TrES-1b.

Nesse período de "estreias", o HD 209458 b representou uma importante virada em muitos aspectos. Esse exoplaneta, situado a 159 anos-luz, é o Júpiter quente mais próximo da Terra, um gigante gasoso que orbita a apenas 4,4 milhões de quilômetros de uma estrela semelhante ao Sol. Detectado em 1999 a partir de um observatório terrestre, foi descoberto pelo método de trânsito e observado várias vezes depois por múltiplos métodos, inclusive a partir do espaço. O HD 209458 b é também o primeiro exoplaneta conhecido por ter uma atmosfera de hidrogênio em evaporação, contendo carbono, oxigênio e vapor d'água. E foi o primeiro gigante gasoso extrassolar a ter o trânsito medido. Os dados do telescópio de Spitzer também foram utilizados pelos astrônomos Charbonneau e Knutson, em maio de 2007, para produzir o primeiro mapa mostrando a temperatura da nebulosidade do HD 189733 b, situado a 64,5 anos-luz, na constelação de Vulpécula (ou constelação da Raposa). O HD 1897733 b e o HD 209458 b foram os dois primeiros exoplanetas cujas atmosferas foram analisadas com Spitzer por espectroscopia, método promissor para detectar bioassinaturas.

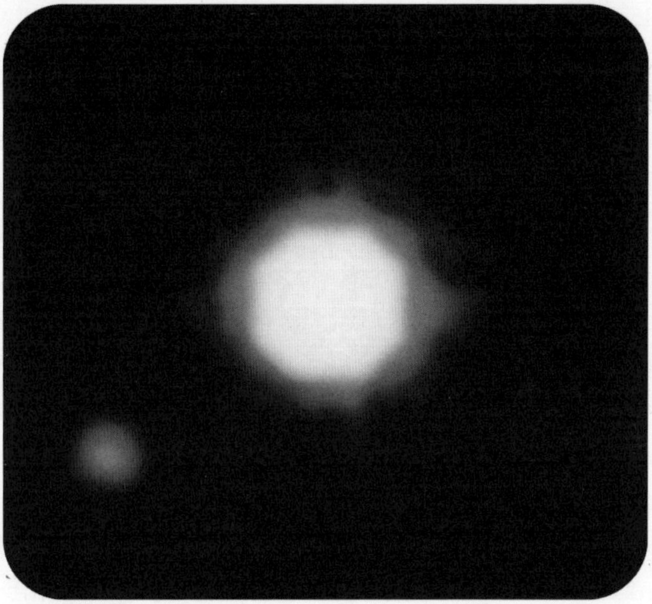

2M1207b – A primeira imagem de um exoplaneta feita a partir da Terra pelo VLT (um dos telescópios no deserto do Atacama), em 2004. Esta imagem compósita mostra um exoplaneta (embaixo, à esquerda) orbitando a anã marrom 2M1207 (no centro). Foi o primeiro exoplaneta diretamente fotografado e a primeira descoberta em órbita em torno de uma anã marrom. A descoberta foi confirmada em 2005. O 2M1207b é um planeta semelhante a Júpiter, mas cinco vezes mais massivo, e que orbita duas vezes mais distante de sua estrela que Netuno do Sol. Está situado a 230 anos-luz, na constelação da Hidra. (Fonte: ESO, Paranal Observatory.)

Em 2006, o Cnes, a ESA e outros parceiros internacionais lançaram o telescópio espacial CoRoT (Convecção, Rotação e Trânsitos Planetários), cujo objetivo era a busca de exoplanetas de curto período orbital e a astrosismologia, com a medida de oscilações de tipo solar nas estrelas. Ele fez a primeira descoberta um ano após seu lançamento e permitiu a detecção, em 2009, do primeiro exoplaneta em cuja composição dominavam rochas ou metais. Durante os seis anos de sua missão, CoRoT analisou mais de 150 mil estrelas e descobriu 34 exoplanetas.

A REVOLUÇÃO KEPLER

Um pouco mais de uma década após a confirmação do primeiro planeta além do Sistema Solar, três tipos de exoplanetas eram conhecidos dos astrônomos: os gigantes gasosos, as super-Terras quentes em órbitas de curto período – exoplanetas maiores e mais massivos do que a Terra, mas menos massivos do que Netuno – e os gigantes de gelo. Não figuravam ainda nessa lista os planetas telúricos, mundos com até duas vezes o tamanho da Terra. Sua descoberta se tornou um dos principais objetivos de Kepler, missão lançada em 6 de março de 2009. Sem nenhuma dúvida, Kepler constitui um momento transformador da Astronomia e da exploração espacial. Provocou uma mudança de paradigma no modo como percebemos o céu noturno e modificou completamente nossa percepção do lugar que ocupamos no Universo. Antes de seu lançamento, já sabíamos que os exoplanetas existiam, e alguns deles haviam sido confirmados. Entretanto, assim que Kepler entrou em operação, o céu se encheu de milhares de mundos cuja existência nem mesmo poderíamos ter imaginado.

Contudo, Kepler foi também uma missão que quase não aconteceu e que deve sua existência à determinação de William (Bill) Boricki. Bill era um pesquisador especializado em Física e em exploração espacial na Nasa Ames. Hoje aposentado, ele era então diretor-científico da missão Kepler. Tive a oportunidade de encontrá-lo inúmeras vezes na Nasa Ames e no Instituto Seti, que mantém fortes vínculos com a missão Kepler, pois nossos pesquisadores participaram ativamente das missões Kepler e K2, desenvolvendo algoritmos de detecção e arquivando dados. Ainda continuam seus trabalhos com Tess e JWST.

Bill é um pesquisador brilhante, doce e humilde, dotado de uma graça particular. Nunca o vi impaciente, qualidade que provavelmente salvou Kepler. A missão foi concebida durante várias décadas para compreender a frequência dos planetas telúricos na zona habitável de estrelas semelhantes ao Sol em nossa galáxia. Bill conhecia os limites da Astronomia terrestre para esse tipo de exoplanetas e pensava que sua detecção seria mais eficaz a partir do espaço. Entre 1984 e 1987, enquanto a ideia tomava corpo, a Nasa propôs financiamentos para a validação de concepções de instrumentos. Um primeiro projeto de missão foi proposto e rejeitado em 1992. Entre esse ano e 1999, o projeto foi novamente submetido e rejeitado quatro vezes antes de ser finalmente selecionado, em dezembro de 2001, para uma missão do programa Discovery da Nasa, com o nome Kepler. David Koch, Jill Tarter e Carl Sagan, membros da equipe científica, propuseram esse nome em homenagem a Johannes Kepler (1571-1630) e às leis dos movimentos planetários que ele definiu. Ainda se passariam oito anos até que o telescópio espacial estivesse pronto para ser lançado, em 7 de março de 2009. E desde que entrou em operação, um mês depois, à sua aposentadoria definitiva, em 30 de outubro de 2018, Kepler reescreveria a Astronomia.

A Kepler nos ofereceu um outro momento de "Efeito Perspectiva", ou mudança de perspectiva. Desta vez, não se tratava mais de olhar nosso planeta a partir do espaço, mas de encontrar nosso lugar no espaço voltando nosso olhar para o Universo. E a mensagem que a Kepler nos enviou foi que somos um sistema dentre outros. Durante a missão, mais de 530.500 estrelas foram observadas e confirmados 2.662 exoplanetas. O tamanho de alguns deles era próximo do da Terra e estavam situados na zona habitável de sua estrela. Ainda há muitos exoplanetas aguardando confirmação nos arquivos da missão.

Só essa missão produziu mais ou menos 3 mil publicações científicas. Esses resultados são extraordinários por várias razões, ainda mais porque essa avalanche de novos mundos foi descoberta num pequeníssimo setor de nossa galáxia: as constelações de Cisne e de Lira. Também é notável que tenham sido obtidos mesmo depois de a missão primária ter sido encerrada prematuramente devido a problemas com o sistema de controle de reação do telescópio, em maio de 2013. Apesar dos obstáculos, a equipe da Kepler encontrou um meio de continuar a missão, utilizando a pressão da luz do Sol para estabilizar a orientação do telescópio. Em junho de 2014, graças a muita engenhosidade e a um pouco de física, a missão K2 foi lançada, permitindo a exploração de novas zonas do céu até que a Kepler ficou sem combustível e foi aposentada.

NOVAS MISSÕES EXALTANTES

O telescópio Tess foi lançado quase nove anos depois da entrada em funcionamento de Kepler, dando-lhe continuidade. O Tess procura planetas orbitando estrelas relativamente próximas da Terra com o método de trânsito, e o programa da missão prevê o estudo de cerca de 500 mil estrelas. Ao contrário de Kepler, Tess não está confinado à observação de um pequeno quadrante de nossa galáxia: ele varre 85% do céu em 26 setores de observação, cada um deles cobrindo 24 por 96 graus. Um de seus principais objetivos é catalogar milhares de exoplanetas, centenas deles menores do que a Terra. Essa exploração deve reduzir o viés estatístico e nos dar uma visão mais precisa de sua distribuição por tamanho e por tipo, dos pequenos mundos rochosos aos planetas gigantes gasosos.

Além dos objetivos específicos da missão, Tess integra uma abordagem mais ampla da exploração dos exoplanetas. Essa missão visa estrelas relativamente brilhantes, e as descobertas podem ser seguidas por análises espectroscópicas a partir das observações terrestres a fim de medir a massa dos exoplanetas e sua composição química e caracterizar sua atmosfera. A missão também coleta dados sobre suas dimensões. Uma vez conhecidas sua massa e dimensão, a densidade pode ser deduzida, o que permite modelizar a composição.

Essas informações constituem uma base de dados para outras missões, como o satélite Cheops (Characterising ExOPlanets Salellite) da ESA, lançado mais ou menos um ano depois do Tess, em 19 de dezembro de 2019. A Cheops é a primeira missão concebida para garantir a continuidade das descobertas de exoplanetas em torno de estrelas brilhantes e próximas cujo trânsito é conhecido, como aquelas detectadas por Tess, e para medir suas dimensões. Ela também tenta verificar trânsitos previstos para exoplanetas anteriormente descobertos com o método de velocidade radial. Esses mundos bem caracterizados podem ser em seguida estudados a partir do espaço por telescópios como o JWST (James Webb), ou no solo com o Extremely Large Telescope (ELT), situado no Cerro Amazones, na região de Antofagasta, Chile, instrumento que faz parte do Observatório Europeu do Sul (ESO, na sigla em inglês).

James Webb é o recém-chegado. Depois de mais de 25 anos de desenvolvimento, atrasos, um redesenho significativo em 2005 e uma pandemia, o telescópio foi finalmente lançado por um foguete Ariane 5 a partir de Kouru, na Guiana Francesa, em 25 de dezembro de 2021. Chegou ao seu lar permanente um mês depois, no ponto de Lagrange L2, a 1 milhão de quilômetros da Terra. Desde então, começou sua própria revolução astronômica, enviando imagens extraordinárias de um Universo com 300 milhões de anos de idade e de galáxias onde cada uma das estrelas pode ser individualizada. James Webb acrescenta uma peça mestra à rede internacional de telescópios consagrados à exploração dos exoplanetas no espaço e na Terra. Graças à precisão do lançamento, ele deve dispor de combustível suficiente para continuar suas observações por muito mais tempo do que o previsto inicialmente (dez anos), até mesmo o dobro.

Esse telescópio espacial mais ambicioso e complexo jamais construído é fruto de uma colaboração internacional entre Nasa, ESA e Agência Espacial Canadense (ASC, na sigla em francês). Um de seus principais objetivos é compreender nossas origens cósmicas, observando as primeiras galáxias, assim como o nascimento das estrelas e dos planetas. Com James Webb, uma outra revolução em Astronomia e Cosmologia se anuncia para a próxima década. O telescópio explorará igualmente as profundezas do espaço em busca de exoplanetas suscetíveis de abrigar vida, o que permitirá realizar os primeiros estudos detalhados no infravermelho próximo da atmosfera de planetas localizada na zona habitável de sua estrela.

O telescópio Nancy Grace Roman (ex-Wfirst) está sendo desenvolvido e, o mais tardar em 2027, completará o arsenal dos instrumentos lançados em busca dos vestígios desses novos mundos. Além de realizar um recenseamento dos exoplanetas com o método de microlentes gravitacionais, a missão terá múltiplos objetivos astrofísicos. Ela poderá permitir a identificação de exoplanetas cuja massa supere apenas algumas vezes a da Lua; também tentará detectar planetas errantes, mundos que vagam livremente no espaço interestelar sem estrela. O telescópio transportará um coronógrafo e produzirá imagens e espectros diretos de exoplanetas que se assemelham a nossos planetas gigantes gasosos.

A detecção também pode ser feita com CubeSats, como Asteria (Arcsecond Space Telescope Enabling Research in Astrophysics), um CubeSat 6U (12 x 24 x 36 centímetros) de demonstração tecnológica, lançado em 14 de agosto de 2017 e colocado em órbita terrestre, seguido por CuPID e Cute em 27 de setembro de 2021. Essas duas missões também são CubeSats, que, além de estudar a magnetosfera da Terra, buscam exoplanetas em torno de estrelas próximas. Empresas privadas e doadores se uniram a essa pesquisa. Entre os projetos, citamos um telescópio do tamanho de uma caixa de sapatos, o Tolliman, financiado por fundos privados, que focará exclusivamente na procura de mundos habitáveis no sistema de Alpha Centauri, nosso vizinho mais próximo, que se encontra a somente 4,367 anos-luz. Peter Tuthill coordena esse projeto na Universidade de Sydney. Recebeu apoio das empresas Jet Propulsion Laboratory, Saber Astronautics e Breakthrought Iniciatives (financiada pelo bilionário Yuri Milner).

Portanto, os próximos anos prometem a continuação dessa revolução em Astronomia começada há algumas décadas apenas, ainda mais que os avanços não se dão apenas no espaço. Eles ocorrem também no solo com inovações tecnológicas extraordinárias, quer seja nos instrumentos, nas novas técnicas ou nos métodos de exploração. A atmosfera dos exoplanetas pode agora ser revelada por interferometria óptica, enquanto métodos espectroscópicos avançados de detecção de bioassinaturas estão sendo concebidos. Essas técnicas, criadas na era dos telescópios gigantes, dos espelhos segmentados e da óptica adaptativa, logo tornarão certos telescópios terrestres mais potentes do que muitos telescópios espaciais atuais. O Large Synoptic Survey permitirá a detecção de um vasto leque de populações de exoplanetas; o Gemini Planet Imager (GPI), instrumento para registrar imagens de planetas, já os visualiza e, com um poder de resolução dez vezes superior ao de Hubble, o Telescópio Gigante Magalhães medirá suas velocidades e a composição de suas atmosferas. A detecção de exoplanetas é uma área muito dinâmica e fascinante. Este capítulo de exploração reescreve nossos conhecimentos sobre a extensão dos ambientes planetários possíveis. Ele também nos fornece informações sobre a formação de nosso Sistema Solar e abre mais o campo de possibilidades para a vida que nos é familiar, mas também para a vida que não conhecemos.

Visões de Tatooine e Mordor

Esses mundos extraterrestres que descobrimos estão tão distantes que, por enquanto, nosso método de classificação se baseia em seu diâmetro em sua massa. Em breve, graças a uma nova geração de telescópios espaciais e terrestres, saberemos mais sobre suas atmosferas. Enquanto isso, com a ajuda desses critérios, a classificação dos mais de 5.800 exoplanetas confirmados inclui gigantes gasosos, super-Terras, planetas semelhantes a Netuno ("netunianos"), mundos hycean e planetas telúricos (rochosos).

EXOPLANETAS VARIADOS E CADA VEZ MAIS NUMEROSOS

Os planetas telúricos são mundos da dimensão da Terra ou menores. As super-Terras têm uma massa entre 1,5 e 10 massas terrestres – seu nome se refere apenas ao seu tamanho e não tem nenhuma relação com sua habitabilidade. Esses planetas fascinantes, descobertos em abundância, não têm equivalente no Sistema Solar. Eles podem ser versões menores dos nossos gigantes gasosos ou versões maiores dos nossos planetas telúricos – ou algo completamente diferente, pois suas características também variam. Alguns são compostos principalmente de hidrogênio e hélio, enquanto outros, de maior densidade, são ricos em água ou sílica. Parece uma regra geral o aumento de sua densidade com o diâmetro em até dois raios terrestres. Já para os maiores, a densidade cai rapidamente após esse limite. Essa observação nos indica que as super-Terras com cerca de 1,5 raios terrestres são provavelmente planetas oceânicos ou planetas telúricos com uma atmosfera fina.

Os mundos hycean estão entre as super-Terras e os netunianos e, embora não se pareçam com o nosso planeta, ainda poderiam abrigar vida. São abundantes e podem ser até 2,5 vezes maiores que a Terra, com vastos oceanos de água líquida, atmosferas ricas em hidrogênio e um ambiente onde organismos extremófilos poderiam sobreviver. Suas atmosferas são candidatas excepcionais para a busca de bioassinaturas. Os maiores exoplanetas netunianos têm um diâmetro comparável ao de Netuno ou Urano (de 49.250 a 51.200 quilômetros), sua composição interna pode ser rochosa e sua atmosfera feita de hidrogênio e hélio. No nosso Sistema Solar, eles seriam considerados gigantes de gelo. Suas atmosferas serão exploradas pelo James Webb, que nos dará informações sobre suas assinaturas espectrais. Também foram detectados casos de "Netunos quentes", possíveis planetas em transição do tamanho de Netuno que eventualmente perderão sua atmosfera, transformando-se em super-Terras.

A massa dos gigantes gasosos é maior que dez vezes a da Terra. Talvez eles possuam um núcleo rochoso, mas são compostos principalmente de hidrogênio e hélio. Os Júpiteres quentes, que orbitam entre 0,015 e 0,5 UA de sua estrela, representam uma subcategoria desses exoplanetas. Com base em sua composição, é fácil compreender por que, em princípio, não deveriam ser encontrados onde são observados. No Sistema Solar, os gigantes gasosos se formam para além da "linha de gelo", uma região onde a água e o amoníaco congelam. Assim, sua localização atual sugere que esses planetas se originaram para além da linha de gelo e depois migraram em direção às suas estrelas.

Júpiter migrou de forma semelhante no início de sua história, chegando até a posição atual de Marte a 1,5 UA, antes que a formação de Saturno o levasse a sua posição atual pela força gravitacional. Se essa migração não tivesse sido interrompida, ele teria se tornado um Júpiter quente. Entretanto novas observações parecem mostrar que os Júpiteres quentes não nascem necessariamente da mesma forma. Na verdade, muitos deles poderiam ter se formado perto de suas estrelas, onde são observados, sem evaporar. Se existissem em nosso Sistema Solar, esses planetas estariam localizados na órbita de Mercúrio ou ainda mais próximo do Sol. Sua formação ocorre por acreção no disco protoplanetário, que leva ao surgimento de um núcleo rochoso do tamanho da Terra ou maior. Quando o núcleo atinge o tamanho de pelo menos dez massas terrestres, ele sofre uma acreção extremamente rápida que injeta na atmosfera hidrogênio e hélio o suficiente para que o planeta se torne um gigante gasoso. Essa nova teoria é baseada na observação de um limite interno relativamente claro na sua distribuição espacial e nas distâncias específicas de suas estrelas. Seus núcleos poderiam ter se originado, desde o princípio, como super-Terras e seria suficiente que 1% deles sofresse uma acreção rápida para explicar a população observada. Se essa nova teoria estiver correta – e as observações parecem sustentá-la – a maioria desses exoplanetas poderia ter se formado onde estão hoje, o que implica uma origem distinta para o nosso próprio Júpiter e levanta, assim, uma questão intrigante sobre uma possível relação entre a ausência de super-Terra e Júpiteres quentes em nosso Sistema Solar.

Segundo a teoria do Grand Tack, a migração de Júpiter em direção ao Sistema Solar interior provocou a destruição de uma primeira geração de planetas. Essa mesma migração contribuiu para a formação de Mercúrio, de Vênus e da Terra e é responsável pelo tamanho relativamente pequeno de Marte. Portanto, tudo isso sugere que sistemas planetários como o nosso não são obrigatoriamente comuns. De fato, a estrutura e a composição dos sistemas planetários observados até agora não são, de modo geral, muito semelhantes às do nosso sistema, e as implicações dessa observação para o aparecimento da vida ainda precisam ser avaliadas.

Por enquanto, devemos utilizar o único modelo que conhecemos, o modelo terrestre, para tentar compreender como a nossa própria "equação da vida" pode ser adaptada aos diferentes tipos de exoplanetas que descobrimos e à sua posição na zona habitável. O número cada vez maior desses sistemas também permite refinar nossa definição de habitabilidade e reexaminar a abundância de mundos que poderiam ser habitáveis no coração da nossa galáxia. Nesse domínio, o papel da missão Kepler foi mais uma vez fundamental.

Antes de Kepler, somente algumas dezenas de exoplanetas eram conhecidos, e a maioria deles eram mundos extremos. Desde então, descobrimos que poderia existir pelo menos 300 milhões de planetas habitáveis apenas em nossa galáxia, com alguns localizados a menos de 30 anos-luz da Terra. Esse número, extraordinário por si só, é certamente subestimado, pois supõe que somente 7% das estrelas semelhantes ao Sol abrigam sistemas com planetas habitáveis. Um estudo recente que combina os dados de Kepler e de Gaia, da ESA, sobre a quantidade de energia recebida por um planeta abriu um novo horizonte para a habitabilidade. Seus resultados sugerem que 50% a 75% das estrelas semelhantes ao Sol possuem planetas telúricos capazes de manter água líquida em suas superfícies, o que representaria aproximadamente 2 a 3 bilhões de planetas! Embora a água seja só um dos elementos essenciais à vida, quanto maior o número de mundos habitáveis, maior a probabilidade de que a vida tenha surgido em algum deles. Hoje temos, diante de nós, uma galeria de novos mundos extraterrestres para explorar.

Como astrobióloga, é isso que considero o mais fascinante, pois os exoplanetas abrem inúmeras possibilidades inexploradas para a coevolução da vida e desses ambientes planetários ainda desconhecidos. Em termos de habitabilidade, eles representam uma ampla gama de ambientes possíveis – indo da imagem típica do inferno às perspectivas promissoras de outras versões da Terra, do ligeiramente incomum ao totalmente improvável. E para cada exoplaneta, devemos investigar se atendem às condições necessárias e suficientes para o surgimento da vida, tendo em mente que ainda estamos limitados em nossa avaliação. É por isso que, tal como fazemos com a procura de bioassinaturas no Sistema Solar, começamos pela vida tal como a conhecemos. É muito provável que certos exoplanetas nos tirem muito rapidamente da nossa zona de conforto, nesses territórios desconhecidos da vida como não a conhecemos. E é aqui que as novas ferramentas de análise e modelagem auxiliadas por inteligência artificial (IA) e pela aprendizagem de máquina* serão de grande ajuda.

OS PLANETAS ERRANTES

Entre esses novos planetas, individualmente ou em sistemas, alguns são completamente diferentes do que conhecemos, ao passo que outros são mais familiares. Em se tratando de esquisitices, os planetas errantes provavelmente levam o prêmio. Esses mundos solitários que vagam pelo espaço interestelar têm duas fontes possíveis: ou foram ejetados de seus sistemas por forças gravitacionais durante migrações planetárias, ou são estrelas fracassadas conhecidas como anãs marrons. Apenas em nossa galáxia, o número desses viajantes interestelares poderia chegar a bilhões. O primeiro a ser detectado foi o CFBDSIR2149, um planeta errante descoberto em novembro de 2012 durante observações conjuntas entre o Very Large Telescope (VLT), no Chile, e o Canada-France Hawaii Telescope (CFHT), no Havaí. Esse mundo nômade, flagrado vagando a cerca de 100 anos-luz da Terra, pode ter entre 50 e 120 milhões de anos. Muitos outros foram identificados desde então, e seu número quase duplicou recentemente quando astrônomos, através de imagens diretas no espectro visível e no infravermelho próximo, descobriram entre 70 e 170 candidatos (alguns aguardam confirmação).

Com uma massa de 4 a 13 Júpiteres e a 420 anos-luz da Terra, esses planetas errantes são muito jovens (entre 3 e 10 milhões de anos) e ainda sim quentes o suficiente para que essa técnica permita a sua

* N.T.: Aprendizagem de máquina é uma tecnologia da área da inteligência artificial que permite que computadores aprendam a partir de dados, identifiquem padrões e façam previsões, tomando decisões de forma autônoma.

detecção. Visto que são planetas órfãos sem estrelas-mãe, mencionar a ideia de habitabilidade parece quase incongruente, uma vez que essa noção é geralmente associada à presença de uma estrela – uma região específica em relação a uma estrela em que a água pode permanecer líquida na superfície de um planeta. Mas isso seria esquecer as lições aprendidas com a exploração do Sistema Solar, onde luas e planetas ainda podem abrigar ambientes favoráveis à vida muito além da zona habitável. Todavia, podemos considerar seriamente que esses planetas errantes podem levar a noção de habitabilidade a tais extremos? E quanto à vida? Por mais surpreendente que isso seja, não parece ser completamente impossível.

Isso porque muitos planetas errantes ainda estão quentes devido à sua formação recente, o que torna possível detectá-los no infravermelho próximo. Sua tenra idade é deduzida por modelagem da temperatura superficial. Se um planeta for ejetado precocemente da órbita em torno de sua estrela, ele acaba resfriando no espaço interestelar. A formação de uma espessa camada de gelo impediria o congelamento total do oceano enquanto, no núcleo do planeta, os elementos radioativos continuariam a aquecê-lo de dentro para fora. Dessa forma, quanto mais cedo um planeta for ejetado, mais quente ele fica e maiores as chances de um oceano perdurar. E se a água é apenas um dos elementos cruciais da bioquímica, os elementos de base da vida também já estão presentes nesses planetas em formação.

É por isso que mesmo um planeta perdido no espaço pode abrigar um oceano interno capaz de fornecer um ambiente propício para a química prebiótica e, quem sabe, para a biologia, um abrigo para a vida e uma fonte de energia gerada pelo calor interno. Organismos primitivos poderiam extrair nutrientes de minerais compostos de enxofre e ferro ao redor de chaminés submarinas em contato com a rocha quente e o oceano. Assim, uma das principais questões sobre planetas errantes é o quão rápido a vida pode surgir. Se ela se desenvolver antes de o planeta ser ejetado da sua órbita, ela poderá, teoricamente, sobreviver durante algum tempo após o planeta começar a vagar pelo espaço. A duração dos processos biológicos

Primeiro campo profundo do telescópio James Webb

A primeira imagem de campo profundo de James Webb revela um grupo de galáxias brancas e brilhantes em primeiro plano, conhecido como Smacs 0723. Cada uma delas contém bilhões de estrelas, buracos negros e provavelmente planetas, cuja massa combinada curva o espaço, mais ou menos como uma bola de bilhar num colchão, e cria uma lente gravitacional através da qual olhamos. Graças a esse efeito, podemos ver as galáxias mais distantes situadas atrás de SMACS 0723, que aparecem deformadas na imagem.

Fonte: Nasa, ESA, CSA, STSci, Nasa-JPL, Caltech.

Falésias cósmicas
Combinando imagens no infravermelho próximo e médio, James Webb revelou regiões de formação de estrelas até então desconhecidas na nebulosa Carina. O que parecem ser montanhas escarpadas à luz do luar são, na verdade, as bordas de NGC 3324, região de estrelas jovens. Denominada "falésias cósmicas", essa gigantesca muralha é uma região gasosa que se estende por 7.600 anos-luz.

Fonte: Nasa/ESA/CSA/STSci.

No coração da galáxia fantasma
Esta imagem de James Webb mostra o coração de M74, também conhecida como "galáxia fantasma". Seus braços grandiosos em delicados filamentos de gás se abrem para o exterior a partir do centro. James Webb observa a galáxia no infravermelho médio para compreender as primeiras fases da formação das estrelas.

Fonte: Nasa/ESA/CSA/STSci.

Nebulosa planetária NGC 2022
Esta vasta nebulosa de gás é formada por uma estrela velha, visível no centro. As gigantes vermelhas como essa estrela começam ejetando suas camadas externas de matéria no espaço, que formam então um envelope de gás. Ao mesmo tempo, o núcleo da estrela se reduz e se torna mais quente. Ele emite luz ultravioleta que faz brilhar os gases ambientes. NGC 2022 se encontra na constelação de Órion.

Fonte: ESA/Hubble, Nasa, R. Wade.

Discos protoplanetários capturados por Alma

Estes discos protoplanetários observados pelo Atacama Large Millimeter/submillimeter Array (Alma), no Chile, em 2018, vão continuar a ser estudados por James Webb. Cada um desses discos é um sistema planetário em formação.

Fonte: Alma, ESO, Naoj, Nrao, S. Andrews, N. Lira

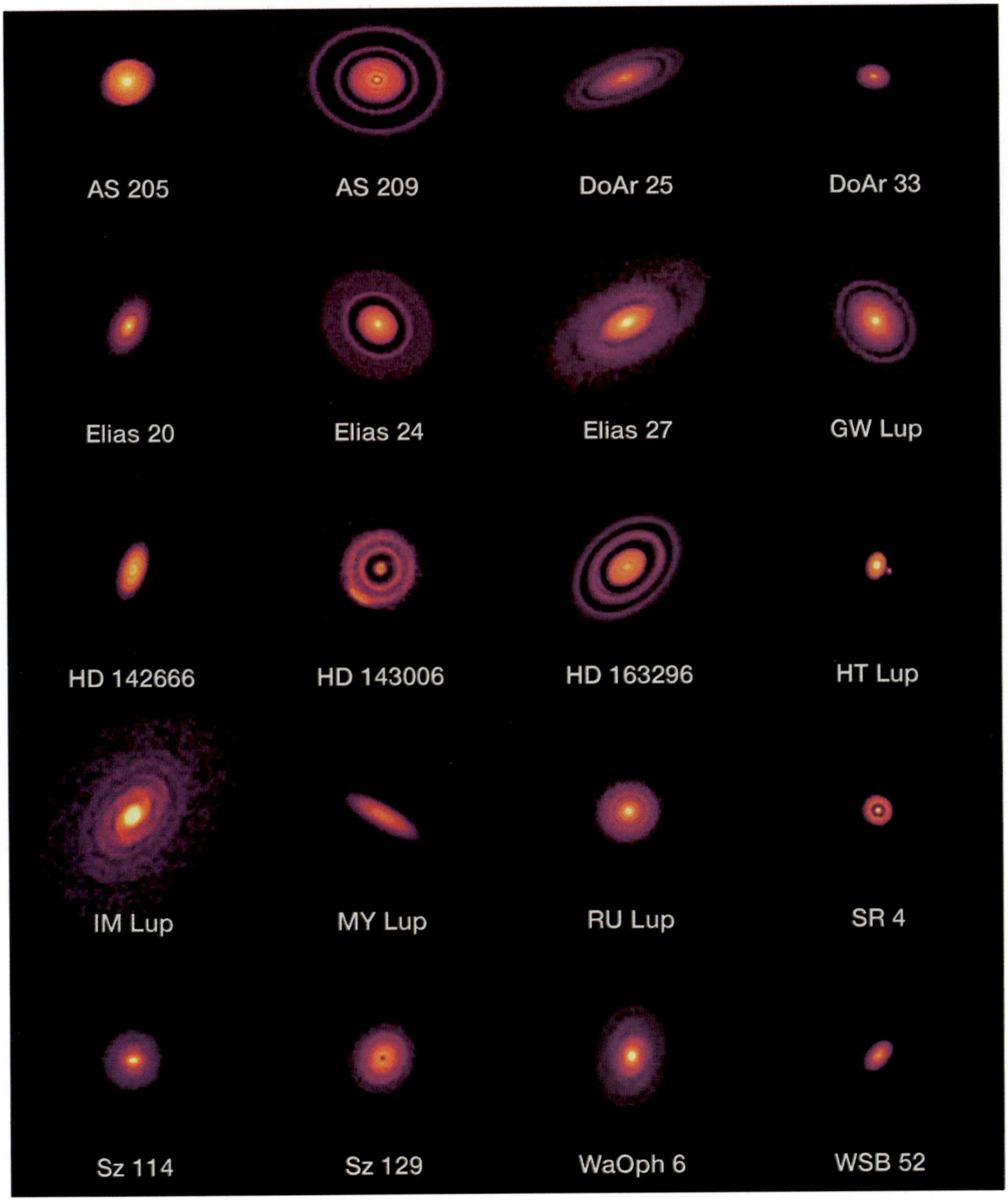

Disco circunstelar (*proplyd*)

O disco circunstelar Órion 294-606 se situa na nebulosa de Órion, a 1.400 anos-luz da Terra. Os *proplyds* são discos protoplanetários em torno de uma estrela jovem. De certo modo, são sistemas solares em formação. Aqui, James Webb capturou a imagem da estrela central eclipsada por um anel de poeira que se estende por uma distância de 300 Unidades Astronômicas (UA), ou seja, trezentas vezes a distância da Terra ao Sol, mas é provável que uma parte mais difusa se estenda bem além disso.

Fonte: NASA/ESA/CSA/McCoughrean & Pearson.

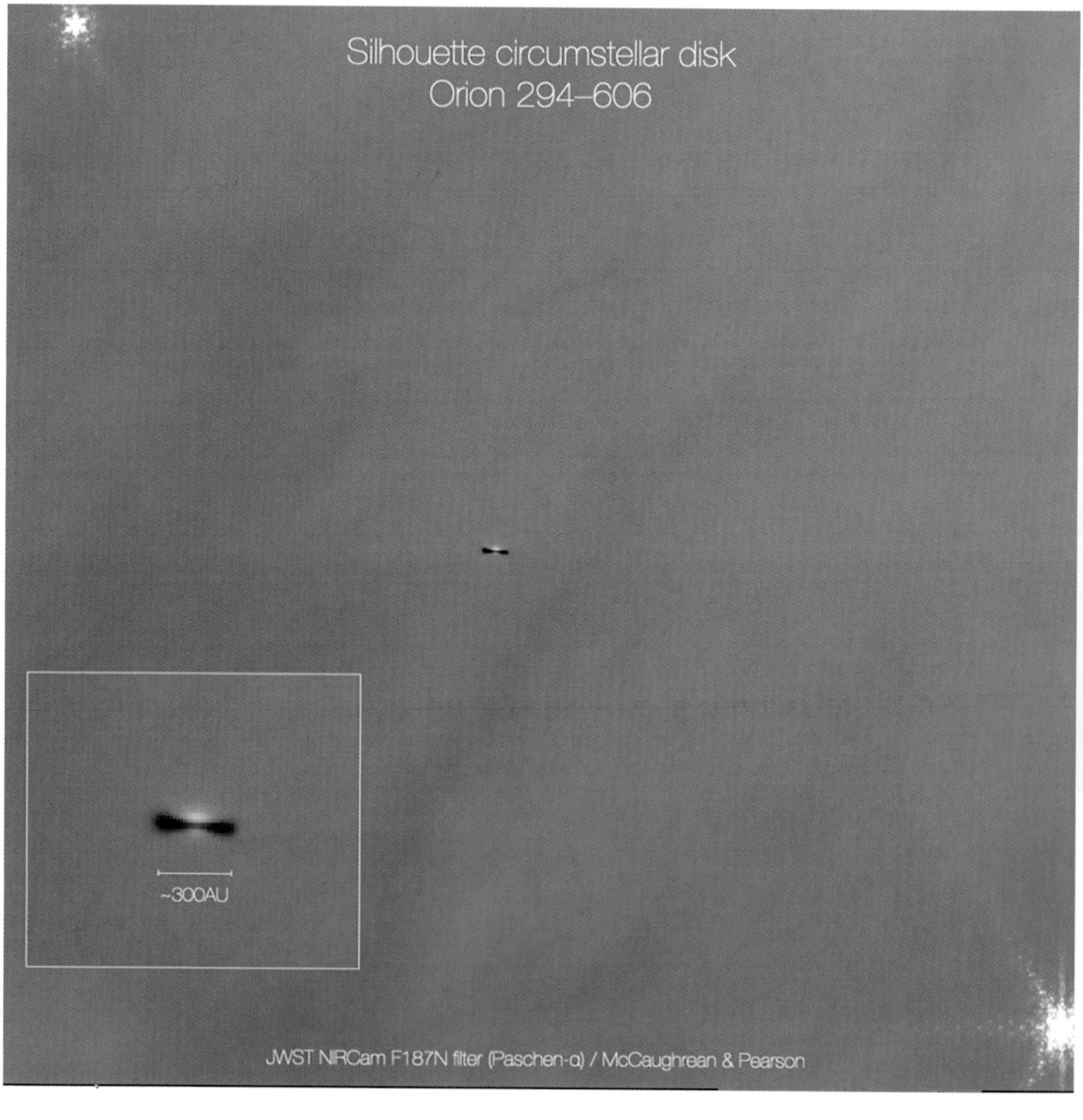

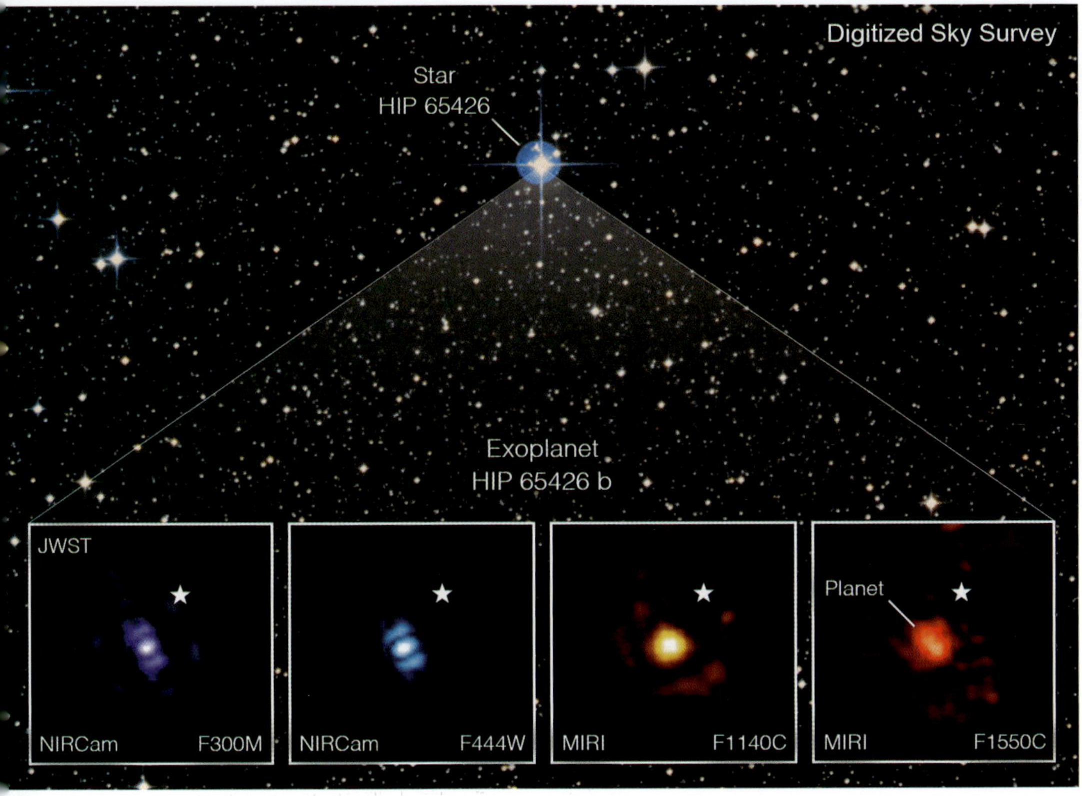

HIP 65426 b

O exoplaneta HIP 65426 b é visto em diferentes faixas de luz infravermelha pelo instrumento NIRCam de James Webb, a fim de analisar suas diferentes propriedades. A pequena estrela branca marca a posição da estrela, encoberta para poder observar o planeta. HIP 65426 é uma gigante gasosa cuja massa é nove vezes maior do que a de Júpiter. Ele se situa a 92 UA de sua estrela e precisa de 630,7 anos para percorrer sua órbita. O sistema se encontra a 385 anos-luz da Terra.

Fonte: Nasa/ESA/CSA, Alyssa Pagan (STSci); Science: Aarynn Carter (UC Santa Cruz), equipe ERS 1386.

Detecção de exoplanetas por imagens diretas
Imagens diretas em torno da estrela HR 8799, utilizando o coronógrafo Vortex do telescópio Hale.
Fonte: Nasa/JPL-Caltech/Palomar Observatory.

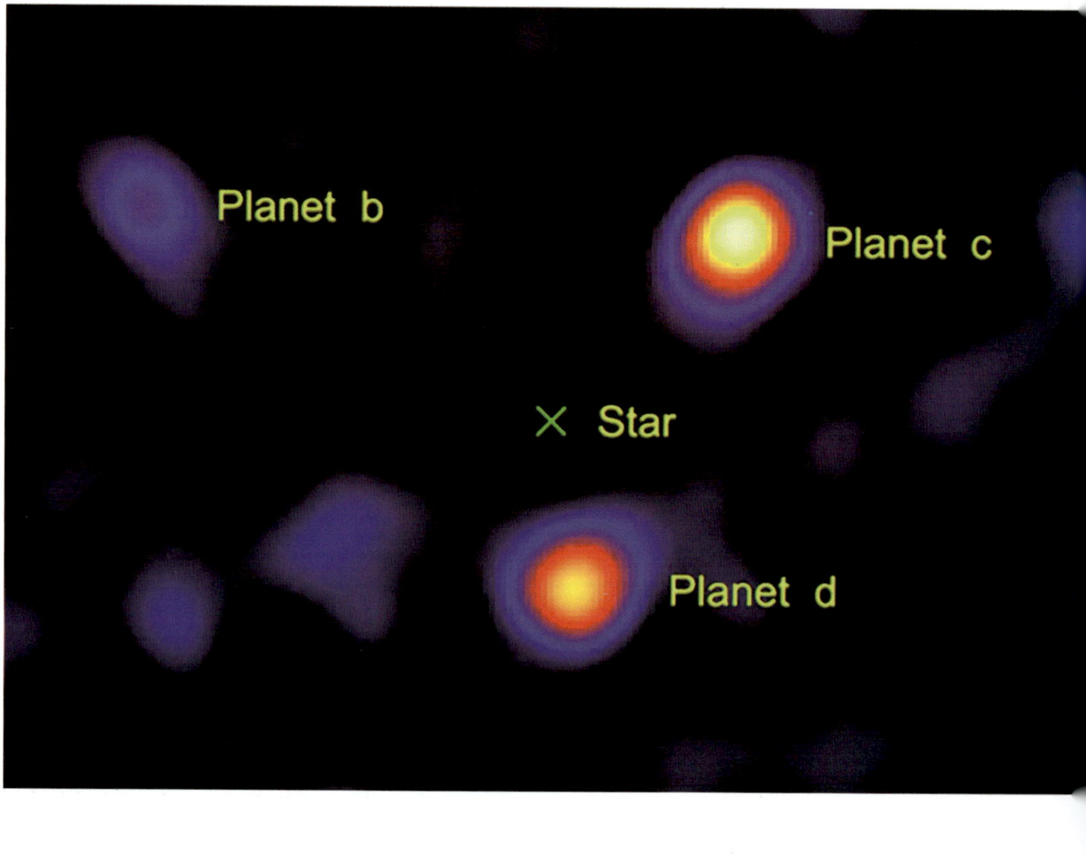

Sistema estelar de Apep

Grandes quantidades de poeiras cósmicas são produzidas quando os ventos solares de estrelas massivas entram em colisão em sistemas binários ou de estrelas múltiplas de Wolf-Rayet. À medida que as estrelas giram uma ao redor da outra, uma aparência curiosa de moinho se forma, como nessa imagem do Observatório Europeu austral. A confirmação da origem da poeira ajudará a compreender melhor o desenvolvimento posterior das estrelas, dos planetas e da vida.

Fonte: ESO, Joseph R. Callingham.

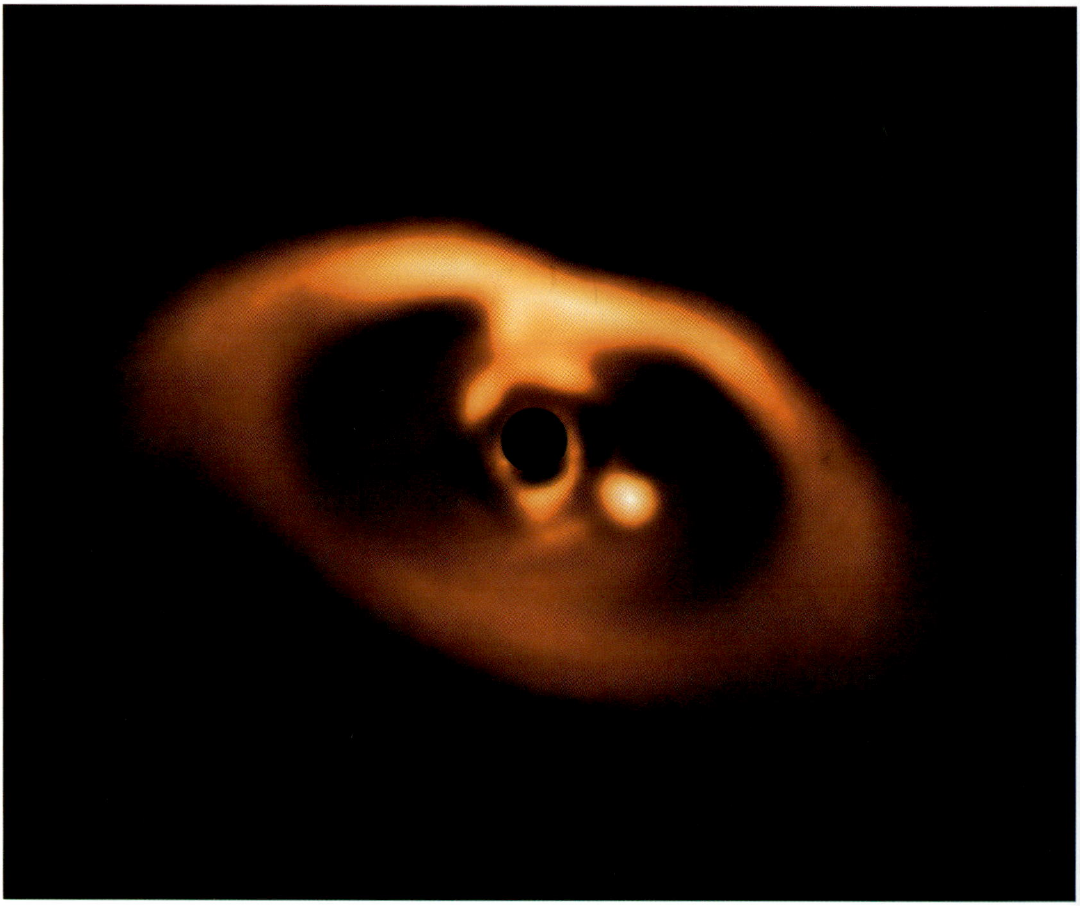

Nascimento de um planeta (1514 PDS)
Foto espetacular feita por Sphere, um sistema de coronógrafo e de óptica adaptativa instalado no Very Large Telescope da ESO (VLY, Paranal, Chile), que fornece a primeira imagem clara da formação de um planeta em torno da estrela PDS 70. O planeta é o ponto brilhante à direita da imagem. A luz da estrela é bloqueada pelo disco escuro do centro.

Fonte: ESO/A, Muller *et al.*

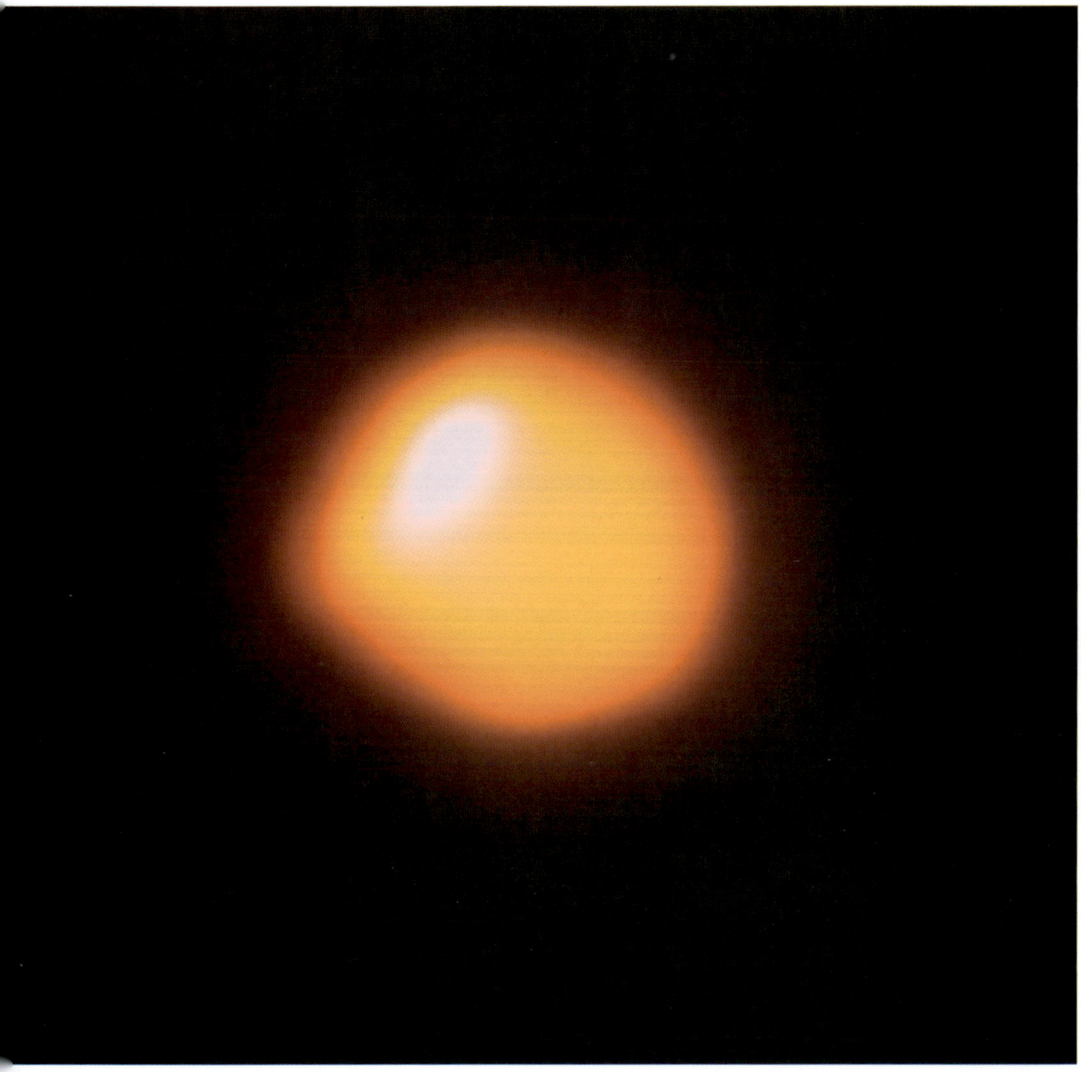

Betelgeuse

Situada na constelação de Órion, Betelgeuse é uma estrela 1.400 vezes maior do que o Sol e instável – ela muda de cor e de luminosidade regularmente. Os astrônomos acreditam que essas observações marcam o fim da vida de Betelgeuse, que deverá explodir em supernova. Esta imagem de alta resolução mostra que nem o envelope da estrela nem sua temperatura são uniformes. Compreender quais elementos são produzidos pela explosão das estrelas e como são reciclados nos permite entender melhor que processos levaram à química prebiótica e à vida.

Fonte: ESO/Alma, P. Kervella.

Comet 2I/Borisov

Esta imagem do telescópio Hubble mostra o primeiro cometa errante. Foi descoberto em 2019, tornando-se assim o segundo visitante interestelar junto a Oumuamua. Seu estudo fornece informações importantes sobre a composição química, a estrutura e a caracterização dos gelos provenientes de um sistema planetário além do nosso. Agora ele está se afastando em grande velocidade do Sistema Solar.

Fonte: Nasa/ESA/David Jewitt. Processamento da imagem: Joseph DePasquale (STSci).

Hubble e James Webb observam o impacto de Dart em Dimorphos

Pela primeira vez, Hubble e James Webb efetuaram observações simultâneas do mesmo objetivo. Estas imagens mostram o sistema Didymos-Dimorphos algumas horas após o impacto da sonda Dart em Dimorphos. Essa missão se destinava a testar a estratégia que visa a colidir contra asteroides geocruzadores com potencial de ameaça à Terra no futuro, para modificar sua trajetória e evitar as colisões. Dart demonstrou que essa estratégia funcionava, visto que o impacto modificou o período orbital de Dimorphos em mais de 30 minutos.

Fonte: Science – NAS/ESA. Jian-Yang (PSI), Cristina Thomas (Northern Arizona University), Ian Wong (Nasa-GSFC). Processamento da imagem: Joseph DePasquale (STSci), Alyssa Pagan (STSci).

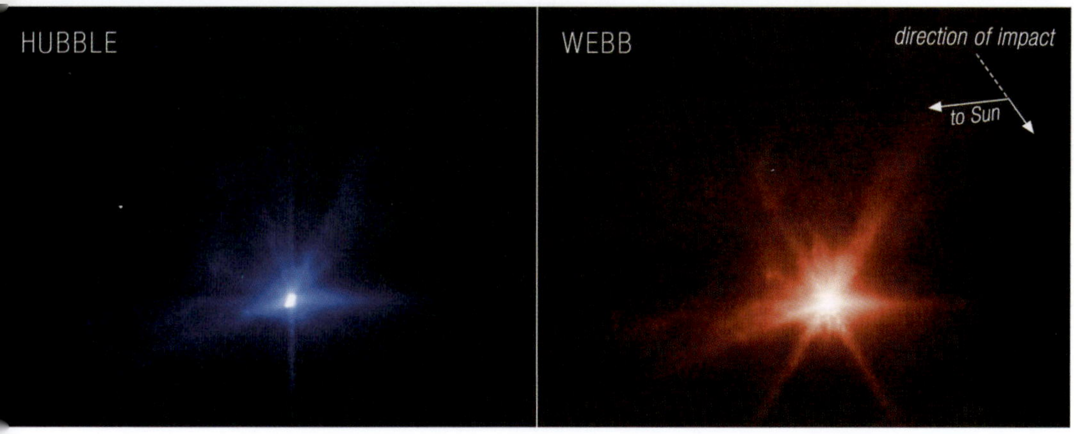

Os Pilares da Criação (NIRCam de James Webb)

Os Pilares da Criação são uma pequena região da vasta nebulosa da Águia, situada a 6.500 anos-luz, que o telescópio Hubble descobriu em 1995, depois novamente em 2014, com imagens que se tornaram icônicas. Mais tarde foi James Webb que visitou essa região e fez essa foto, publicada em 19 de outubro de 2022. Os pilares parecem arcos e flechas emergindo de uma paisagem desértica, mas são preenchidos de gás e poeira semitransparentes em constante evolução. É uma região onde se formam jovens estrelas – ou quando recém-saíram de seus casulos de poeira enquanto continuam se formando. Ao longo das bordas dos pilares se encontram linhas onduladas que se parecem com lava, e que são, na verdade, ejeções de estrelas ainda em formação. Jovens estrelas lançam periodicamente jatos supersônicos que podem interagir em nuvens de matéria, como esses espessos pilares de gás e de poeira. Às vezes, isso também acarreta colisões, que formam motivos ondulados, como um barco quando se desloca na água. Estima-se que essas jovens estrelas tenham apenas algumas centenas de milhares de anos e que continuarão se formando por milhões de anos ainda.
A nova visão de James Webb dos Pilares da Criação ajudará os pesquisadores a rever os modelos de formação de estrelas. Identificando de forma mais precisa populações de estrelas, bem como as quantidades de gás e de poeira na região, eles poderão compreender melhor como as estrelas se formam a partir dessas nuvens, ao longo de milhões de anos.

Fonte: Science – Nasa, ESA, ASC, STSci. Processamento da imagem: Joseph DePasquale (STSci), Alyssa Paga (STSci). O NIRCam de James Webb foi construído por uma equipe da University of Arizona e do Centro de Tecnologia Avançada de Lockheed Martin.

Mármore Negro
A África, a Europa, o Oriente Médio e parte da América do Sul são visíveis nesta foto noturna da Terra que a Nasa chamou de "Mármore Negro". As luzes de nossas cidades constituiriam, sem nenhuma dúvida, uma das tecnoassinaturas mais visíveis para visitantes extraterrestres.

Fonte: Nasa Earth Observatory.

dependeria então do tamanho e tipo de planeta, da rapidez com que ele resfria e da presença ou ausência de um oceano.

Outros cenários podem ser considerados, como um que sugere que os planetas errantes com atmosferas de hidrogênio extremamente densas poderiam capturar calor suficiente para impedir que a água congele na superfície. Em teoria, esse tipo de ambiente também poderia abrigar uma vida primitiva. No melhor dos casos, um planeta errante pode ter uma lua companheira com massa suficiente para produzir energia pelo efeito de maré gravitacional. Esse cenário nos remete a uma dinâmica Júpiter-Europa ou Saturno-Encélado, em que o interior da lua permanece quente e desenvolve um oceano interior. Modelos produzidos por Manasvi Lingam e Avi Loeb sugerem, inclusive, que a fotossíntese ainda poderia ser possível em planetas errantes localizados a menos de mil anos-luz do centro de galáxias com núcleo ativo.

Ao longo da próxima década, mais observatórios espaciais e terrestres irão focar no estudo desses objetos transitórios. Eles também monitorarão outros viajantes interestelares, como asteroides ou cometas não ligados a uma estrela, que poderiam cruzar o Sistema Solar, como Oumuamua e 2l/Borisov fizeram. Esses mundos errantes nos dão uma outra razão para reexaminar a teoria da panspermia nos dias de hoje, pois poderiam fornecer um vetor possível para transferir os elementos constitutivos da vida, ou a própria vida, de um sistema planetário a outro. Missões dedicadas a esses objetos interestelares estão começando a surgir. Contudo, a menos que entrem no Sistema Solar, nossa tecnologia ainda não está totalmente pronta para alcançá-los e coletar amostras.

Por outro lado, poderíamos aproveitar sua visita para examiná-los mais de perto. É por isso que a Nasa e a ESA estão desenvolvendo projetos de missão chamados respectivamente de "Extrasolar Object Interceptor and Sample Return" e "Comet Interceptor". Como é difícil prever quando um desses mundos errantes passará por nossa vizinhança planetária, essas missões ficarão em postos avançados esperando que esses visitantes interestelares apareçam. A ESA direcionará sua missão para o ponto de Lagrange L2 Sol-Terra e a deixará em espera. Enquanto isso, a Nasa enviará uma sonda para Júpiter e esperará que um objeto interestelar entre em nosso espaço interplanetário antes de ativar a espaçonave para um encontro e uma missão de retorno de amostras.

Oumuamua, que significa "mensageiro" ou "visitante" em havaiano, foi o primeiro objeto interestelar conhecido a visitar o Sistema Solar. A verdadeira natureza desse objeto ainda hoje é debatida. Acima: representação artística; abaixo: imagem de Oumuamua (circulado ao centro) obtida da combinação de várias imagens do VLT e do Gemini South Telescope.
(Fontes: M. Kornmesser/ESO; ESO/K. Meech *et al.* – respectivamente.)

QUANDO A REALIDADE ENCONTRA A FICÇÃO

Enquanto planetas errantes representam nômades interestelares sem ligações gravitacionais a estrelas-mãe, outros tipos de exoplanetas vinculados a estrelas oferecem uma ampla gama de ambientes, desde mundos completamente inóspitos até planetas próximos de uma segunda versão da Terra. Na categoria dos mundos mais extremos e menos hospitaleiros já descobertos, o 55 Cancri-e está provavelmente disputando a liderança. Localizada a 41 anos-luz de distância, essa super-Terra incorpora sua própria versão do inferno de Dante. Descoberta em 2004, ela tem aproximadamente duas vezes o tamanho da Terra e é oito vezes mais massiva. Orbitando uma estrela semelhante ao Sol, 26 vezes mais perto do que Mercúrio orbita o nosso Sol, o 55 Cancri-e leva menos de 18 horas para completar a órbita. Poderia ser composto de elementos leves, mas é tão quente (2.700°C) que sua superfície está, provavelmente, coberta de lava e os gases se comportam quase como líquidos. Sua atmosfera é composta de hidrogênio e hélio, e os silicatos se condensam em nuvens, tornando-a sombria e brilhante.

Mas o 55 Cancri-e não é o mundo mais extremo descoberto até hoje. O WASP-12b é um Júpiter quente, escuro como carvão, tão próximo de sua estrela que completa sua órbita em pouco mais de um dia. Imagine um gigante gasoso com uma vez e meia o tamanho de Júpiter orbitando o Sol em um único dia. A descrição do WASP-12b explica seu apelido de "planeta condenado" (ou "planeta amaldiçoado"): ele é tão torturado pelas marés gravitacionais de sua estrela que deixou de ser redondo e se tornou oval, e seu destino é ser absorvido por sua estrela nos próximos dez milhões de anos.

Em contraste, o mundo mais frio detectado até agora também é um dos mais distantes já descobertos. Hoth está localizado a 21 mil anos-luz em direção ao centro da nossa galáxia. Recebeu esse apelido por sua semelhança com seu homônimo de *Guerra nas estrelas*. No universo real, Hoth está muito longe de sua estrela, uma anã vermelha fria, e é improvável que tenha condições propícias para a vida. Mas, diferentemente de 55 Cancri-e, é um planeta não tão estranho para nós. Se Hoth fizesse parte do nosso Sistema Solar, ele estaria localizado em algum ponto entre Marte e Júpiter e levaria cerca de uma década para completar sua órbita. Trata-se de um mundo rochoso semelhante à Terra, com tamanho aproximado de cinco massas terrestres. Com uma temperatura superficial de -220°C; a água, a amônia, o metano e o nitrogênio são congelados quando presentes.

Seguindo o tema de *Guerra nas estrelas*, Kepler-16b foi apelidado de Tatooine em homenagem ao planeta do filme, que lhe deu/emprestou o nome, uma vez que foi o primeiro planeta descoberto orbitando duas estrelas. Dez outros planetas circumbinários foram detectados desde então e, embora Kepler-16b tenha poucas chances de ser habitável, Kepler-453b orbita na zona habitável de seu sistema estelar binário.* O planeta fictício Bespin encontra semelhanças em alguns outros gigantes gasosos. Kepler-22b, uma super-Terra coberta por um megaoceano, seria um excelente análogo a Kamino. Por fim, o mundo derretido de Mustafar também tem seus sósias: Kepler-10, Kepler-78b e CoRoT-7b, exoplanetas cobertos de lava. E a lista continua crescendo. A realidade é pelo menos tão estranha quanto a ficção, e o desafio agora é entender como seria a habitabilidade e a vida em torno de sistemas estelares triplos e quádruplos, descobertos pelo Kepler e pelo Tess.

Há também planetas tão estranhos que, teoricamente, nem deveriam existir – uma afirmação evidentemente arrogante que só revela nossa ignorância. Sua relação entre massa e densidade é uma anomalia que nossos modelos atuais não explicam. Além disso, a fraca atração gravitacional não consegue impedir que parte de sua atmosfera superior escape para o espaço, formando algo como uma cauda de cometa no rastro do planeta.

Esses ambientes são tão estranhos que muitas vezes é difícil compará-los com os planetas que conhecemos. No entanto, alguns deles nos dão um vislumbre do destino do Sistema Solar. Como é o caso de WD 1145+017b, um pequeno mundo rochoso do tamanho de Europa que orbita sua estrela a cada 4,5 horas, a uma distância de apenas duas vezes a da Terra à Lua. Sua estrela é uma anã branca que terminou a vida em sua sequência principal como uma gigante vermelha. Provavelmente ela não era muito diferente do nosso Sol antes de ficar sem combustível e desenvolver uma nebulosa planetária agora dispersa. A proximidade de WD 1145+017b com sua estrela fornece indícios sobre suas interações

* N.R.T.: Um sistema estelar binário é composto por duas estrelas que se orbitam mutuamente, mantidas próximas pela força gravitacional.

durante o período em que ela atingiu o fim de sua vida. Com uma temperatura de superfície de aproximadamente 3.730°C, os minerais são vaporizados e expelidos em órbita, formando um disco de poeira quente ao redor de sua estrela. Essa vaporização e ablação progressivas eventualmente levarão à desintegração de WD 1145+017b dentro de 100 e 200 milhões de anos, um prelúdio do que nos espera na Terra em alguns bilhões de anos.

Os ambientes extremos são abundantes nos exoplanetas. Eles são tão numerosos e variados que provavelmente encontramos neles tudo o que nossa imaginação pode conceber, e é por isso que é fácil compará-los aos mundos imaginários da ficção científica. Até o momento, descobrimos planetas que refletem menos luz que o carvão. Em alguns, chove ferro e vidro líquido ou diamantes, outros têm nuvens de vapor metálico ou chuvas de rubis e safiras líquidos, como o WASP121 b. Planetas como o Gliese-1132 b desenvolveram uma segunda atmosfera após perder a primeira, como um lagarto perdendo a cauda. Existe também outro mundo em rotação síncrona que experimenta, ao mesmo tempo, temperaturas infernais em seu lado diurno permanentemente voltado para sua estrela e temperaturas congelantes em seu lado noturno. Em contrapartida, outro Júpiter quente, também em rotação síncrona com sua estrela, encontrou uma maneira de equilibrar essas diferenças de temperatura entre os lados diurno e noturno: ele as regula com a ajuda de ventos incrivelmente violentos, que atingem quase seis vezes a velocidade de som, e talvez até 35 mil quilômetros por hora. O KELT-9b, um gigante gasoso semelhante a Júpiter, tem uma temperatura de superfície de 4.300°C. As moléculas de sua atmosfera degradadas à medida que são decompostas em seus átomos constituintes.

E então temos o patriarca, pelo menos por enquanto: o exoplaneta mais antigo já descoberto. O PSR B1620-26b tem 12,7 bilhões de anos, apenas 1 bilhão de anos mais jovem que o *Big Bang*. Se ao menos os exoplanetas pudessem falar... Até certo ponto, eles podem: o estudo de sua composição nos ajudará a entender quais elementos pesados estavam presentes no momento de sua formação. Essa informação é fundamental para estimar quando os elementos constitutivos da vida se tornaram suficientemente abundantes no Universo. No outro extremo da escala de tempo, o V830 Tauri tem somente 2 milhões de anos e ainda está se formando. Essa diversidade de mundos é o reflexo de um Universo dinâmico e maravilhoso, onde todos os cenários possíveis e todos os estágios da evolução planetária parecem estar ocorrendo simultaneamente diante de nossos olhos. Mas nossa busca mais secreta está além da maravilha, além da descoberta de mundos cuja existência nunca poderíamos imaginar, e se resume a uma pergunta: existe outro pálido ponto azul escondido no meio desse balé deslumbrante de orbes?

EM BUSCA DE UMA SEGUNDA TERRA

Nossa busca por uma segunda Terra não é motivada pelo desejo de fuga e nunca deverá ser, a menos que nosso planeta esteja sob ameaça de um cataclismo cósmico. Mesmo os mundos que descobrimos mais próximos são distantes demais para serem alcançados pela nossa tecnologia atual. Dito isso, alguns projetos ousados de missões começam a surgir. Um deles é o Breakthrough Starshot, que tem como objetivo chegar ao Proxima Centauri b, nosso vizinho planetário mais próximo fora do Sistema Solar, que faz parte de um sistema de três planetas, o último dos quais foi descoberto no início de 2020 graças ao VLT do Observatório Europeu do Sul (ESO). Proxima b tem uma massa comparável à da Terra e está localizado na zona habitável de sua estrela. A missão consistiria em uma frota de nanossondas interestelares cuja navegação espacial ocorra com um sistema de “velas” de vários quilômetros, impulsionadas por um conjunto de lasers. Surfando a luz, elas levariam entre 20 e 30 anos para completar a viagem de 4,37 anos-luz. Hoje nossa sonda mais rápida é a Parker Solar Probe, que voa a 531 mil quilômetros por hora (0,05% da velocidade da luz), velocidade na qual levaria 7 mil anos para chegar ao Proxima b. A tecnologia necessária para realizar a Starshot é impressionante e precisa atingir de 15% a 20% da velocidade da luz, o que talvez seja alcançado pela próxima geração graças aos avanços nos sistemas de propulsão.

Enquanto isso, continuamos incansavelmente a decodificar ambientes planetários extraterrestres à distância, a partir da Terra e do espaço. Somos motivados por essa curiosidade insaciável que nos move desde o início dos tempos, essa necessidade de saber se estamos sozinhos no Universo. Considerando as descobertas atuais, repetirei o que digo tantas vezes: com pelo menos 300 milhões de exoplanetas *potencialmente* localizados na zona habitável de suas estrelas somente em nossa galáxia, pensar que estamos sozinhos neste oceano cósmico é simplesmente um absurdo estatístico. Dito isso, estar na zona habitável não é tudo, pois ainda é preciso permanecer nela. Quando isso acontece, também é necessário tentar entender quais ambientes planetários propiciam condições favoráveis à vida, não apenas para permitir seu surgimento, mas também sua sobrevivência e evolução ao longo do tempo.

Nosso Sistema Solar é um exemplo perfeito dessa questão. Ele começou com três planetas habitáveis no chamado Sistema Solar interior (Terra, Vênus e Marte). No entanto, a única biosfera evidente hoje é a nossa, e o papel do Sol nessa evolução foi essencial. Sua transformação de protoestrela em estrela de massa média na sequência principal foi acompanhada por mudanças em seu tamanho e sua produção de energia e, consequentemente, por flutuações nos limites da zona habitável. Não há razão para que seja diferente com exoplanetas e suas estrelas e, nesse caso, nem todos os candidatos são iguais.

Atualmente, há algumas dezenas de exoplanetas confirmados na zona habitável de sua estrela. Um deles tem o diâmetro de Marte, os outros têm dimensões entre a Terra e as super-Terras. Alguns poderiam sofrer erupções solares e receber altas doses de radiação que reduzem suas chances de desenvolver ou sustentar a vida, independentemente de sua posição no sistema planetário. O Kepler-438b é um exemplo disso: com tamanho próximo ao da Terra, é um planeta terrestre localizado a cerca de 473 anos-luz, no limite interno da zona habitável de uma anã vermelha, e que recebe o equivalente a 1,4 vezes o fluxo solar. Além disso, é bombardeado pela formidável radiação de sua estrela a cada 100 dias, durante tempestades solares violentas. Essas tempestades são muito mais fortes do que as maiores erupções que nosso Sol já produziu e, provavelmente, erodiram a atmosfera e esterilizaram a superfície. Sem uma atmosfera, esse planeta fica exposto a raios X e radiação ultravioleta intensos, bem como a partículas carregadas que deixam pouca esperança de que algo possa sobreviver ali. Esse é um exemplo de um mundo não muito diferente do nosso, localizado na zona habitável, mas com poucas chances de habitabilidade. Em contrapartida, a vida poderia surgir e sobreviver perto de um tipo de estrela que provavelmente não estaria no topo das nossas prioridades até recentemente: estrelas moribundas.

As estrelas semelhantes ao Sol se tornam anãs brancas depois de esgotarem seu combustível e expelirem seu envoltório externo. Nesse estágio de sua evolução, elas não são maiores que muitos planetas. Localizada a 117 anos-luz da Terra, a WD1054-226 é uma dessas estrelas. A cada 25 horas, quedas na intensidade da luz proveniente da estrela indicam a presença de nuvens de detritos e poeira regularmente espaçadas orbitando-a. A melhor maneira de explicar a regularidade de seu trânsito é a presença de um planeta que, se fosse confirmado, estaria localizado na zona habitável da anã branca. Tal estrela deveria ter limpado sua órbita durante sua existência em sua sequência principal. Portanto, qualquer planeta nessa região só pode ter se formado recentemente. Além disso, embora a zona habitável de uma anã branca seja menor e mais próxima da estrela, um planeta localizado nessa zona pode ter uma habitabilidade duradoura de pelo menos 2 bilhões de anos. A vida na Terra surgiu muito antes disso.

TRAPPIST-1

A 41 anos-luz da Terra, na constelação de Aquário, o sistema planetário Trappist-1 nos permite observar a evolução da habitabilidade de vários planetas localizados na zona habitável de uma anã vermelha ultrafria de 7,6 bilhões de anos e pouco maior que Júpiter. Nesse sistema de sete planetas, pelo menos três deles estão localizados na zona habitável e as suas dimensões variam de um tamanho semelhante ao de Marte até um pouco maior que o da Terra. Trappist-1 poderia ser só um exemplo dentre outros do mesmo tipo em nossa galáxia, já que dados do telescópio Spitzer sugerem uma probabilidade de 30% a 45% de planetas do tamanho da Terra se formarem ao redor de anãs ultrafrias!

Se o sistema Trappist-1 fosse dimensionado na escala do Sistema Solar, todos os sete planetas caberiam na órbita de Mercúrio. Eles são densamente agrupados e estão em ressonância orbital, o que significa que estão espaçados em proporções numéricas específicas e exercem uma influência gravitacional periódica um sobre o outro. Essa proximidade, não apenas de sua estrela, mas também entre si, produz efeitos de maré gravitacional que poderiam promover o tectonismo das placas, um elemento crucial quando pensamos em seu papel nos ciclos biogeológicos. Devido a essa proximidade, alguns planetas são visíveis no céu dos outros, mas é improvável que tenham luas.

Comparação entre o sistema Trappist-1 e o Sistema Solar interior. Trappist-1 compreende sete planetas próximos ao tamanho da Terra. Três deles (Trappist-1e, f, g) estão na zona habitável de sua estrela.
(Fonte: Nasa/JPL-Caltech.)

A configuração única do sistema Trappist-1 oferece um curso de Física/Química digno de um livro escolar sobre a evolução da água em função da distância entre um planeta e sua estrela. Contudo, a evolução do seu ambiente não é tão clara: ela é complicada pelo excesso de radiação, que remonta ao início da história da estrela. Os planetas mais próximos (Trappist-1b-d) provavelmente têm um vulcanismo intenso e oceanos de magma, enquanto o fluxo ultravioleta da estrela removeu sua atmosfera. Por outro lado, os planetas exteriores estão distantes o suficiente para terem conservado uma atmosfera e, em alguns casos, oceanos profundos. As baixas temperaturas dos planetas mais distantes Trappist-1f-h impedem a presença de água líquida na superfície na maioria das vezes. Esses planetas poderiam ser os equivalentes da Terra "Bola de Neve" (aqueles episódios de glaciação que marcaram nosso planeta), ainda que as atmosferas de CO2 de Trappist-1f-g possam ser quentes o suficiente para permitir o derretimento do gelo. Os três planetas mais externos podem conter, em água, o equivalente a várias vezes a massa dos oceanos terrestres, em especial Trappist-1f, que contém até 50% de água por massa. Quanto ao Trappist-1g, sua densidade sugere a presença do equivalente a várias massas oceânicas terrestres. Trappist-1h é o mais distante de sua estrela, a 5,9 milhões de quilômetros, e dois cenários são possíveis: um o tornaria um planeta muito semelhante a Titã, com uma atmosfera de metano e nitrogênio; o outro indica que o ponto de fusão da água poderia ser alcançado se o planeta desenvolvesse um efeito estufa de hidrogênio ou tivesse energia interna suficiente e atrito produzido pelos efeitos de maré. Assim como os outros planetas externos do sistema, Trappist-1h poderia conter o equivalente a várias massas oceânicas terrestres.

O primeiro dos planetas exteriores, Trappist-1e, é o que mais se assemelha à Terra. Sua massa, raio, densidade, gravidade, temperatura e fluxo estelar são semelhantes aos do nosso planeta. Sua superfície é rochosa e é provável que sua atmosfera, como nos planetas telúricos do nosso Sistema Solar, seja compacta. O que difere é a duração de vida da estrela: Trappist-1 tem apenas 8% da massa do Sol, o que possibilita uma vida útil de 12 *trilhões* de anos, ou seja, mais de mil vezes a da nossa estrela! Logo, todos esses fatores parecem extremamente favoráveis ao surgimento da vida. Apesar de o planeta estar em rotação síncrona em torno de sua estrela, o que deve ter consequências para seu clima e potencial habitabilidade, sua atmosfera parece ser suficientemente espessa e estável para permitir transferência de calor adicional para a parte noturna. Trappist-1e é o planeta mais próximo de ser uma segunda Terra que encontramos até agora, juntamente com Kepler 186f ou Kepler 452b, que têm dimensões comparáveis à Terra ou a uma super-Terra e que também foram detectados na zona habitável de sua estrela. Dependendo do tipo de planetas e atmosferas presentes, a vida poderia estar escondida além dessa zona e ser facilitada pela existência de luas. As possibilidades são infinitas.

A INTELIGÊNCIA ARTIFICIAL A SERVIÇO DA DETECÇÃO DE EXOPLANETAS

Embora os dados acumulados pelos nossos telescópios pareçam, atualmente, limitados, o fato de conhecermos o diâmetro, a massa, a densidade, a distância da estrela e o tipo de órbita nos permite criar modelos de atmosfera e clima. Graças a eles, podemos usar nossos conhecimentos da evolução da Terra e deduzir os tipos de ambientes que um exoplaneta pode ter. A ideia é comparar esses ambientes com as diferentes eras que a Terra vivenciou durante sua história geológica e climática – Terra Prebiótica, Grande Oxigenação, Terra Bola de Neve e muitas outras. Esses cenários físico-químicos nos ajudam a produzir modelos espectrais usados na detecção e caracterização de exoplanetas. Uma vez estabelecida a variedade de climas e ambientes plausíveis, o estudo de organismos terrestres, incluindo extremófilos, permite-nos avaliar quais tipos de metabolismos e biologia provavelmente se desenvolveriam, se adaptariam e sobreviveriam ali, e quais seriam suas bioassinaturas. Mas precisamos realizar tudo isso em um Universo que apresente uma diversidade infinita de zonas e ambientes habitáveis ao redor de estrelas muito diferentes entre si. Esses ambientes abrem horizontes quase ilimitados para nossa busca por assinaturas de vida.

Na última década, a inteligência artificial e a aprendizagem de máquina nos permitiram enfrentar esse desafio de forma muito mais eficaz e fazer avanços significativos na detecção de exoplanetas. Os algoritmos da inteligência artificial são mais eficazes que os humanos para reconhecer os alarmes falsos. Eles identificaram 301 exoplanetas desconhecidos nos dados do Kepler e do K2 e validaram outros 50. Essas tecnologias também são utilizadas para modelar as zonas habitáveis, a coevolução teórica da vida e dos ambientes extraterrestres e para interpretar os dados coletados por telescópios terrestres e espaciais. Elas nos ajudam a enfrentar os sistemas evolutivos na biologia, a complexidade, a novidade e os problemas relacionados à adaptação e à mutação – tantas áreas que, sem elas, seriam desafios colossais para enfrentar. Mas a inteligência artificial e a aprendizagem de máquina não nos ajudam apenas a analisar enormes bancos de dados de telescópios terrestres e espaciais; elas também nos guiam no planejamento das observações futuras e na criação de novos experimentos, instrumentos e missões.

Desde 2016, a Nasa se associou a empresas de inteligência artificial, ao United States Geological Survey, ao Ministério do Meio Ambiente, a inovadores em tecnologia e ao mundo acadêmico para desenvolver técnicas avançadas de aprendizagem de máquina como parte de um programa de verão chamado Frontier Development Lab (FDL). Organizado pelo Instituto Seti em colaboração com o centro de pesquisa Nasa Ames, em uma parceria que une os setores privado e público (Nasa, nos Estados Unidos, ESA, na Europa), esse programa visa resolver alguns dos maiores desafios da humanidade nas linhas de frente do meio ambiente e do clima, da ciência e da exploração planetária e espacial, da Astrobiologia e dos recursos espaciais, da defesa planetária e muito mais. Trata-se de uma incubadora de ideias e técnicas inovadoras voltadas para os enormes bancos de dados e questões científicas complexas. Esse programa permitiu, por exemplo, desenvolver novos métodos de identificação e determinação da abundância de certas moléculas na atmosfera de exoplanetas por análise espectral, através de redes neurais. Hoje a inteligência artificial é usada diariamente em todo o mundo para estabelecer uma base de conhecimentos dos parâmetros que podem afetar a habitabilidade, o surgimento da vida, bem como possíveis bioassinaturas e tecnoassinaturas (as assinaturas de civilizações extraterrestres avançadas – voltaremos a esse assunto).

A VISÃO DE CARL SAGAN

Essa visão holística da busca pela vida no Universo nos traz de volta, por um momento, à visão de Carl Sagan que, em sua época, já havia previsto a possibilidade de buscar vida além da Terra e do Sistema Solar utilizando as atmosferas planetárias. Em 2019, a *Nature Astronomy* me pediu para escrever um artigo sobre uma publicação de Carl e seus colegas de 1993, "A Search for Life on Earth from the Galileo Experiment"[26] ("A busca pela vida na Terra a partir do experimento de Galileo"). O artigo era destinado a integrar uma série de textos em comemoração aos 100 anos da União Astronômica Internacional (UAI). Fui convidada a comentar esse texto fundamental que explicava como a sonda Galileo tinha procurado sinais de vida na Terra a partir do espaço, enquanto estava a caminho de Júpiter em 1990. A editora-chefe me pediu para explicar o que essa visão de exploração representava na época e avaliar se seu impacto havia diminuído ao longo do tempo. A apreensão que senti no início dessa análise crítica do trabalho de Carl foi rapidamente substituída por um crescente sentimento de admiração à medida que eu me aprofundava na obra. Reproduzo a seguir o texto que escrevi para a *Nature Astronomy*, pois ele articula os diferentes elementos da busca pela vida no Universo discutidos nos capítulos anteriores, seja ela realizada em nosso Sistema Solar ou em exoplanetas, seja ela simples, complexa ou tecnologicamente avançada. Isso mostra quão profética era a visão de Carl. Ele leu o espaço e o tempo como um livro aberto.

> A maior aproximação de Galileo ao nosso planeta, em dezembro de 1990, permitiu o primeiro experimento de busca pela vida na Terra a partir do espaço. Dez meses antes, a Voyager 1 havia enviado a imagem icônica do "pálido ponto azul". Além de Netuno, a Terra parecia

apenas uma fração de pixel. Esse retrato planetário foi tirado por sugestão de Carl Sagan, que também foi o idealizador do experimento de sobrevoo de Galileo. O pálido ponto azul se tornou instantaneamente o símbolo de uma civilização que se expande para além de seu berço planetário, em busca de vida fora da Terra. Para ter sucesso, a humanidade teria que se redefinir a partir de uma perspectiva cósmica. E, dez meses após essa mensagem filosófica transmitida pela imagem do pálido ponto azul, o experimento de Galileo forneceu um roteiro científico para essa odisseia.

Em 1990, uma nova visão da vizinhança da Terra se desenhava à medida que frotas de espaçonaves sobrevoavam e pousavam em mundos que, até então, só haviam sido estudados por telescópios terrestres. As descobertas, como as fumarolas negras no fundo do oceano, lançam uma nova luz sobre a questão da origem da vida na Terra. Os métodos de detecção de exoplanetas culminariam na missão Kepler, e a busca por uma inteligência extraterrestre (Seti) apontava radiotelescópios para estrelas semelhantes ao Sol. A ideia de uma civilização avançada em Marte foi enterrada pelas Mariner. Contudo, a ambiguidade dos experimentos biológicos subsequentes de Viking era sintomática de suas primeiras etapas exploratórias. Enquanto a tecnologia finalmente tornava possível a exploração planetária *in situ*, esses experimentos ainda careciam de dados básicos que permitissem situar os resultados em um contexto ambiental adequado.

O experimento de Galileo reflete todos os elementos dessa era pioneira, reunidos em uma visão definidora que ainda molda a busca pela vida fora da Terra. Tratava-se de um experimento ambicioso que combinava imagens, espectroscopia, sensoriamento remoto e modelagem. Os instrumentos não foram projetados para um sobrevoo da Terra e, ainda que as conclusões digam respeito somente à detecção da vida no Sistema Solar, a abordagem já era infinitamente relevante para a exploração de exoplanetas, em particular, para a detecção de bioassinaturas em suas atmosferas.

Sagan e seus colegas tiraram suas conclusões baseando-se unicamente em primeiros princípios e abriram um caminho para métodos universais na busca pela vida além do nosso planeta. Os desequilíbrios termodinâmicos (quando o balanço energético entre a produção, transferência e dissipação de energia livre não está equilibrado) foram o ponto central de sua interpretação e considerados uma condição necessária, mas não suficiente, uma vez que tanto processos bióticos quanto abióticos podem produzi-los. Reconhecer sua natureza permanece uma questão fundamental na prevenção de falsos positivos hoje em dia, e a vida continua sendo a hipótese de último recurso.

De certa forma, essa questão pode ser tratada como um problema de duas incógnitas, o que corresponde à abordagem do experimento de Galileo. A vida e o meio ambiente evoluem juntos. Consequentemente, quanto mais dados tivermos sobre o meio ambiente, menor será o risco de introduzir incertezas na modelagem da origem e da natureza dos desequilíbrios. No entanto, até que ponto o estado atual de um planeta é representativo de sua história continua sendo uma questão em aberto, começando pela nosso. Recentemente, a missão Osiris-Rex mediu um aumento de 12% a 14% do dióxido de carbono e metano na atmosfera terrestre em comparação com os valores registados durante o sobrevoo da Galileo, o que pode deixar um observador extraterrestre perplexo com as razões dessas mudanças repentinas. No experimento da Galileo, o número e a amplitude dos desequilíbrios no oxigênio, ozônio, metano e nitrogênio atmosféricos e a incapacidade de resolvê-los por meio da única modelagem ambiental foram justamente o que "sugeriam fortemente a presença da vida na Terra".

Contudo, o maior impacto desse experimento inédito talvez não esteja nesse resultado, mas nas lacunas de conhecimento e nas dúvidas persistentes que ele evidenciou: como identificar a vida tal qual não a conhecemos? Como detectar ecossistemas microbianos ocultos ou reduzir a incerteza na modelagem das evoluções planetárias? O que é uma evidência inequívoca da vida? Nessas questões residem as verdadeiras direções da pesquisa, inclusive na frase final do artigo de Sagan: "[...] De todos os mundos do Sistema Solar, uma atividade biológica generalizada, até o momento, só existe na Terra".

Embora não existam outros planetas como a Terra no Sistema Solar, a vida ainda poderia estar disseminada neles. É provável que ela seja microbiana e subterrânea e, portanto, difícil de detectar se os processos bióticos não envolverem trocas abundantes entre a superfície e a atmosfera. Os análogos terrestres dos ambientes planetários mostram que a distribuição de *habitats* microbianos extremos tem pouca relação com a zona habitável (conforme definida pela Astronomia). Ecossistemas podem existir em qualquer lugar abaixo da superfície, desde que suas necessidades metabólicas sejam atendidas, inclusive em Marte e no Sistema Solar exterior. A sua detecção exigiria um monitoramento de alta resolução espacial e temporal a partir da órbita e da superfície, além de perfurações, o que é pouco provável em missões de sobrevoo, exceto, talvez, nos mundos com gêiseres. Essa realidade apresenta novos desafios, visto que as escalas espaço-temporais e as resoluções envolvidas na caracterização da habitabilidade dos planetas ou na busca por *habitats* microbianos extremos simplesmente não são as mesmas. Na Terra, e fora dela, detectar e compreender a diversidade da vida, da mais simples à mais complexa, não pode ser feito com uma única abordagem. É preciso construir pontes entre Astronomia, Biologia, Ciências Planetárias e Ambientais, Oceanografia, Cosmologia, Ciências Humanas e muitas outras áreas, o que demanda o desenvolvimento de novas ferramentas especializadas, desde megatelescópios até nanotecnologias. Em 1990, a ideia de uma conexão entre tais áreas começou a surgir e, em 1998, foram criados o Instituto de Astrobiologia da Nasa, assim como sua primeira visão estratégica para a Astrobiologia.

Hoje, os avanços tecnológicos e os vastos bancos de dados fornecem uma base multidisciplinar da mais alta resolução para mapear um Universo complexo, povoado por mais planetas do que estrelas. Além disso, a inteligência artificial proporciona um poder de cálculo sem precedentes, auxiliando na detecção e na modelagem. Se as emissões de rádio detectadas pela Galileo fossem indícios de uma civilização terrestre tecnologicamente avançada, talvez mensagens codificadas mais sutis e desconhecidas possam se esconder nos dados ópticos e de rádio passados e presentes vindos do espaço profundo, os quais a inteligência artificial poderia ajudar a descobrir.

No que tange à detecção de bioassinaturas nos exoplanetas, o pálido ponto azul e o experimento Galileo continuam sendo, mais do que nunca, a visão unificada de um futuro que, neste instante, se revela diante de nossos olhos. Milhares de exoplanetas foram descobertos, e, com eles, uma diversidade infinita de mundos. Eles também são apenas frações de pixels perdidos no espaço. Entretanto, suas atmosferas são agora reveladas por interferometria óptica e métodos espectroscópicos avançados para detecção da vida que estão sendo desenvolvidos. Essas técnicas, que estão emergindo na era dos telescópios gigantes, dos espelhos segmentados e da óptica adaptativa, tornarão os futuros telescópios terrestres mais poderosos que os telescópios espaciais atuais. O Large Synoptic Survey permitirá a detecção de uma ampla variedade de populações de exoplanetas, enquanto o Gemini já está capturando imagens deles. Em breve, o Telescópio Gigante Magalhães medirá suas velocidades e atmosferas com uma resolução dez vezes superior que a do Hubble. A detecção também acontece em escala CubeSat. O Tess segue os passos do Kepler; o telescópio espacial James Webb agora está pronto para estudar atmosferas no infravermelho. Com esses telescópios, 26 anos após o experimento de Galileo, estamos, de muitas maneiras, mais bem posicionados que nunca para encontrar vida fora da Terra. Todavia, ainda enfrentamos dificuldades para determinar o que constitui uma evidência inequívoca de vida, pois ainda não há uma definição consensual sobre o que é a vida. No fim das contas, nessa busca, como em muitas outras, a viagem é o destino, e a cada passo, buscamos, sim, descobrir se estamos sozinhos no Universo, mas também buscamos compreender quem realmente somos.[27]

Ecos de ondas cósmicas

A abundância de exoplanetas sugere que mundos com vida podem estar se escondendo bem debaixo de nossos olhos no céu noturno, dando-nos a esperança de que a primeira detecção de assinaturas de vida pode ocorrer na próxima década. Mas, por enquanto, permanece a dúvida sobre a existência de vida, simples ou complexa, além de nosso Sistema Solar. Pensando na rapidez com que surgiram microrganismos simples na Terra e em como seus elementos constitutivos são comuns, poderíamos facilmente imaginar um Universo repleto de quimioautotróficos e de cianobactérias (ou seus análogos) – pelo menos eu imagino. Eles também poderiam deixar assinaturas na atmosfera de seus planetas, sob a forma de gases biogênicos e de desequilíbrios termodinâmicos. Considerando a probabilidade estatística de sua existência, poderiam ser os primeiros a serem detectados. Entretanto, algo no fundo de nós espera mais do que isso. Sondamos as profundezas da noite esperando que "alguém" esteja nos observando de volta, talvez também se perguntando, também procurando, talvez até já a caminho.

A descoberta de uma civilização extraterrestre (ET) tecnologicamente avançada não está subordinada à descoberta prévia de uma vida simples. Contudo, a descoberta de um outro mundo povoado de micróbios nos permitiria compreender melhor as condições que levam a uma vida complexa num planeta e não noutro. Ainda que os microrganismos pareçam interessar apenas aos especialistas, eles estão fundamentalmente relacionados a todos os seres vivos em nossa biosfera e oferecem uma base para compreender uma biologia alienígena. Com muita frequência, esquecemos que os organismos complexos – inclusive os seres humanos, agrade ou não ao nosso ego – são federações de microbiomas vivendo em simbiose. A vida em todos os estágios de evolução e de complexidade, sua relação e sua adaptação ao meio ambiente, sua resiliência e sua diversidade, tudo parte desses humildes começos. Indícios essenciais para decifrar as assinaturas de uma vida extraterrestre residem na decodificação do comportamento desses seres minúsculos. Nessa perspectiva, a descoberta de evidências da existência de biosferas microbianas além da Terra constituiria um passo decisivo à frente, pois, em nosso Universo estatístico e probabilista, quanto mais exemplares de vida desse tipo encontrarmos, mais chances teremos de que haja uma vida complexa, inteligente e tecnologicamente avançada além da Terra.

EM BUSCA DE VIDA COMPLEXA: A EQUAÇÃO DE DRAKE

Esse raciocínio já estava integrado na Equação de Drake, que tinha o objetivo de deduzir o número dessas civilizações alienígenas potencialmente ativas e detectáveis em nossa galáxia. Desde sua criação por Francis Drake, em 1961, essa equação (na realidade, uma fórmula) forneceu um enquadramento intelectual e argumentos probabilistas para refletir sobre as condições necessárias ao surgimento da vida e ao advento de uma civilização tecnologicamente avançada.

$$N = R_* \cdot f_P \cdot n_e \cdot f_l \cdot f_i \cdot f_c \cdot L$$

A Equação de Drake é uma fórmula matemática que permite estimar o número de civilizações além do Sistema Solar cujas emissões eletromagnéticas são detectáveis. Foi criada por Frank Drake em 1º de novembro de 1961. É a equação mais conhecida depois de $E = mc^2$, de Einstein.

Nesse contexto, (N) representa o número de civilizações na Via Láctea cujas emissões eletromagnéticas são detectáveis; (R_*) é o índice de formação das estrelas favoráveis ao desenvolvimento da vida inteligente; (f_p), a fração dessas estrelas que têm sistemas planetários; (n_e), o número de planetas por sistema planetário com um ambiente favorável à vida; (f_l), a fração de planetas em que a vida surge; (f_i), a fração de planetas com desenvolvimento de vida inteligente; (f_c), a fração de civilizações que desenvolvem uma tecnologia que produza sinais detectáveis no espaço; e (L), a duração temporal durante a qual essas civilizações permanecem emitindo sinais para o espaço.

Quando a Equação de Drake foi criada, nosso conhecimento dos planetas e das estrelas provinha dos telescópios terrestres, e a solução de (N) era, por padrão, 1, isto é, nós. Ainda hoje, é o único número que podemos admitir como factualmente verdadeiro. A missão Kepler nos mostrou que, em média, um ou vários planetas orbitam cada estrela e que 10% delas são estrelas semelhantes ao Sol. O tamanho da maioria dos exoplanetas descobertos fica entre Marte e Netuno, e cerca de 20% deles são mundos telúricos similares à Terra, situados na zona habitável de sua estrela. Se excluirmos os mini-Netunos ou qualquer outro mundo situado fora dessas categorias e que poderia ser também habitável, já podemos contabilizar alguns bilhões de planetas semelhantes à Terra na zona habitável de sua estrela, apenas em nossa galáxia. Assim, 60 anos após a criação da Equação de Drake, é cada vez mais evidente que, a menos que nosso Universo seja um absurdo estatístico, não podemos simplesmente estar sós. No entanto, ainda resta encontrarmos a primeira evidência da existência de uma civilização extraterrestre.

Embora a equação tenha sido criada para avaliar o tamanho de (N), ela se mostrou igualmente útil para uma reflexão duradoura, além de uma estratégia engenhosa para nos guiar na exploração de um Universo vivo. Mas ela é bem mais do que isso. Sua estrutura faz dela um glifo multidimensional de mensagens cifradas; considerar o número de civilizações alienígenas que poderiam existir é somente uma primeira etapa, a parte mais visível da fórmula. Se analisarmos mais profundamente, ela nos indica também onde buscar com (f_p) e (n_e), enquanto (f_l), (f_i) e (f_c) sugerem as etapas pelas quais a vida deve passar desde suas origens simples até o desenvolvimento de uma tecnologia avançada. Ela indica, além disso, o que seria a aparência dos extraterrestres em função dos diferentes tipos de ambientes planetários descobertos.

Em 1961, a fórmula foi concebida com base em ambientes semelhantes à Terra e um tipo de vida que nos é familiar. As descobertas de Kepler, Tess e dos outros telescópios espaciais e terrestres tornaram essa busca ainda mais pertinente. Mas a Equação de Drake é, também, uma ferramenta flexível que pode absorver as novas descobertas de novos tipos de exoplanetas habitáveis e diferentes conceitos da vida, familiares ou não. Todos os novos meios planetários descobertos até agora podem passar pelo crivo dessa fórmula. Porém, como qualquer outra ferramenta intelectual, ela também tem seus limites. Desse modo, há um salto estrutural entre (f_i) e (f_c), o qual supõe que toda vida inteligente produz civilizações. Se julgarmos, por exemplo, pela Terra, nosso planeta conta com dezenas de espécies inteligentes, e algumas delas até desenvolveram organizações sociais complexas. Todavia, o termo "civilização" se refere geralmente às sociedades humanas, definidas pelo estágio de desenvolvimento e de organização social e cultural do ser humano considerado como "mais avançado". Ele implica critérios específicos, como abastecimento alimentar estável, estrutura social, sistema de governo, sistema religioso, cultura altamente desenvolvida, avanços tecnológicos, língua escrita e preservação de documentos escritos. Seja qual for nossa opinião sobre essa definição, por enquanto é com ela que precisamos trabalhar.

Consequentemente, em teoria, falta à fórmula um termo ligando (f_i) e (f_c) que mencione a fração de planetas (f_s) onde espécies inteligentes passam de uma estrutura societal a uma civilização. Esse termo também poderia ser expresso por um número (ns). É uma informação importante, pois não podemos excluir a possibilidade de que mais de uma espécie inteligente desenvolva uma civilização num determinado planeta. Afinal, esse fator que está faltando poderia ter um impacto sobre o valor final de (N). E, igualmente importante, ele permitiria considerar que espécies possam ser inteligentes sem desenvolver civilizações, como observamos na natureza em nosso planeta.

À luz das descobertas e dos avanços científicos recentes, a Equação de Drake pode sem dúvida ser aprimorada e atualizada, e parece que muitos estão tentando fazer isso. Contudo, independentemente de seus limites, ela constitui uma abordagem sólida e continua sendo a primeira visão universal da Astrobiologia e testemunho permanente do momento específico em que a humanidade começou a pensar de maneira holística a busca da vida no Universo. Definitivamente, trata-se de um argumento probabilista brilhante que, mais de 60 anos depois de sua formulação, continua acumulando novas dimensões com o aporte de novas informações.

Ainda que a incerteza aumente à medida que avançamos para a direita da fórmula, os três primeiros termos à esquerda podem agora ser ilustrados por dados mais tangíveis do que há 60 anos. Por exemplo, (R_*) é o índice anual de formação de estrelas propícias ao desenvolvimento de sistemas planetários onde poderia surgir vida inteligente. Nesse campo, os astrônomos sabem hoje que a Via Láctea não é a maior produtora de estrelas no Universo neste estágio de sua evolução. Só uma meia dúzia delas nasce a cada ano. Todavia, embora o índice anual de formação seja um dado relevante, ele não é realmente útil por si só, podendo ser vantajosamente substituído pelo número total de estrelas interessantes para a busca por civilizações tecnologicamente avançadas geradas por nossa galáxia desde seu surgimento. Esse número representa um potencial teórico.

Se tomarmos o exemplo das estrelas semelhantes ao Sol, a estimativa de sua população na galáxia se situa atualmente entre 4,1 e 11 bilhões, e os modelos sugerem que cerca de 7% delas poderiam abrigar ao menos um planeta habitável (podendo alcançar 50%). A população (n_e) de planetas na zona habitável das estrelas semelhantes ao Sol poderia então atingir de 300 milhões a 2 bilhões. São números muito altos, mas não devem ser levados ao pé da letra, pois nem todos esses planetas manterão um ambiente estável e propício à vida ao longo de sua existência. Terra, Vênus e Marte nos mostram quão efêmera pode ser a habitabilidade ao redor de uma estrela semelhante ao Sol. Por conseguinte, ao invés de um número único, a solução para esse termo é uma função que integre a evolução de uma estrela e aquela de sua zona habitável ao longo do tempo, assim como as propriedades específicas das atmosferas e das superfícies dos planetas que a orbitam. Como o objetivo final da Equação de Drake é avaliar o número de civilizações detectáveis, podemos simplificar a solução considerando apenas os planetas situados na zona habitável e que apresentam um potencial de habitabilidade duradouro, que dê tempo suficiente para a vida evoluir para uma tecnologia avançada. A falha dessa opção é negligenciar a possibilidade de que uma civilização possa migrar para as profundezas de seu sistema planetário para buscar refúgio em luas ou asteroides quando sua estrela entrar na fase de Gigante Vermelha. Além do mais, os exoplanetas também nos mostram que a habitabilidade se estende para além dos planetas semelhantes à Terra, incluindo as super-Terras e os mini-Netunos, o que poderia aumentar consideravelmente o número de candidatos para (ne).

Os termos à direita de (ne) são aqueles mais incertos até agora. Com (f_l), a estimativa da fração de planetas nos quais surge vida se choca com inúmeras questões não resolvidas em relação à origem da vida. Não sabemos o que é a vida. Não temos teoria definitiva sobre como ela começou em nosso planeta, e ainda tentamos saber se ela surgiu no Sistema Solar além da Terra. Consequentemente, uma solução temporária para (f_l) consiste em utilizar os únicos índices de que dispomos: a vida surgiu e se desenvolveu abundantemente no único planeta que conservou condições de habitabilidade duradouras durante bilhões de anos de mudanças climáticas, na zona habitável de uma estrela semelhante ao Sol. Marte não manteve condições habitáveis (em escala planetária) por muito tempo. Quanto a Vênus, ainda não se sabe por quanto tempo foi habitável. E tanto para Marte quanto para Vênus ainda não está excluída a existência de uma vida passada e presente. Por essa razão, a fração de planetas onde a vida surgiu no Sistema Solar interior poderia ser de um a três planetas de três numa zona habitável em evolução. Não podemos excluir a possibilidade de que também tenha surgido nos ambientes habitáveis do Sistema Solar exterior.

O fator (f_i) nos apresenta problemas tanto similares quanto diferentes. Nossa estimativa da fração de planetas onde a vida surge e se torna inteligente se choca com o fato de que ainda não conseguimos entrar em acordo sobre a definição de inteligência. Sua designação mais flexível poderia ser a capacidade de adquirir e de aplicar conhecimentos e competências. Na natureza, a adaptação poderia corresponder a essa descrição. Nesse caso, pode-se considerar como inteligentes espécies microbianas que sobreviveram e se adaptaram a numerosas mudanças de ambientes durante bilhões de anos? Talvez. Dito isso, ainda que micróbios possam produzir bioassinaturas detectáveis a partir do espaço (por exemplo, gases na atmosfera), isso não resulta de avanços tecnológicos, mas de uma atividade metabólica natural.

Uma definição mais completa de inteligência é "a capacidade de aprender, ou de compreender, ou de enfrentar situações novas ou penosas, o emprego hábil da razão, ou a capacidade de aplicar conhecimentos para manipular o meio ambiente, ou de pensar de maneira abstrata, medida por critérios objetivos" (*Enciclopédia Britânica*). Essa definição nos aproxima um pouco mais do que pode ser aplicado ao comportamento complexo de espécies como os primatas, alguns mamíferos marinhos, os polvos, os camundongos, os corvos e muitos outros animais. Ela também estabelece um vínculo com a Equação de Drake, que é (f_c), já que espécies inteligentes criaram estruturas sociais e que uma delas, os seres humanos, acabou desenvolvendo numerosas civilizações ao longo do tempo. A última delas produziu tecnologias capazes de emitir (voluntária e involuntariamente) sinais detectáveis da sua presença no espaço.

O último fator, (L), é provavelmente o mais incerto. Ele permite avaliar a duração da emissão de sinais detectáveis no espaço por uma civilização tecnologicamente avançada. Se considerarmos a evolução da Terra como um modelo representativo, a vida surgiu cedo em nosso planeta. No entanto, ela foi muito simples durante bilhões de anos. Enquanto espécie, os seres humanos são convidados de último minuto na Terra, e os humanos modernos só perambularam por ela durante 0,0017% de sua história. Uma metáfora usual que compara a história da Terra desde sua formação a um relógio de 24 horas sustenta que os seres humanos modernos entraram no palco planetário apenas um segundo antes da meia noite. Além disso, embora eles tenham surgido há 75 mil anos, só entraram na era industrial nos últimos 250 anos. Foi a partir essa época que nossa civilização começou a modificar a assinatura da atmosfera terrestre numa escala detectável, de modo involuntário e descuidado. A aviação surgiu há 120 anos; a Sputnik 1 foi lançada em 1957; a Apollo 11 posou na Lua em 1969 e agora pretendemos construir postos avançados na Lua e em Marte. Os progressos tecnológicos foram exponenciais nesse intervalo de tempo muito curto. Entretanto, a menos que a evolução biológica ocorra de modo muito diferente em outros planetas, a passagem de uma vida simples a seres tecnologicamente avançados leva bilhões de anos. Se fizermos dessa observação a hipótese geral de uma regra universal para os planetas habitáveis em torno de estrelas semelhantes ao Sol e se supusermos que a evolução segue uma tendência similar na galáxia, certas conclusões se tornam evidentes.

OS CANDIDATOS ÀS CIVILIZAÇÕES TECNOLOGICAMENTE AVANÇADAS

O surgimento de civilizações tecnologicamente avançadas que emitam sinais detectáveis e possam (ou desejem) se comunicar ocorre em torno de estrelas semelhantes ao Sol quando elas estão na metade de sua vida. Isso dá cerca de 1 bilhão de anos a uma civilização antes que a expansão de sua estrela comece a transformar a atmosfera e a superfície dos planetas tornando suas condições inabitáveis. É o destino que espera nosso planeta num bilhão de anos, quando a falta de oxigênio aniquilar a vida. Isso acontecerá quando o Sol se tornar mais luminoso e mais energia atingir a superfície da Terra. O processo acelerará a alteração das rochas, modificando todos os ciclos biogeoquímicos e as trocas entre o manto e os ambientes de superfície. Talvez não seja o fim de toda a vida na Terra, mas esse momento marcará, sem dúvida, o fim de todas as formas de vida complexas e aeróbias que não puderem escapar.

Na outra extremidade da sequência principal estelar, estrelas semelhantes ao Sol, mas mais jovens poderiam, em teoria, tornar-se propícias ao desenvolvimento de civilizações no futuro. Contudo, sua pouca idade as torna menos suscetíveis a abrigar uma civilização detectável, a não ser que uma civilização antiga tenha migrado para um sistema tão jovem para buscar refúgio ou estender sua zona de influência. Considerando as estrelas velhas e jovens demais, a janela temporal para procurar civilizações avançadas em torno de tais sistemas ocorre provavelmente quando estrelas semelhantes ao Sol têm entre 4,5 e 5,5 bilhões de anos. Evidentemente, trata-se de um modelo inteiramente geocêntrico, que requer uma evolução convergente e que pode, ou não, refletir a realidade. Porém, considerando o que sabemos da frequência dos elementos constitutivos da vida e do tempo que a vida simples precisou para evoluir para formas complexas em nosso planeta, esse modelo é lógico. E, se não for o caso, o número de estrelas semelhantes ao Sol torna quase inevitável estatisticamente que esse cenário se tenha produzido em nossa galáxia mais de uma vez, mesmo que apenas por acidente.

Por uma coincidência temporal, as estrelas semelhantes ao Sol começaram a se formar há 10 bilhões de anos, e sua duração é de 10 bilhões de anos. Portanto, as civilizações alienígenas mais antigas em torno dessas estrelas poderiam ter surgido quando nosso planeta se formou, há 4,5 bilhões de anos, e a vida surgiu. Com certeza, muitas delas já desapareceram, ao passo que a maioria das restantes está provavelmente muito mais avançada do que nós. Levando em conta nossos progressos científicos e tecnológicos em 200 anos, pode-se imaginar o estágio de desenvolvimento de uma civilização extraterrestre que estivesse apenas de 500 a 1.000 anos à nossa frente!

Ao contrário, somente uma fração das civilizações contemporâneas são detectáveis hoje. Talvez algumas dessas recém-chegadas se encontrem em algum lugar em torno de companheiros estelares do Sol, formados na mesma nuvem de gás e no mesmo agrupamento há 4,6 bilhões de anos. Aliás, um deles foi descoberto recentemente: a estrela HD 162826 se encontra hoje na constelação de Hércules, a cerca de 110 anos-luz da Terra. Ela é pouco mais de 15% mais massiva do que nosso Sol e possui 3% a mais de metais em sua composição. Embora nenhum planeta telúrico tenha sido detectado em torno dessa estrela até agora, sua existência é provável dado seu teor em metais.

A HD 162826 é, deste modo, uma candidata interessante para a Seti. Formou-se na mesma época que nosso Sol e sua composição é muito semelhante. Sua distância da Terra a coloca ao alcance da bolha de rádio terrestre de 115 anos-luz de raio, ou seja, a distância máxima alcançada por nossas primeiras emissões de rádio. Num cenário perfeitamente análogo (e totalmente antropocêntrico), no qual uma civilização tecnologicamente avançada tivesse surgido em torno da HD 162826 mais ou menos ao mesmo tempo do que a nossa e que estivesse agora procurando e escutando* como nós, o primeiro contato com uma civilização alienígena poderia acontecer com nossa própria família estelar, talvez a partir de um planeta orbitando uma estrela nascida na mesma nebulosa e ao mesmo tempo que o Sol! Isso também mostra que civilizações tecnológicas jovens como a nossa talvez estejam relativamente isoladas no espaço, visto que o "eco" de nossas ondas de rádio mal começa a formar ondas no oceano cósmico. Por outro lado, pode ser que esse sentimento de isolamento seja apenas fruto de nosso modo de ver as coisas, pois é provável que civilizações mais antigas possam ter um conhecimento mais aprofundado das leis que regem o Universo e ser avançadas o bastante para ter consciência de nossa existência apesar da distância. E essas civilizações talvez sejam numerosas.

* N.R.T.: Embora, em Física, o ato de permanecer captando sinais de radiofrequência para identificar possíveis fontes emissoras extraterrestres associadas à vida inteligente seja costumeiramente indicado pelo verbo "escutar", é importante deixar claro que essas ondas não são verdadeiramente audíveis – não se tratam de ondas sonoras, e sim eletromagnéticas.

As estimativas atuais do número de civilizações com as quais poderíamos nos comunicar em nossa galáxia consideram modelos desenvolvidos a partir da detecção de exoplanetas, extrapolações sobre os ambientes físico-químicos, evolução biológica e social na Terra, bem como a história do Sistema Solar. No entanto, isso não significa que um extraterrestre tenha, necessariamente, uma forma humanoide. A análise da história da Terra no contexto do Paradoxo de Fermi[28] (voltaremos a ele) supõe simplesmente que, se houver tempo suficiente, a inteligência surgirá em uma fração de planetas onde a vida começou e levará finalmente a civilizações tecnologicamente avançadas capazes de emitir sinais detectáveis. Todavia, a frequência e o número de civilizações que surgirão são questões muito subjetivas, já que o único exemplo de que dispomos é o nosso.

À complexidade dessa avaliação, somam-se o papel das catástrofes naturais ou provocadas, as questões ainda não resolvidas sobre o que modificou várias vezes o curso da evolução biológica e outros fatores difíceis de quantificar. Ademais, a duração de vida *média* das civilizações humanas passadas representa uma janela temporal relativamente curta. Então, é difícil saber com precisão se tal duração é representativa de uma civilização tecnológica humana moderna ou extraterrestre. Assim, os progressos tecnológicos e científicos dotaram nossa espécie da capacidade de se autodestruir a qualquer momento, mas essas mesmas tecnologias favorecem avanços sociais surpreendentes e uma duração da vida dos indivíduos cada vez maior. Na escala de nossa civilização, esses progressos nos aproximam mais e mais do momento em que nos espalharemos no Sistema Solar, aumentando as chances de sobrevivência de nossa espécie longe de seu berço planetário original.

A determinação de (N) é, pois, um problema complexo, ainda mais complicado porque civilizações tecnologicamente avançadas podem não ser detectáveis por razões diversas. Supondo que todas possam ser detectadas e que nossos modelos considerem todos os fatores imagináveis, o que, por si só, é uma suposição, haja vista a limitação de nossos conhecimentos, o número (N) de civilizações tecnologicamente avançadas em torno de estrelas semelhantes ao Sol em nossa galáxia poderia variar *no mínimo* de algumas dezenas a alguns milhares, conforme os modelos. Sem dúvida, trata-se de uma estimativa por baixo, pois só leva em conta os planetas de tipo terrestre situados na zona habitável de estrelas de tipo solar.

Sabemos hoje que outros tipos de planetas apresentam ambientes favoráveis à vida, ainda que não sejam do tipo terrestre; eles ampliaram nossa definição da habitabilidade e estenderam nosso espaço de detecção. Por exemplo, mal começamos a entrever como seriam o clima e a habitabilidade de um planeta orbitando um sistema com duas, três ou quatro estrelas! Seria a vida possível num desses planetas? Talvez. As interações gravitacionais dentro de um sistema de estrelas múltiplas podem levar um planeta a ser ejetado para fora de sua órbita, a ser absorvido por sua estrela ou a reduzir a extensão de sua zona habitável devido à instabilidade de sua órbita. No entanto, modelos matemáticos mostram que sistemas como Kepler-34, -35, -38, -64 e -413, inclusive planetas gigantes circumbinários (que orbitam duas estrelas), podem ter zonas habitáveis permanentes e estáveis. Esses sistemas poderiam abrigar vida tal como conhecemos e, principalmente, dispor de um oceano (caso de alguns). Contudo, neles as estações do ano variam bem mais do que na Terra, numa escala de tempo que vai de milhares a dezenas de milhares de anos. Durante certos períodos, elas podem até desaparecer completamente por causa de múltiplas forças gravitacionais que acarretam variações de obliquidade. Disso resulta, sem dúvida, um estilo muito diferente de coevolução da vida e do meio ambiente, e as consequências sobre o metabolismo e o desenvolvimento de uma vida complexa ainda são uma incógnita. Mas, talvez, apenas talvez, haja alguém, num planeta distante, olhando o pôr de alguns sóis no horizonte e se perguntando se a vida seria possível em sistemas com uma única estrela...

Outras estrelas, como as anãs vermelhas de tipo M e as anãs laranjas, de tipo K, oferecem um ambiente propício à vida em certos casos. Com somente uma fração da massa e da luminosidade do Sol, as anãs vermelhas estão entre as estrelas menores e mais frias. Sua duração de vida é de 2 trilhões de anos! Porém, sua evolução tumultuada torna difícil a avaliação de sua chance de desenvolver vida. De fato, elas são muito mais variáveis do que nosso Sol, com manchas estelares gigantes e erupções massivas que desencadeiam variações espetaculares de luminosidade. Seu entorno, com períodos imprevisíveis de intensas emissões de raios-X e ultravioleta, tem o poder de aniquilar as chances de surgimento da vida nos planetas em órbita, pelo menos no início de sua história. Contudo, estes são tão numerosos (58 bilhões, talvez) que há uma grande chance de que a vida tenha surgido em ao menos uma parte deles. Se assim for, a passagem do tempo poderia teoricamente favorecer uma evolução para formas complexas de vidas.

As estrelas de tipo K (as anãs laranjas) representam outros candidatos prioritários entre as estrelas menos luminosas e mais frias. Embora suas zonas habitáveis sejam pequenas, elas poderiam abrigar planetas com condições propícias à eclosão da vida. Seu ambiente radioativo é mais favorável do que o das anãs vermelhas, e elas representam até 13% da população estelar de nossa galáxia. Com durações de vida compreendidas entre 15 e 45 bilhões de anos, contra os 10 bilhões do nosso Sol, a habitabilidade e a vida nesses sistemas poderiam assumir formas que sequer conseguimos imaginar.

O PARADOXO DE FERMI

Apenas três décadas depois do início da busca de exoplanetas, nossa percepção do lugar que ocupamos na Via Láctea e seu potencial para abrigar outros mundos com vida mudaram totalmente. E essa odisseia está só começando. O James Webb está operando; os telescópios espaciais Plato (PLAnetary Transit and Oscillations of Stars) da ESA e a próxima geração de instrumentos terrestres de ponta vão trabalhar juntos para melhorar essa visão. Entretanto, por um contraste singular, essa riqueza em exoplanetas parece tornar a questão levantada pelo Paradoxo de Fermi ainda mais pertinente hoje: “Se há civilizações alienígenas, seus representantes já deveriam ter nos visitado. Então onde eles estão?”. No entanto, as probabilidades indicam fortemente não apenas que elas existem, mas também que são mais antigas do que nós... Então, por que não vemos nenhum sinal de sua presença no Universo?

O físico e ganhador do prêmio Nobel Enrico Fermi levantou essa questão, em 1950, numa conversa com colegas. Cerca de duas décadas antes, Constantin Tsiolkovski, teórico da cosmonáutica moderna, também se interrogara sobre isso quando refletia sobre as viagens espaciais. Ele propôs as premissas da "hipótese do zoológico" como resposta ao Paradoxo de Fermi, uma hipótese retomada e aprimorada, em 1973, pelo radioastrônomo John Ball. Nessa hipótese, a humanidade é considerada jovem demais e não está pronta para ser contatada por seres mais avançados. ETs preferem deixar a evolução agir naturalmente sem intervir, exatamente como pessoas observando animais num zoológico. Ignoremos, por um instante, as declarações daqueles que afirmam que ETs já visitaram nosso planeta e examinemos outras explicações possíveis para o Paradoxo de Fermi.

A abundância de exoplanetas descobertos em nossa galáxia e a fração estimada daqueles que poderiam levar ao surgimento da vida parecem confirmar o "princípio de mediocridade". Esse princípio estipula que, quando um subconjunto de uma população estatística é abundante, a probabilidade de amostrar ao acaso um de seus representantes é alta. Em outras palavras, segundo esse princípio, a Terra e sua evolução representam um caso comum no Universo, justificando uma abordagem antropocêntrica da busca de civilizações alienígenas. Se, agora, considerarmos em que momento as primeiras estrelas favoráveis ao desenvolvimento da vida e da inteligência se formaram na Via Láctea, muitas civilizações extraterrestres avançadas deveriam, teoricamente, ser mais antigas do que nós. Em consequência, elas já deveriam ter colonizado seus sistemas planetários, ter-se desenvolvido em novos *habitats* para acumular novo recursos e ter explorado e colonizado o espaço para além de sua vizinhança imediata, passando de um sistema planetário a outro ao longo das gerações. Ou seja, apesar da distância, ETs deveriam ter batido à nossa porta há muito tempo. Mas, ao invés disso, somos confrontados com o "Grande Silêncio".

Vinte anos depois da morte de Fermi, Michael Hart propôs explicações possíveis ao paradoxo num artigo publicado em 1975. Uma delas associa a ausência de evidências a obstáculos às viagens espaciais devido a limitações biológicas ou tecnológicas. Uma outra sugere que apesar da idade do

Universo e daquela das primeiras estrelas de tipo solar, talvez as civilizações avançadas não sejam muito mais antigas do que a nossa e não tenham ainda a capacidade de nos alcançar ou de se comunicar. Uma outra hipótese é que ETs visitaram a Terra sem que saibamos. Por fim, poderiam simplesmente não se preocupar com a existência de outros seres vivos no Universo.

A TERRA RARA

Muitos estudos se debruçaram sobre o Paradoxo de Fermi e propuseram hipóteses para explicá-lo. Dentre elas, a do "Grande Filtro". A ideia de que a vida inteligente é abundante no Universo pressupõe que ele seja homogêneo em todas as direções em escala macroscópica, conforme o princípio copernicano e o princípio da mediocridade. Mas o paleontólogo Peter Ward e o astrônomo Donald E. Brownlee pensam que isso não é tudo e acrescentaram à hipótese do Grande Filtro a da Terra rara.[29] Embora admitam que a vida simples deve ser comum no Universo, concluem que a vida complexa é rara devido a uma série de filtros que criam obstáculos para seu surgimento, fazendo da Terra um planeta único. Ward e Brownlee resumiram seu argumento numa variante da Equação de Drake:

$$N = N^* \cdot n_e \cdot f_g \cdot f_p \cdot f_{pm} \cdot f_i \cdot f_c \cdot f_l \cdot f_m \cdot f_j \cdot f_{me}$$

(N^*) é o número de estrelas na Via Láctea; (n_e), o número médio de planetas na zona habitável de uma estrela; (f_g), a fração de estrelas na zona habitável galáctica; (f_p), a fração de estrelas com planetas na Via Láctea; (f_{pm}), a fração de planetas telúricos; (f_i), a fração de planetas habitáveis onde surge vida microbiana; (f_c), a fração de planetas onde se desenvolve vida complexa; (f_l), a fração do tempo total da existência do planeta em que a vida complexa esteja presente; (f_m), a fração de planetas habitáveis com uma lua de grande dimensão; (f_j), a fração de sistemas planetários com gigantes gasosos; e (f_{me}), a fração de planetas com um número pequeno de extinções.

A hipótese da Terra rara foi formulada alguns anos antes que os novos telescópios e as missões espaciais revolucionassem nosso conhecimento da abundância e da diversidade dos exoplanetas em nossa galáxia. Portanto, certos fatores não têm claramente tanto peso hoje quanto ao serem propostos por Ward e Brownlee. Sabemos, por exemplo, graças à missão Kepler, que a fração de estrelas com planetas telúricos é estupenda. Muitos destes estão situados na zona habitável de sua estrela. Os sistemas planetários com gigantes gasosos são a regra, não a exceção. Em contrapartida, como na Equação de Drake, outros fatores ainda não passam de especulação, em especial a fração de planetas onde surgem vida microbiana e vida complexa. Além disso, a duração do período em que há vida complexa no planeta é um tanto ambígua, pois a complexidade pode ser considerada como uma noção relativa.

Um fator intrigante na fórmula de Ward e Brownlee é a fração de estrelas na zona habitável galáctica. Embora a noção de zona habitável seja empregada de modo recorrente para os sistemas planetários, seu papel no nível galáctico é bem menos mencionado. Talvez a Via Láctea não seja a maior galáxia, mas ainda assim é muito vasta e se estende por 180 mil anos-luz. O Sistema Solar se encontra no braço de Orion, região razoavelmente calma situada a 27 mil anos-luz do seu centro. Mas também há vizinhanças perigosas em nossa ilha no céu. O centro da galáxia é um deles, com seus níveis de radiações pouco propícios à vida. Aproximar-se demais também poderia causar outros desconfortos. De fato, o Sistema Solar está cercado pela nuvem de Oort, região onde há grande abundância de cometas. De tempos em tempos, esses objetos são expulsos de sua órbita pela força gravitacional de uma estrela de passagem e começam então sua viagem para o interior do Sistema Solar, onde às vezes causam estragos ao entrar em colisão com planetas. Se a Terra estivesse mais próxima do centro da galáxia, essas colisões ocorreriam com mais frequência devido à maior densidade de estrelas e a perturbações gravitacionais que elas provocam. Desse ponto de vista, a fórmula de Ward-Brownlee é um tanto redundante, já que estar na zona habitável da galáxia (f_g) diminui consideravelmente os riscos de extinções devido aos impactos de asteroides e de cometas (f_{me}).

Ademais, a distribuição espacial das estrelas na Via Láctea geralmente coincide com sua população. As estrelas mais antigas (população III) se encontram no halo da Via Láctea. Desprovidas de metais, elas não poderiam ter dado origem à vida como a conhecemos e teriam tido poucas chances de produzir planetas semelhantes à Terra. As estrelas de população II (com poucos metais) se encontram no halo e no bulbo, algumas na periferia. A população I, constituída pelas estrelas mais jovens com o maior teor em metais, à qual nosso Sol pertence, está situada principalmente nos braços espirais. Na verdade, essa observação poderia ser utilizada como um contra-argumento a Ward e Brownlee, porque as estrelas mais jovens, que apresentam o teor mais alto de metais e, portanto, as mais suscetíveis de formarem planetas telúricos e desenvolverem a vida, também são aquelas que se formaram na região calma da zona habitável, numa época em que os elementos constitutivos da vida se tornaram mais abundantes. Afinal, talvez não haja acaso... A ideia de um aspecto geracional da vida, pelo menos como a conhecemos, reaparece novamente aqui e sugere que planetas semelhantes à Terra, com elementos constitutivos da vida similares aos nossos, poderiam não ser tão raros assim.

Concordemos ou não com a hipótese da Terra rara, Ward e Brownlee levantaram alguns pontos importantes. Um deles é o papel de uma lua de grandes dimensões no surgimento e na evolução da vida, para o qual ainda não há resposta definitiva. Conhecemos seu impacto sobre o meio ambiente de nosso planeta e seu papel sobre o metabolismo e a fisiologia da vida, e ela com certeza imprimiu um ritmo aos processos biológicos quando a vida surgiu. Entretanto, ainda nos resta um longo caminho pela frente até poder afirmar que a vida não teria se enraizado ou não poderia ter se tornado complexa sem ela. A Lua torna a Terra mais habitável, moderando as oscilações de nosso planeta e estabilizando seu clima. Portanto, ela teve um papel em nossa biosfera, mas ainda não sabemos qual.

A hipótese da Terra rara também inclui fatores ambientais não previstos na fórmula de Ward-Brownlee. Um deles é a tectônica das placas que, a exemplo da Lua, é essencial na estabilização do clima e na regulação dos ciclos biogeológicos (em especial, a manutenção do nível de CO_2) na atmosfera terrestre ao longo do tempo. Esse argumento está no âmago de todas as discussões sobre a duração da habitabilidade e da vida fora da Terra. Mas outros mundos teriam utilizado outras vias? É o que parecem mostrar novos estudos que sugerem que planetas sem tectônica das placas poderiam ainda assim conservar calor suficiente para ser habitáveis. Desse modo, ainda continuam surgindo possibilidades que multiplicam as oportunidades para vida em todas as direções.

A Terra rara propõe também que os episódios climáticos da Terra Bola de Neve tiveram consequências decisivas. Nesses períodos de glaciação global, os oceanos e as massas continentais foram recobertos de gelo dos polos ao equador. Cada um desses períodos durou cerca de 10 milhões de anos. O primeiro, a glaciação huroniana, ocorreu há 2,4 bilhões de anos; a glaciação marinoana terminou há 635 milhões de anos; e a glaciação sturtiana começou há 720 milhões de anos. Esses episódios coincidiram com momentos decisivos na evolução da biosfera, como a Grande Oxigenação e a explosão cambriana, eventos que mudaram a conjuntura para sempre. A primeira glaciação global foi síncrona com o surgimento da vida fotossintética, que enriqueceu a atmosfera de oxigênio e reduziu os níveis de gás de efeito estufa. As duas últimas coincidiram com o surgimento da maioria das linhagens animais. Portanto, são observações importantes e válidas que devem ser consideradas. Esses eventos orientaram a evolução da vida na Terra até chegar à biosfera atual. Todavia, ainda é difícil afirmar que essa via era a única possível. Longe disso, pensam alguns. Honestamente, com nossos conhecimentos atuais, também é impossível sustentar que uma outra via poderia ter culminado numa civilização avançada.

Outros contra-argumentos foram levantados desde a publicação de *Terra rara*. Alguns deles postulam, por exemplo, a descoberta de meios mais favoráveis à vida do que a Terra em certos exoplanetas, chamados de "super-habitáveis". Eles orbitariam anãs laranjas, cuja duração de vida se estende por dezenas de bilhões de anos. Com o dobro da massa da Terra e com cerca de 1,3 vezes seu raio, a tectônica das placas seria possível nesses planetas. Situados na zona habitável de suas estrelas, as condições permaneceriam habitáveis durante muito, muito tempo. Suas características têm implicações sobre a densidade de sua atmosfera, topografia e tamanho dos oceanos, e uma das consequências poderia ser a existência de uma vida marinha em águas pouco profundas, mas com uma diversidade maior do que na Terra.

HIPÓTESES RADICAIS

Com o tempo, as explicações do Paradoxo de Fermi também incluíram a raridade da vida e da inteligência extraterrestre, assim como as extinções periódicas provocadas por eventos naturais. As explicações evolucionistas propõem que as espécies alienígenas inteligentes talvez ainda não tenham desenvolvido tecnologias avançadas, o que coincide com a ideia de um surgimento geracional da vida na galáxia. Nesse caso, é possível que a vida tenha alcançado apenas agora um estágio avançado em termos tecnológicos. E, se compararmos o estado de nossa tecnologia ao que era há apenas 200 anos, civilizações um pouquinho mais jovens do que a nossa ainda não estão em condições de serem detectadas ou de se comunicarem.

A natureza belicosa da espécie humana poderia, igualmente, levar a supor que civilizações tecnologicamente avançadas podem se autodestruir e exportar conflitos para outros sistemas planetários. Em outras palavras, essas civilizações não são abundantes porque destroem suas vizinhas e se autodestroem. Um cenário de certo modo semelhante é considerado na teoria da Floresta Sombria, inspirada num romance de ficção científica de Liu Cixin. Essa teoria sustenta que toda forma de vida tem um forte instinto de autopreservação e, como é impossível saber se outras formas de vida podem ou irão nos destruir se tiverem chance, outras civilizações devem ser tratadas como potencialmente hostis. Nada nos impede, então, de imaginar civilizações alienígenas de tocaia nas profundezas do espaço.

O Paradoxo de Fermi considera também a breve janela de tempo durante a qual as emissões de rádio permanecem detectáveis em razão da curta duração da existência de uma civilização. Entre as outras explicações, figuram os comportamentos socioeconômicos, como a falta de interesse pela colonização, a falta de recursos, as sociedades desenvolvidas sobretudo em naves espaciais e não em planetas, e o fato de que é mais fácil e menos oneroso enviar sondas e robôs de exploração do que entidades biológicas. De um ponto de vista crítico, devemos também lembrar que estamos apenas no início de nossa busca e que ainda somos tecnologicamente limitados. Por muito tempo, por exemplo, nossa abordagem foi reduzida pela necessidade de sincronicidade no espaço e no tempo para interceptar uma mensagem extraterrestre, obstáculo que está desaparecendo graças aos novos programas de busca.

Para além de nossos limites tecnológicos, pode ser que os alienígenas sejam tão diferentes de nós que sequer reconhecemos mensagens que já poderíamos ter interceptado sem saber. Por exemplo, outras formas de vida podem processar a informação de modo diferente, mais lento ou mais rápido do que nós. Carl Sagan explorou esse argumento e, se estiver correto, isso poderia representar mais um obstáculo para distinguirmos uma mensagem extraterrestre em meio ao ruído de fundo cósmico. E a velocidade de processamento dos dados é apenas um aspecto da questão. A maneira como os organizamos e analisamos não depende somente de nossa tecnologia, mas também da estrutura de nosso cérebro. Esse simples fato pode tornar uma comunicação extraterrestre incompreensível, conforme explicação proposta por Paul Davies em 2010.[30] Nesse quesito, espera-se que o desenvolvimento dos métodos de análise de dados com o auxílio de ferramentas da inteligência artificial e de aprendizagem automática melhore consideravelmente nossa capacidade de detectar esquemas que o cérebro humano teria dificuldade de identificar.

Variações dessa ideia vêm se multiplicando. Parafraseando Arthur C. Clark, que afirmava que "uma tecnologia suficientemente avançada seria indiscernível da magia",[31] os futurólogos partidários da hipótese da Singularidade Tecnológica também acreditam que a vida extraterrestre poderia estar além da nossa capacidade de compreensão – a ponto de não a reconhecermos mesmo que se apresente diante de nossos olhos.[32] A Singularidade Tecnológica postula que a tecnologia e o crescimento das máquinas se tornariam incontroláveis e irreversíveis, acarretando mudanças imprevisíveis para a civilização humana. A criação pelas máquinas (principalmente a inteligência artificial) de uma vida analógica capaz de decodificar sua complexidade e de recodificá-la em substratos diferentes daqueles que a formam é um exemplo disso. Num cenário extremo, seria impossível distinguir a vida de outros processos físicos ou ambientais. Em outra hipótese, o comportamento da física padrão seria resultado de algo completamente diferente do que pensamos: poderíamos, por exemplo, imaginar que o comportamento da matéria cósmica atribuído à matéria escura é, na verdade, apenas um estado do ser vivo manipulando a matéria luminosa a seu favor.

Com nossos conhecimentos atuais, talvez não tenhamos simplesmente recursos para distinguir a vida extraterrestre das leis da Física. Antes de rir dessa ideia, pensemos nas iniciativas humanas que já surgiram, sobretudo no chip cerebral Neuralink de Elon Musk, implantável no cérebro para melhorar suas capacidades, que constitui um dos sinais precursores possíveis de uma humanidade dando seus primeiros passos para o transumanismo, ou a codificação, transferência e estocagem de dados numéricos já efetuados para o DNA. Mal passamos à era digital há algumas décadas e já temos esses avanços. Pode-se imaginar então o que fariam cem ou mil anos a mais. Os cenários futuristas não vêm do nada, eles apenas projetam em civilizações alienígenas uma das numerosas trajetórias possíveis de evolução da própria humanidade. Levada ao extremo, a Singularidade Tecnológica se torna a teoria de Berserker, esta saga de ficção científica que descreve como uma civilização cria máquinas inteligentes que acabam por destruí-la, assim como qualquer outra forma de vida que encontram em sua migração no espaço. Várias versões dessa ideia, saídas tanto da pesquisa científica quanto da ficção, fornecem uma explicação alternativa ao Paradoxo de Fermi, criando um outro Grande Filtro.

Considerando as estatísticas, é não somente provável que civilizações extraterrestres existam, mas também que sejam numerosas e certamente muito diversas. Quer saibam ou não de nossa existência quer escolham simplesmente nos ignorar, “a ausência de evidências não é necessariamente uma evidência da ausência”, como dizia tão bem Carl Sagan – talvez simplesmente o reflexo do caráter recente de nossa busca.

Ligando os pontos azuis

Encaremos os fatos: somos todos extraterrestres. Seja a humanidade na Terra ou uma civilização desconhecida ainda não encontrada, os elementos que nos compõem foram produzidos há bilhões de anos em estrelas longínquas hoje extintas. Por essa razão, pertencemos a uma vasta família galáctica, cujos membros gostaríamos muito de encontrar em breve.

POSSIBILIDADES DE CIVILIZAÇÕES SUPERINTELIGENTES

Embora ainda não tenhamos encontrado ETs pessoalmente, nós os imaginamos incontáveis vezes em exercícios mentais que servem para desenvolver estratégias de detecção para a Seti. Mas, quando se trata de encontrá-los, os ambientes planetários e estelares são apenas algumas peças do quebra-cabeça.

O Paradoxo de Fermi e outras teorias inventariaram as causas plausíveis do Grande Silêncio. Paralelamente, tentamos compreender que tipo de atividade um extraterrestre hipotético poderia ter para disso deduzir onde e como procurá-lo. Essa etapa é essencial, pois talvez algumas civilizações já tenham alcançado um estágio de desenvolvimento que lhes permita controlar o meio natural a ponto de torná-lo irreconhecível.

Um dos primeiros e mais célebres estudos desse tipo foi feito pelo astrofísico e radioastrônomo Nikolai Kardashev (1932-2019), que elaborou uma classificação das etapas possíveis de civilizações em função do modo como exploram a energia em níveis bem além das capacidades humanas. Kardashev define essas etapas numa escala de três níveis, que agora leva seu nome. Nessa escala, os seres humanos ainda não alcançaram o tipo I, ou seja, uma civilização planetária capaz de explorar e de estocar a energia disponível em seu planeta em escala global. O tipo II seria uma civilização estelar que utiliza e controla a energia de seu sistema planetário; o tipo III exploraria a energia de toda uma galáxia. A Escala de Kardashev está ligada à Seti, pois fornece uma avaliação das chances que temos de detectar essas civilizações graças ao volume e ao tipo de informações que elas transmitem. Kardashev concluiu que as chances de descobrir uma civilização de tipo I eram pequenas comparadas àquelas de detectar civilizações que podem transmitir em toda uma galáxia ou efetuar comunicações intergalácticas como as de tipo II e III.

A Escala de Kardashev oferece igualmente uma abordagem indireta para refletir sobre as tecnologias necessárias para controlar e explorar esses níveis de energia e sugere os tipos de tecnoassinaturas que a Seti deveria buscar – em outras palavras, as propriedades ou efeitos mensuráveis que fornecem evidências científicas de uma tecnologia extraterrestre passada ou presente. Nesse caso, a presença de uma civilização de tipo I seria revelada pela detecção de infraestruturas de energia renovável ou por constelações de anéis artificiais de satélites de comunicação baseados no espaço, também conhecidos como "Cinturões de Clarke", nome do escritor de ficção científica que os imaginou, Arthur C. Clarke. Uma civilização de tipo II poderia construir uma Esfera de Dyson, ou seja, uma megaestrutura igualmente composta de constelações de satélites, mas dessa vez criada para conter uma estrela e capturar sua energia.

Ilustração do conceito da Esfera de Dyson envolvendo uma estrela composta de painéis orbitando independentemente.
(Fonte: Kevin M. Gill. Licence Creative Commons CC BY-SA 4.0, CC BY 2.0, https://creativecommons.org/ licences/by-sa/2.0/deed.fr.)

Foi o físico teórico e matemático Freeman Dyson (1923-2020) que desenvolveu esse conceito em 1960. Ele propunha buscar assinaturas infravermelhas anormalmente amplas no espaço, indicando a presença possível de esferas. Uma civilização que fizesse uso delas seria tão avançada que poderia deslocar sua estrela com o auxílio de um sistema de propulsão estelar passível de atingir velocidades relativísticas, numa versão melhorada de uma Esfera de Dyson, conhecida como Propulsor de Shkadov. Esse conceito teórico que utiliza a gravidade e a força radiativa (relacionada com luz e partículas emitidas por uma estrela) foi introduzido por Viorel Badescu e Richard Cathcart em 2000. Quanto às civilizações de tipo III, teoricamente poderiam fazer tudo o que antecede, mas em escala galáctica, explorando a potência dos buracos negros e barrando a expansão cósmica a fim de manter aglomerados de galáxias juntos e explorar sua energia. As civilizações de tipo II e III acumulariam tantas informações em cada instante que deveriam emitir praticamente sem interrupção, aumentando assim as chances de que civilizações de tipo II interceptassem suas emissões.

Ainda que isso possa parecer ficção científica, físicos, cosmólogos e astrônomos conceberam muitas dessas ideias, projetando no futuro os conhecimentos de hoje. Na prática, somos uma civilização espacial muito jovem, que ainda tem muito a aprender sobre o funcionamento de nosso Universo. À medida que progredimos, esses conceitos podem ser apenas a ponta do *iceberg* cósmico de uma realidade bem mais incrível do que a ficção. A título de exemplo, basta ver como a revolução quântica está transformando nossa perspectiva do Universo em que vivemos – do nível subatômico ao nível cosmológico –, demonstrando o quanto estamos, na verdade, sempre conectados a tudo e a todos.

Como a Equação de Drake, a Escala de Kardashev sofreu muitas adaptações ao longo do tempo, como o acréscimo de uma civilização de tipo 0, capaz de extrair a energia, a informação e as matérias-primas de fontes primárias orgânicas e de alcançar um nível avançado em informática e em voo espacial orbital. No estágio atual, a humanidade é uma civilização de tipo 0 e, conforme essa definição, é vulnerável à extinção causada por catástrofes naturais, esgotamento de seus recursos e desmoronamento de sua sociedade. Na outra extremidade dessa escala, os tipos IV e V seriam capazes de explorar a energia do Universo, até mesmo de controlar conjuntos de multiversos. Num nível desses, seria simplesmente impossível distingui-los do ruído de fundo cósmico.

Existem outras Escalas de Kardashev modificadas, como a classificação de Robert Zubrin, na qual uma civilização de tipo I domina todos os recursos de seu planeta de origem, enquanto o tipo II domina seu sistema estelar, e o tipo III tem acesso a todo o potencial de sua galáxia. Contrariamente à Escala da Kardashev original, essa classificação não se concentra na utilização da energia, mas evidencia a expansão de uma civilização no espaço, cada nível sendo decomposto em grau de maturidade definido pela tecnologia de que dispõe. Também Carl Sagan propôs uma escala alternativa baseada no domínio da informação: a letra A representa 10^6 bits únicos de informação, e as letras seguintes do alfabeto expressam uma ordem de grandeza superior à anterior. Uma civilização Z teria, assim, 10^{31} bits.

Porém, de todas as escalas, a de John Barrow é a mais singular, pois, ao invés de procurar no espaço, ela volta sua atenção para a direção oposta. John Barrow (1952-2020), cosmólogo, físico teórico e matemático, propôs que civilizações avançadas podem manipular seu meio ambiente em escalas cada vez menores. Concretamente, é uma Escala de Kardashev invertida e um conceito fascinante, no qual as civilizações são classificadas de -I a -VI em função de sua capacidade de manipular respectivamente: objetos em escalas superiores à sua, genes, moléculas, átomos, prótons, partículas elementares como os *quarks* e, enfim, com o tipo derradeiro -Ômega, o próprio tecido do espaço-tempo.

Imaginemos, por um instante, que algumas dessas especulações teóricas reflitam a realidade e que pelo menos algumas dessas civilizações existam mesmo nas profundezas do espaço: nunca mais poderíamos olhar o céu noturno do mesmo modo. O Universo poderia estar repleto de federações de galáxias, de viajantes temporais, de coletores de estrelas e de habitantes do cosmos, seres curiosos como nós, nascidos no mesmo Universo e ligados a nós pela mesma poeira das estrelas, mas separados por anos-luz. Num tal oceano cósmico de promessas, como poderíamos finalmente ligar todos esses pálidos pontos azuis?

OS PROJETOS SETI

Estabelecer o contato e detectar tecnoassinaturas extraterrestres são os objetivos da pesquisa Seti há mais de 60 anos, quando Frank Drake, Giuseppe Cocconi e Phillip Morrison convergiram para a ideia de que uma varredura do espaço longínquo, à escuta de sinais não aleatórios de ondas de rádio, poderia permitir a procura de sinais de civilizações alienígenas. Seti é uma pesquisa científica e tecnológica que visa estrelas próximas semelhantes ao Sol e que explora sistematicamente o céu, em todas as direções. Ela é realizada em várias áreas, sobretudo radioastronomia, astronomia óptica, processamento de sinais, ciência cidadã e Meti (*Messaging Extraterrestrial Intelligence*, "comunicação com inteligência extraterrestre", em tradução livre).

Historicamente, o primeiro projeto moderno Seti foi Ozma, em 1960, que Frank Drake realizou com o telescópio de Green Bank, na Virgínia Ocidental. Entre os projetos seguintes, o High-Resolution Microwave Survey (HRMS), selecionado pela Nasa, destinava-se a fazer a busca em 10 milhões de frequências com o auxílio de radiotelescópios. Dirigido pelo astrônomo Jill Tarter, ele começou em outubro de 1992, mas foi bruscamente cancelado após uma emenda de último minuto do senador Richard Bryan, um crítico da Seti.

Barney Oliver, diretor de pesquisa e desenvolvimento da Hewlett-Packard Corporation, era, ao contrário, um fervoroso defensor da Seti. Reagiu imediatamente e teve um papel determinante na organização de uma campanha de financiamento que permitiu recolher fundos suficientes para cobrir o custo das operações. O programa, agora financiado pela iniciativa privada e administrado pelo Instituto Seti, foi rebatizado (bem a propósito) como Projeto Phoenix, e Jill Tarter assumiu sua direção. De fevereiro de 1995 a março de 2004, Phoenix estudou cerca de 800 estrelas semelhantes ao Sol, situadas a até 240 anos-luz da Terra. Sinais contínuos ou pulsados foram buscados entre 1.200 e 3.000 MHz, na região das micro-ondas do espectro eletromagnético. Phoenix utilizou os maiores radiotelescópios do mundo na época, como o observatório Parkes em Nova Gales do Sul (Austrália), o telescópio de Green Bank do National Radio Astronomy Observatory (NRAO) na Virgínia-Ocidental, Arecibo em Porto Rico, Woodbury na Geórgia e o observatório Jodrell Bank, perto de Manchester (Inglaterra).

Entre 2005 e 2007, o Instituto Seti construiu sua própria rede de telescópios, o Allan Telescope Array, no Hat Creek Radio Observatory (ATA/HCRO). O ATA é a primeira rede de radiotelescópios 100% concebida para a Seti. Está situada a um pouco menos de 500 quilômetros ao norte de Mountain View, na baía de São Francisco, onde o Instituto Seti está sediado. A rede conta atualmente com 42 antenas construídas, com uma meta de 350. Cada uma delas tem um diâmetro de 6 metros e pode escanear o céu de 1 a 14 GHz. A rede é utilizada para a Seti e para a pesquisa de ponta em radioastronomia, como o estudo dos FRB.* A pesquisa e o desenvolvimento no ATA, dirigidos por Andrew Siemion, incluem a concepção, os testes e a aplicação de novos algoritmos para o processamento de sinais, bem como novas tecnologias e estratégias de busca integradas em projetos específicos.

A rede de radiotelescópios ATA no observatório de Hat Creek é a primeira concebida exclusivamente para a pesquisa Seti. Antes de sua construção, a Seti dependia da disponibilidade de outras antenas utilizadas para a pesquisa astronômica mais convencional. As antenas ficam na cadeia das Cascades, na Califórnia do Norte.

(Fonte: Bill Diamond, Instituto Seti.)

* N.R.T.: FRB é a sigla de *fast radio bursts*, ou seja, pulsos transientes de ondas de rádio gerados por processos astrofísicos ainda não plenamente conhecidos.

Diferentes programas de busca de tecnoassinaturas extraterrestres estão em andamento no Instituto Seti. Com relação ao ATA/HCRO, trata-se de atualizar a rede de 42 antenas com novas tecnologias. Nesse ínterim, acentua-se mais a observação de sistemas estelares do que ajustes tecnológicos, começando pelo estudo de todos os sistemas situados a menos de 10 parsecs (32,6 anos-luz) da Terra.

O NRAO no Novo México e o Instituto Seti colaboram para tornar o Very Large Array (VLA) um instrumento de ponta para busca Seti, com o projeto Cosmic Seti (Commensal Open-Source Multimode Interferometer Cluster Search for Extraterrestrial Intelligence). O VLA é atualmente o telescópio mais produtivo no mundo. Suas 27 antenas de 25 metros são utilizadas em astronomia, cosmologia e no estudo das jovens estrelas. Graças a uma nova interface Ethernet, a busca de tecnoassinaturas poderá ocorrer 24h por dia, 7 dias por semana, e novos fenômenos astrofísicos serão explorados de maneira inédita. Será a primeira vez que o VLA acolherá um instrumento dedicado à Seti.

Em setembro de 2020, o Instituto Seti iniciou também uma colaboração com GNU Radio,* grupo de mais de 150 programadores voluntários que desenvolvem *softwares* gratuitos com um amplo leque de aplicações de rádio. Essa colaboração tem o potencial de revolucionar o desenvolvimento dos equipamentos de recepção para a Seti, assim como a análise e a publicação dos dados.

Em março de 2022, Chime (Canadian Hydrogen Intensity Mapping Experiment), experimento canadense de mapeamento da intensidade de hidrogênio, começou a construção de um novo radiotelescópio no ATA/HCRO. Ele funcionará com o instrumento principal do Chime, situado na Colômbia Britânica, e permitirá a detecção mais precisa dos FRBs. Capaz de identificar sua origem com precisão, esse novo aparato representa uma evolução tecnológica radical.

---

* N.T.: Trata-se de uma "ferramenta de código aberto voltada para o desenvolvimento de rádios definidos por *software*, atuando primordialmente como uma biblioteca de processamento de sinais digitais. Esse *toolkit* foi criado para abstrair e facilitar a invenção, teste e execução de algoritmos de processamento de sinal em tempo real". Disponível em: <https://www.gnuradio.org/ about/>. Acesso em: 16 jan. 2025.

O Instituto Seti desenvolve igualmente o que se chama de Laser Seti, uma rede de câmeras que monitorará o céu em busca de breves pulsos de laser e cobrirá uma região aproximadamente 200 mil vezes maior que todos os projetos ópticos anteriores. Mais do que buscar mensagens alienígenas nos sinais de rádio, a Laser Seti observará o céu à procura de pulsos de laser. Enviar mensagens utilizando a luz apresenta uma vantagem fundamental em relação ao rádio, pois ela transmite cerca de meio milhão de vezes mais bits por segundo. O conceito de Laser Seti foi proposto pela primeira vez pelo ganhador do prêmio Nobel de Física Charles Townes. Hoje em dia, Eliot Gillum coordena o projeto e utiliza instrumentos de detecção compostos de duas câmeras idênticas, orientadas a 90 graus uma da outra ao longo do eixo de visada. Esses instrumentos se encontram em dois observatórios, um na Califórnia e outro no Havaí. Os próximos serão instalados no hemisfério sul e, quando estiverem ativos, a Laser Seti poderá perscrutar o céu 24 horas por dia, 7 dias por semana.

Além da rede situada no ATA/HCRO do Instituto Seti, radiotelescópios internacionais são empregados para as pesquisas de rádio e óptica, principalmente o Lofar (Low-Frequency Array), na Europa, o MWA (Murchison Widefield Array), na Austrália, o Lovell Telescope, no Reino Unido, e o Fast (Five-hundred-meter Aperture Spherical Telescope), na China. O Niroseti (Near-InfraRed Optical Search for Extraterrestrial Intelligence), projeto coordenado por Shelley Wright, procura sinais ópticos no visível e no infravermelho. Wright utiliza o telescópio de um metro do Observatório Lick, situado no monte Hamilton, acima da baía de São Francisco. É a primeira empreitada envolvendo o infravermelho próximo.

Entre os programas de pesquisa mais recentes, o Break-through Listen acaba de lançar uma exploração de dez anos sobre 1 milhão de estrelas mais próximas, as 100 galáxias mais próximas, o plano da Via Láctea e o centro galáctico. O projeto começou em 2016 e utiliza o telescópio de Parkes, o NRAO, em Green Bank, e o Atomated Planet Finde (APF) do Observatório Lick. O projeto é patrocinado pela Break-through Prize Foundation do bilionário Yuri Milner. É a busca de tecnoassinaturas mais ambiciosa, mais completa e mais intensiva jamais feita. Break-through Listen iniciou igualmente uma colaboração com a equipe científica do telescópio espacial Tess para detectar sinais de civilizações extraterrestres avançadas. Nos próximos anos, milhares de novos planetas descobertos por Tess serão escaneados pelos parceiros de Break-through Listen no mundo inteiro.

Instalação das câmeras de Laser Seti em Haleakala, Havaí.
(Fonte: Eliot Gillum, Instituto Seti.)

Por outro lado, desde 2016, os estudantes de graduação e de pós-graduação da Universidade da Califórnia (UCLA), em Los Angeles, utilizam os dados da missão Kepler para procurar tecnoassinaturas com o telescópio de Green Bank, visando estrelas semelhantes ao Sol, assim como o sistema de Trappist-1. O telescópio Fast também entrou em operação em 2016, na província chinesa de Guizhou. O Fast é cerca de duas vezes mais sensível que seu concorrente mais próximo, e a China está implementando atualmente o projeto Crafts (Comensal Radio Astronomy Fast Survey). Em 2021, o Fast já havia descoberto 500 novos pulsares e mais de 1.650 FRBs.

O processamento de sinal e de dados, área de pesquisa e desenvolvimento para a Seti, também teve progressos significativos com o correr dos anos. Serendip (Search for Extraterrestrial Radio Emissions from Nearby Developed Intelligent Populations) foi um dos primeiros projetos de pesquisa coordenados pelo centro de pesquisas Seti, da universidade de Califórnia, em Berkeley. É obra de Dan Werthimer e evoluiu, passando por várias gerações de sistemas. Os projetos de rádio anteriores utilizavam supercomputadores instalados em telescópios para efetuar a análise dos dados. Ao invés de ter seu próprio programa de observação, Serendip analisa os dados dos radiotelescópios enquanto os astrônomos observam. O projeto se concentra no tratamento do sinal e, graças aos progressos tecnológicos, Serendip efetua uma busca ampliada em numerosos comprimentos de onda e numa larga faixa de frequências, o que permite uma exploração muito mais extensa e mais potente do que no passado. Serendip foi instalado em antenas no mundo inteiro, começando com o telescópio Parkes, em Nova Gales do Sul, em 1998, onde fez grandes varreduras aleatórias do céu. Sua versão atual está instalada no telescópio chinês Fast.

Em Harvard, o físico Paul Horowitz coordenou programas ópticos e em micro-ondas durante décadas, como um projeto óptico para observação da totalidade do céu. Ele criou o Suitcase Seti, um analisador portátil de espectros que permite buscar sinais extraterrestres, com uma capacidade de 131 mil canais de banda estreita de frequências. O sistema foi instalado em 1985 no telescópio de 26 metros do Harvard/Smithsonian, no Observatório Oak Ridge, de Harvard, Massachussetts. Com o apoio da Planetary Society, o Suitcase Seti foi seguido por Sentinel. Entre 1985 e 1994, Meta (Megachannel Extra Terrestrial Assay) aumentou a capacidade para 8,4 milhões de frequências com uma resolução de 0,05 hertz. Uma versão Meta II foi criada na Argentina, em 1990, para escanear o céu austral. O projeto seguinte começou em 1995 e foi batizado de Beta (Billion-channel Extra Terrestrial Assay); ele conseguia explorar simultaneamente 250 milhões de frequências com uma resolução de 0,5 hertz. Infelizmente, o radiotelescópio de 26 metros sobre o qual estavam baseados Sentinel, Meta e Beta foi danificado por uma tempestade, e as operações foram interrompidas.

O fascínio do público pela Seti deu uma nova dimensão a alguns de seus programas. Em 1995, o cientista da computação David Gedye e seu colaborador David Anderson propuseram realizar o "*radio Seti*" com um supercomputador virtual composto de computadores distribuídos no mundo inteiro e conectados à internet. Foi assim que nasceu o Seti@home em 1999. O projeto terminou em 2020 e se tornou um dos programas colaborativos mais surpreendentes que já existiram, uma espécie de ação pioneira de ciência cidadã. Nos meses seguintes ao seu lançamento, mais de 2,6 milhões de pessoas de 226 países ofereceram seu tempo e o poder de processamento de seu computador para analisar o enorme volume de dados produzido pelos radiotelescópios. No máximo de sua capacidade, eles efetuaram cerca de 25 mil bilhões de cálculos por segundo!

SONDAR O OCEANO CÓSMICO À PROCURA DE SINAIS

O Casper (Center for Astronomy Signal Processing and Eletronics Research) e o Boinc (Berkeley Open Infrastructure for Networked Computing) são projetos derivados do Seti@home e da comunidade Seti. Eles oferecem uma variedade de novas disciplinas de pesquisa em países do mundo inteiro. Astropulse, outra extensão do Seti@home, utilizava o telescópio Arecibo para examinar algumas estrelas e, ao mesmo tempo, escutar os sinais de curta duração. Como não sabemos com que se parece uma comunicação extraterrestre, a ideia era passar um pente fino no céu para detectar sinais de diferentes tipos dentre sinais de rádio transitórios da ordem de microssegundo.

Apesar de suas diferenças, todos esses projetos compartilham um objetivo: interceptar um sinal proveniente de uma civilização extraterrestre. A Seti se baseou tradicionalmente na escuta passiva e na observação por meio de métodos de rádio e ópticos, mas essas abordagens não são as únicas. O Meti, mencionado anteriormente, é um organismo de pesquisa sem fins lucrativos que cria e transmite mensagens interestelares para se comunicar com civilizações extraterrestres. Os objetivos do Meti são: alcançar estrelas próximas; repensar a natureza das mensagens interestelares enviadas ao espaço, criando uma comunidade interdisciplinar que trabalhe em sua criação; examinar o ponto de vista do público sobre sua transmissão. Nos dias 16, 17 e 18 de outubro de 2017, o Meti enviou uma mensagem para a estrela Luyten, anã vermelha a 12 anos-luz da Terra, a partir de um emissor de rádio do centro de pesquisa Eiscat, em Tromsø, Noruega. Paralelamente, o Meti realiza experimentos Seti mais tradicionais com seu observatório óptico situado no Panamá, onde busca sinais laser provenientes de civilizações avançadas. Também conhecida como "Seti ativa" (em oposição à escuta com radiotelescópios e Laser Seti, que são métodos passivos), a ideia de transmitir mensagens é um tema controverso. A maior crítica acerca de Meti diz respeito à teoria da Floresta Sombria, já mencionada, segundo a qual todo contato, seja qual for, é arriscado, e uma espécie deve evitar fornecer sua posição, mantendo o silêncio. Essa teoria defende que o Universo é como uma floresta escura, cheia de civilizações extraterrestres escondidas na escuridão e se deslocando furtivamente. Alguns se opõem de modo categórico à transmissão de mensagens, como Stephen Hawking, temendo que se revele nossa posição no espaço a civilizações alienígenas mal-intencionadas.

O contra-argumento é, evidentemente, que difundimos sem querer sinais de rádio com nossa tecnologia há mais de um século e, após algumas décadas de pesquisa, seja com Seti ou mais recentemente com o Meti, continuamos nos confrontando com o Grande Silêncio. Mas isso poderia mudar e o público se pergunta com frequência o que aconteceria se uma mensagem fosse interceptada. Alguns gostam de pensar que isso já aconteceu, mas que a informação é confidencial. No entanto, é difícil de imaginar um segredo nesse caso. De fato, o método científico exige a verificação dos dados. Por isso, caso se suspeitasse de uma detecção, ela deveria ser confirmada de modo independente por outros observatórios e por astrônomos de outros países. Nesse caso, muitas pessoas estariam envolvidas desde o início e manter segredo não seria nem possível, nem uma estratégia viável, pois seria contrária à boa prática científica.

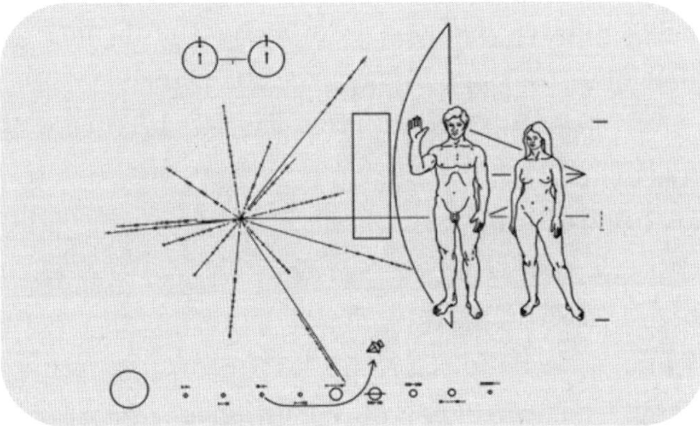

Antes de o Meti enviar mensagens, a humanidade transmitiu sua posição no espaço por meio de placas concebidas por Carl Sagan e Frank Drake e colocadas nas sondas Pioneer e Voyager. Essas placas eram tanto uma maneira de saudar eventuais civilizações quanto de indicar a localização de nosso planeta, de onde foram lançadas as sondas.
(Fonte: Nasa/JPL-Caltech.)

Porém, mais importante ainda, que razão justificaria manter em segredo a notícia mais surpreendente da história da humanidade, que responderia finalmente à pergunta se estamos sós no Universo? Pensar que o público entraria em pânico é também um dos temas favoritos dos conspiracionistas, e por uma boa razão: é a única maneira de alimentar a existência de uma conspiração, continuar dando a entender que eles sabem de algo que o público não sabe e chamar atenção. O mais revelador, porém, é observar como aqueles que afirmam que extraterrestres mal-intencionados já estão entre nós continuam publicando textos todos os dias em seus blogs ao invés de se esconder. Com frequência, aprende-se muito mais observando o que não acontece do que prestando atenção ao ruído de fundo...

As consequências sociais de uma detecção preocuparam desde sempre John Billingham, médico britânico que se tornou diretor do gabinete do programa Seti, diretor da divisão de Ciências Naturais na Nasa Ames e membro do conselho de administração do Instituto Seti. Ele organizou debates acerca do assunto, mantendo em mente a desconfiança que reinava então no mundo durante a Guerra Fria e as consequências possíveis de uma interpretação errônea de um sinal pelas superpotências. Sugeriu então a criação de um protocolo com medidas a serem adotadas caso um sinal fosse detectado e confirmado. O primeiro documento, produzido em 1989, recebeu atenção limitada, mas funcionou como protocolo oficioso. Foi revisado em 2010 por uma subcomissão da Academia Internacional de Astronáutica e recebeu o título "Declaração de Princípios sobre a Conduta da Busca de Inteligência Extraterrestre". Ele estipula principalmente que, para ser confirmado, um sinal deve ser verificado e sua origem alienígena validada a fim de evitar alarmes falsos devido a interferências terrestres. Além disso, deve "ser anunciado ao mundo inteiro" e nenhuma resposta deve ser transmitida sem uma consulta internacional prévia.[33]

FENÔMENOS AÉREOS NÃO IDENTIFICADOS

Tudo o que precede ilustra o que é a Seti. Em compensação, ela não é uma atividade envolvida com a investigação de objetos voadores não identificados (óvni), hoje rebatizados de "fenômenos aéreos não identificados" (UAPs, na sigla em inglês). As pessoas fazem essa confusão, como revelam as mensagens que recebo regularmente sobre isso. Contudo, a diferença e a semelhança entre ambos são muito claras. Enquanto as investigações sobre os fenômenos aéreos não identificados consistem em avaliar observações imprevistas e quase sempre *a posteriori*, a Seti "faz experimentos deliberados e aplica séries de testes a qualquer sinal recebido para verificar se provém de fato do espaço longínquo e se não se trata de uma interferência terrestre mal-identificada, de um equipamento ou *software* defeituoso".[34] Em outras palavras, a Seti procura vestígios da existência de civilizações extraterrestres em seu *habitat* planetário e galáctico presumido, enquanto as investigações sobre os fenômenos aéreos não identificados tentam descobrir se ETs entraram no nosso espaço aéreo. Existem outras diferenças fundamentais entre essas duas abordagens que podem ser resumidas pela diferença entre uma pesquisa científica baseada em experimentos sistemáticos de um lado e, do outro, investigações do tipo policial que tentam reconstituir observações feitas inesperadamente.

As estatísticas dos fenômenos aéreos não identificados revelam que cerca de 95% das observações são erros de interpretação de fenômenos naturais. Entre 2% e 3% são provavelmente projetos militares secretos, como foi o avião SR-71. Aproximadamente 1% pode ser atribuído a fenômenos naturais que ainda não conseguimos explicar ou cuja existência ainda não reconhecemos. Desse ponto de vista, as mudanças no meio ambiente de nosso planeta poderiam contribuir com sua parcela de surpresas no futuro e criar uma inflação do número de testemunhos.

Por outro lado, há incidentes que não parecem entrar em nenhuma dessas categorias. Enquanto astrobióloga e cidadã, essa fração de casos me interessa, pois o estudo de sua origem e natureza possibilitaria agregar novos conhecimentos. Portanto, acompanhei com interesse a evolução dos relatórios recentes, como o da Unidentified Aerial Phenomena Task Force (APTF), sobre os fenômenos aéreos não identificados do Exército norte-americano e da comunidade de inteligência dos Estados Unidos sobre os casos ocorridos entre 2001 e 2004. O documento se concentra em 144 incidentes cujas testemunhas diretas são pilotos militares. Apesar de um processo de investigação mais formal, uma das principais conclusões do documento é que os relatórios disponíveis e os dados limitados impedem uma explicação para a maioria dos incidentes. Todavia, alguns esquemas parecem emergir quanto à forma, tamanho e propulsão dos objetos e, dos 144 incidentes, 18 parecem indicar uma tecnologia avançada.[35] O documento indica que os dados registrados por diferentes sensores são compatíveis com objetos físicos reais e que alguns deles apresentam características inabituais de voo (embora não se exclua totalmente o mau funcionamento de instrumentos). O relatório apresenta na conclusão diferentes tipos de fenômenos aéreos não identificados e propõe cinco explicações possíveis: engarrafamento aéreo, fenômenos atmosféricos naturais, programas de desenvolvimento do governo ou da indústria estadunidenses, sistemas adversos estrangeiros e, por fim, uma última categoria intitulada "outros" para tudo o que não corresponde às descrições anteriores. Por fim, ele evoca o desafio e o problema levantado por esses objetos para a segurança nacional dos Estados Unidos, no caso de uma tecnologia inimiga revolucionária ou perturbadora.

Em decorrência desse relatório, o congresso norte-americano solicitou a criação de um gabinete oficial encarregado de fazer um esforço coordenado de coleta e análise dos dados relativos a esses fenômenos. O "desejo de preservar a segurança da nação" levou ao acréscimo de uma emenda pela senadora Kirsten Gillibrand na lei de defesa nacional do exercício 2022, assinada pelo presidente Joe Biden em 27 de dezembro de 2021. Em consequência, um novo gabinete no Pentágono, o Grupo de Sincronização da Identificação e da Gestão dos Objetos Voadores, é agora encarregado de implementar um plano para testar as teorias científicas ligadas às características e às performances desses objetos. Isso poderia culminar na construção e no desenvolvimento de redes de observações.

Além dos esforços feitos pelo governo, uma iniciativa coordenada por Avi Loeb (o astrônomo de Harvard que sustenta que o objeto interestelar Oumuamua é um engenho alienígena), batizada de Projeto Galileo, deve começar a busca por tecnologia extraterrestre perto da Terra. Um de seus objetivos é identificar a natureza dos objetos interestelares que não se assemelham a cometas ou asteroides; o outro é visar fenômenos aéreos como aqueles documentados no relatório de 25 de junho de 2021. O Projeto Galileo conta com mais de cem pesquisadores, um sistema de telescópios no observatório da Universidade de Harvard e a utilização da inteligência artificial para fazer a distinção entre fenômenos aéreos não identificados e fenômenos naturais. É mais um projeto que traz esperança de que esforços coordenados produzirão grandes resultados sob a forma de amplas quantidades de dados físicos fiáveis e analisados cientificamente. Essa nova abordagem poderia atrair mais pesquisadores que antes hesitavam se unir a uma atividade oficialmente rejeitada, inclusive pelos militares. Os esforços passados foram ridicularizados principalmente devido à nefasta confusão entre a procura acadêmica de tecnoassinaturas extraterrestres no Universo, o estudo dos testemunhos feito por grupos sérios de busca de óvnis e o folclore em torno do culto aos discos voadores. Parafraseando outra citação famosa de Carl Sagan, enquanto cientista, "não quero acreditar, quero conhecer". É isso exatamente que distingue os gurus modernos dos óvnis e seus cortejos de adoradores de uma verdadeira abordagem científica da questão. Com o tempo, a influência nefasta dessas pessoas estigmatizou inutilmente e arruinou o esforço dos cientistas que buscam atrair atenção para uma área de pesquisa de uma das questões mais profundas da humanidade. Mesmo que suas ações possam parecer inofensivas, são reais as consequências na consciência coletiva de uma sociedade em que a cultura científica é limitada e os dados são muitas vezes negados e menosprezados ao máximo. Tudo isso acaba por estimular ainda mais a conspiração e reforçar a influência sobre o público, alterando sua capacidade de pensar claramente e desviando a pesquisa de evidências factuais.

Essa manipulação psicológica se caracteriza por relatos que confundem fatos e ficção. No entanto, um teste bastante simples permite distinguir as pesquisas autênticas dos disparates: as primeiras tiram conclusões da análise metódica e da verificação de dados e de hipóteses verificáveis; as segundas fazem de tudo para ajustar os dados a uma conclusão predeterminada. Nelas, os argumentos começam em geral pela proposição "e se", que é empregada em seguida como única evidência de uma inevitável conclusão.

Seja qual for a origem das observações, a publicação do relatório e as novas iniciativas dão um tom um tanto diferente do passado, e ele se constitui como uma chance de acumular conhecimentos fundamentais sobre esses fenômenos. E já que o método científico assume maior importância nesse novo ambiente, parcerias entre as agências governamentais e as instituições de pesquisa universitárias e privadas podem surgir. No dia em que o relatório sobre os fenômenos aéreos não identificados foi tornado público, a Nasa publicou um artigo intitulado: "FAQ: fenômenos aéreos não identificados",[36] no qual afirmava:

> [A Nasa] não busca ativamente os fenômenos aéreos não identificados. Entretanto, graças aos satélites de observação da Terra, recolhe inúmeros dados sobre a atmosfera terrestre, em colaboração frequente com outras agências espaciais mundiais. Embora esses dados não sejam especificamente coletados para estudar fenômenos aéreos não identificados ou tecnoassinaturas alienígenas, estão acessíveis ao público, e todos podem utilizá-los para explorar a atmosfera.

E conclui:

> Os conhecimentos trazidos pelos fenômenos aéreos não identificados abrirão a porta a novas questões científicas a serem exploradas. Os especialistas da atmosfera, os *experts* da área aeroespacial e outros pesquisadores poderiam contribuir para a compreensão da natureza do fenômeno. A exploração do desconhecido no espaço está no âmago do que nós somos.

No mesmo dia, o Instituto Seti publicou um comunicado à imprensa[37] que terminava assim:

> Porém, se o relatório do governo indica que existe uma possibilidade de que ao menos alguns desses fenômenos possam ser de origem extraterrestre, então talvez haja um esforço para continuar estudando-os a partir dos preceitos de experimentos científicos bem-concebidos.

Além disso, e contrariamente ao que pretenderam ao longo dos anos os conspiracionistas, os pesquisadores na área do Seti não tentam dissimular informações sobre os fenômenos aéreos com o pretexto de que isso tornaria obsoletas suas pesquisas. Eles simplesmente não dispõem de nenhuma informação sobre uma área que não estudam. Se isso acontecesse um dia, ficaram felizes com a confirmação de uma origem extraterreste no caso de algumas dessas observações. O Seti é um projeto científico, e não uma indústria encarregada de entregar um produto final num determinado prazo. Por conseguinte, longe de dar um fim à sua investigação científica, a descoberta de uma presença alienígena no espaço aéreo de nosso planeta permitiria ao Seti abrir um horizonte ilimitado de novos questionamentos científicos a explorar. Por fim, o simples bom senso deveria nos levar a pensar que, se alienígenas visitaram a Terra no passado ou ainda a visitam, eles devem dominar tecnologias extraordinárias. Portanto, é pouco provável que tenham feito a viagem só para empilhar pedras em forma de pirâmide ou para nos fazer coçar a cabeça diante de mensagens codificadas.

Por outro lado, por que existem pirâmides de proporções comparáveis em todo nosso planeta? Por que motivos padrões geométricos são repetidos na Terra, e por que existem relatos comuns a numerosas culturas que não mantinham contato? Essas são apenas algumas perguntas fascinantes que, enquanto cientista, tenho curiosidade e desejo de explorar. Talvez as conclusões não levem necessariamente a ETs, mas outras hipóteses poderiam ser igualmente perturbadoras se fossem verificadas. É possível que, através do tempo e da arte, em nossa vida diária e em nossa evolução, o conjunto dos seres humanos e a vida na Terra expressem o que é a vida numa linguagem que transcende as culturas, as distâncias e o tempo, algo profundamente enraizado em cada um de nós, individual e coletivamente. Quer essa linguagem interior exista, quer seja única na Terra ou trate-se de um código universal, ela poderia se tornar uma chave essencial para, um dia, decodificar a inteligência extraterrestre.

Paradoxos, paradigmas e a gramática da vida

Nossa geração está escrevendo uma página única da história da humanidade. Estamos em um momento em que enfim dispomos de conhecimentos e tecnologias suficientes para começar a buscar vida fora da Terra. As últimas décadas trouxeram uma sucessão ininterrupta de descobertas extraordinárias, um período em que nossos olhos se abriram para a imensidão de nossa cidadania universal. E, como crianças em suas primeiras aventuras, nós nos maravilhamos a cada passo que damos. Se conseguirmos não ser arrogantes a ponto de nos destruirmos, talvez sejamos capazes de transpor as portas estreitas da adolescência para entrar na era de uma civilização adulta. Quem sabe então que horizontes cósmicos nos esperam? Quem pode dizer quantos outros, como nós, fizeram a mesma viagem a anos-luz de nosso planeta, e quantos conhecimentos compartilharemos no dia em que, enfim, nos encontrarmos? Onde quer que essa viagem cósmica nos leve, não haverá outros momentos como o que vivemos hoje, quando tudo é novo e virgem, quando avistamos as paisagens de nossa vizinhança planetária pela primeiríssima vez. Nossa geração abre o primeiro capítulo dessa exploração espacial nascente. Esperemos que outras sigam e que incontáveis livros relatando nossas odisseias sejam um dia colocados na biblioteca cósmica coletiva da vida.

SANDUÍCHE NA MÃO

Por enquanto, porém, essa viagem ainda é cheia de paradoxos. Eu a comparo com frequência à minha HQ favorita. *Calvin e Haroldo*, do desenhista norte-americano Bill Watterson. Calvin é um menininho arteiro com uma sabedoria que ultrapassa muito sua idade, como esta frase que agora acompanha a assinatura de meus e-mails, no Instituto Seti: "Às vezes, penso que o sinal mais certo da existência de uma vida inteligente no Universo é que nenhuma tentou nos contatar." Calvin vive num mundo em que tudo é novo, onde tudo parece mágico e onde tudo pode acontecer. Tenho um carinho particular pelas tirinhas em que ele sai de casa com Haroldo, seu tigre de pelúcia, para conquistar o Universo antes de cair a noite, sem esquecer de levar um sanduíche para a viagem. Parece-me a metáfora perfeita para ilustrar nossa situação atual na busca pela vida no Universo. Estamos cheios de entusiasmo e esperança, mas não temos nenhuma ideia real da amplitude do empreendimento, do que é necessário para levá-lo a cabo, nem onde nos levará. Sabemos apenas que é hora de começar a caminhada. É nossa primeira etapa e, assim como Calvin, vamos somente até onde nosso sanduíche – para nós, o conhecimento – pode nos levar.

No momento em que partimos para a descoberta da vida além do nosso planeta, um dos maiores paradoxos da Astrobiologia é a ausência real de definição consensual sobre o que é a vida. E esse é só um deles. Ainda nos interrogamos sobre as circunstâncias que acompanharam seu surgimento. Perguntamo-nos se é um evento pontual, uma transição da não vida à vida, ou se o que observamos é apenas a manifestação visível de um processo universal mais profundo. E, é claro, como se essas questões já não fossem suficientemente complexas, a vida artificial chegou recentemente para complicar o debate. Nossa viagem de exploração é, simultaneamente, o vetor, o objetivo e a ferramenta de aprendizagem, o que tem complicações em todos os níveis de nossa abordagem.

A Estação Espacial Internacional é uma peça essencial na presença permanente da humanidade em órbita terrestre. É um laboratório científico único, uma ferramenta indispensável em nossa aprendizagem da vida no espaço e um trampolim para estabelecer o futuro de uma humanidade interplanetária. Foi recentemente acompanhada por Tiangong ("palácio celeste"), a estação chinesa em construção. (Fonte: Nasa.)

Utilizamos nosso planeta como um modelo, um padrão, e compreendemos razoavelmente bem onde a química prebiótica e a biologia podem acontecer. Entretanto, nossa concepção do surgimento da vida se baseia essencialmente em nosso conhecimento dos elementos que a compõem e dos meios eventualmente favoráveis a seu surgimento. Essa abordagem nos guiou nas últimas décadas, quando caracterizávamos a habitabilidade do Sistema Solar, e continua guiando. Em Marte, "seguimos a água" nos antigos lagos, ou procuramos minerais que revelassem um passado em que a água estivesse presente, como em Meridiani Planum. Buscamos também a presença de fontes antigas de energia e de carbono, de refúgios físicos e dos elementos constitutivos da vida. Os mundos oceânicos nos apaixonam, pois seus meios ambientes se assemelham àqueles que, para nós, levaram ao surgimento da vida em nosso planeta. Para fechar o ciclo, é em análogos terrestres a esses ambientes que propomos explorar meios em que a vida pode ter surgido nesses mundos e como suas evidências poderiam ter sido preservadas.

De modo diferente, mas um tanto similar, não buscamos inteligência alienígena, tampouco sabemos realmente o que é a inteligência. Sondamos as profundezas do cosmos, esperando encontrar evidências de sua tecnologia em sinais luminosos e de rádio codificados que atravessariam o espaço interestelar, ou em indícios da existência possível de megaestruturas extraterrestres. Esse método é lógico por enquanto. Considerando os anos-luz que nos separam de nossos vizinhos potenciais mais próximos, a complexidade e o perigo das viagens espaciais para formas de vida frágeis como a nossa, muitos acham pouco provável que encontremos ETs em pouco tempo. É muito possível que o primeiro contato ocorra por meio de robôs extraterrestres exploradores, que se parecerão talvez com as sondas autorreplicantes de Von Neumann.

Assim, quer seja por meio da noção de ambientes habitáveis ou de tecnoassinaturas extraterrestres, não procuramos a vida em si, mas evidências indiretas de sua presença. Trata-se de uma exploração por aproximação, que consiste em acumular evidências convergentes da presença da vida, mas que também pode nos deixar sem respostas claras durante anos, como demonstraram várias vezes os dados do experimento Viking, os fósseis presumidos no meteorito marciano ALH84001 e, mais recentemente, a fosfina em Vênus. Mas agora que a exploração planetária passa do estudo da habitabilidade à busca da vida, chegou a hora de desenvolver uma estratégia que poderá nos fornecer as evidências físicas, químicas e biológicas necessárias para nos ajudar a concluir, com certeza, que estamos realmente diante da vida no dia em que a encontrarmos.

A TUBULAÇÃO DA VIDA

Nessa perspectiva, e para evitar a proliferação de alarmes falsos, os astrobiólogos criaram recentemente uma "escala de detecção da vida".[38] Trata-se de um método em oito etapas que fornece um conjunto de evidências convergentes, aumentando o nível de confiança de uma descoberta. Nessa escala, a detecção da vida é definida como "a busca de bioassinaturas passadas ou presentes sob a forma de matéria orgânica complexa que não pode ter se formado somente de maneira abiótica, ou a concentração de elementos necessários à vida como conhecemos e o estabelecimento do contexto no qual elas se encontram".

Por definição, as bioassinaturas são todos os fenômenos mensuráveis que indicam a presença da vida e são divididas em várias categorias que incluem objetos ou substâncias cuja origem requer especificamente um agente biológico. Devido ao paradoxo com que nos deparamos na ausência de uma definição consensual da vida, o mérito principal de uma bioassinatura não é a probabilidade de ter sido criada pela vida, mas a improbabilidade de ter sido criada por processos não biológicos. Portanto, é essencial caracterizar, em primeiro lugar, o contexto ambiental e a química da não vida dos mundos que exploramos, assim como o meio de onde provêm as amostras. Informações contextuais podem ser fornecidas, entre outros, pela mineralogia e pela história ambiental e climática observadas nas mudanças das camadas estratigráficas.

A escala de detecção da vida é, evidentemente, limitada por nossa tecnologia atual e pela sensibilidade de nossos instrumentos, bem como por nossos conhecimentos sobre os processos físico-químicos e bioquímicos. Ou seja, trata-se de uma ferramenta em desenvolvimento que se aperfeiçoará à medida que os conhecimentos progridam. Por enquanto, seus oito níveis compreendem a sensibilidade dos instrumentos, a ausência de contaminação e a reprodutibilidade das medidas. Uma ou várias características devem ser suficientemente detectáveis, preservadas e confiáveis. Nesse contexto, essas características podem ser diferenciadas do não vivo, compatíveis com a vida como conhecemos, e a interpretação biológica deve ser a última hipótese. Os diferentes níveis levam progressivamente a indicações cada vez mais convincentes da presença da vida. Entre esses indícios, encontram-se certas texturas de rochas e de solo formados pela atividade biológica, metabolismo e subprodutos metabólicos, componentes das biomoléculas, moléculas e estruturas funcionais, crescimento e reprodução, ou então sinais de adaptação e de pressão seletiva, também conhecida como evolução darwiniana.

Trata-se da estrutura intelectual da Astrobiologia, e essa abordagem integra um conjunto de hipóteses fundamentais que constituem o fundamento de nossas estratégias de busca da vida no Sistema Solar e fora dele. Nessa abordagem, o vivo e o não vivo estão claramente separados, as bioassinaturas são objetos unicamente criados pela vida e a maioria dos outros elementos é definida como processos não biológicos. Às vezes, porém, nós nos confrontamos com resultados ambíguos, que nossos conhecimentos e tecnologia atuais não conseguem classificar. Os vírus são um exemplo disso.

O próprio Oparin não via diferença fundamental entre um organismo vivo e uma matéria inerte. Para ele, as características da vida surgiram com a evolução da matéria. Mas mesmo essa proposição aparentemente simples ainda suscita debates e questões não resolvidas que envolvem a origem da vida, principalmente a natureza da transição entre o não vivo e o vivo. Para E. Smith e H. D. Morowicz, trata-se de um "encadeamento de transições e de desequilíbrios que abrem novas passagens para o fluxo de energia química na Terra".[39] Para outros, isso depende, na verdade, de nossa perspectiva: se reduzirmos a vida a um único elemento, então ela pode ser perfeitamente definida pelo surgimento da primeira molécula replicadora. Mas se consideramos a vida como uma transição por etapas, provavelmente é inútil tentar encontrar um limite estrito entre o vivo e o não vivo.[40]

Porém, independentemente da perspectiva escolhida, a aparente seletividade da bioquímica e da química prebiótica ainda precisa ser explicada. Por que a vida utilizou subconjuntos específicos de moléculas em vez de outros? Em outras palavras, como a química orgânica prebiótica se reduziu à química da vida atual, e por que apenas certas moléculas levaram à vida? Hoje em dia, uma resposta à primeira parte dessa pergunta parece estar surgindo. Os elementos constitutivos utilizados pela vida eram os mais abundantes e mais fáceis de formar no meio ambiente da Terra primitiva (como sugere a formação dos precursores dos ácidos nucléicos a partir de cianeto de hidrogênio e de luz ultravioleta). Além disso, as condições que levaram à formação desses precursores também facilitaram a criação dos elementos de base necessários à produção dos aminoácidos e dos lipídios.

Se esse cenário se verificar,[41] seria então possível que um único conjunto de reações tenha produzido simultaneamente a maioria dos elementos constitutivos da vida. É igualmente verdade que ainda não compreendemos bem os mecanismos que levaram à formação das moléculas prebióticas numa variedade de ambientes, nem a importância desses meios para seu acúmulo e estabilidade. Décadas de busca e de exploração demonstraram que as moléculas orgânicas são produzidas em abundância no meio interestelar e em corpos planetários de todos os tamanhos. No entanto, qual quantidade foi incorporada à Terra durante sua acreção? Qual quantidade foi produzida em nosso planeta e qual proporção entre ambas as possibilidades levou à vida? Ainda não há resposta para essas e outras perguntas que permanecem em aberto, principalmente sobre o papel das fontes de energia na formação de diferentes compostos orgânicos. Essas questões refletem apenas uma ínfima fração de inúmeras interrogações mais fundamentais que precisam ser resolvidas para que se tenha uma visão mais nítida[42] do processo.

Por outro lado, mesmo que os elementos constitutivos da vida fossem abundantes e fáceis de reunir, o papel do acaso não pode ser totalmente negligenciado. O que exatamente foi obra do acaso nesse processo? Eventos aleatórios de origens diversas podem ter agido individualmente ou em conjunto para levar a química prebiótica ao caminho da biologia. Embora esses eventos não sejam uma condição já conhecida como necessária para o surgimento da vida, é certo que direcionaram sua evolução várias vezes depois que ela surgiu. Colisões de asteroides e de cometas, eventos climáticos que modificaram radicalmente o meio ambiente, a evolução do Sol, mudanças nas fontes e na produção de energia e catástrofes geológicas ou ambientais são alguns exemplos. Essa ideia de que acontecimentos aleatórios moldaram a história da vida na Terra, desde seu surgimento até sua evolução, já havia sido defendida pelo bioquímico Jacques Monod[43] na década de 1970. Ela constitui o argumento central da hipótese da Terra rara, levando os autores à conclusão de que se a vida simples deve ser abundante no Universo, provavelmente o mesmo não ocorre com a vida inteligente e tecnologicamente avançada. Desde então, o número surpreendente de exoplanetas descobertos por Kepler e Tess enfraqueceu bastante esse argumento. No Universo de Kepler, o acaso é capaz de determinar o tipo de vida complexa que surgirá, mas pouco provável que seja um limitante para a sua abundância.

Um dos objetivos essenciais da Astrobiologia é responder a essas perguntas, pois, se não conseguimos compreender o limite entre o vivo e o não vivo em nosso próprio planeta, parece difícil poder reconhecê-lo em outros mundos. E aqui estamos falando apenas do tipo de vida como conhecemos. Devemos também começar a nos debruçar sobre as questões relacionadas à vida "não padrão", principalmente a bioquímicas alternativas ou a restrições de habitabilidade diferentes que poderiam existir em outros mundos. Para abordar esse problema, um método consiste em identificar quais são os atributos exclusivos da vida em nosso planeta e quais outros poderiam ser universais. Infelizmente, é mais ou menos como o cachorro mordendo o próprio rabo, pois será difícil fazer essa distinção enquanto não tivermos encontrado um outro tipo de vida além da terrestre. Apesar de tudo, certos atributos parecem ser candidatos razoáveis a funções biológicas universais essenciais. Por exemplo, a vida acumula energia e a converte para sua atividade, tem funções fisiológicas e mantém o metabolismo para conservar tanto condições físicas e químicas internas estáveis, quanto o crescimento e a reprodução. Portanto, a vida precisa aparentemente de um conjunto de meios e de componentes elementares específicos para se unir, funcionar e se reproduzir.[44] Do mesmo modo, podemos empregar o que sabemos do impacto da civilização humana em nosso planeta, em nossa biosfera e nossa órbita próxima para aprender a detectar os vestígios eventuais de vida complexa e tecnologicamente avançada no espaço.[45]

Todas essas questões são relativas à origem da vida e à sua relação com o meio ambiente em diferentes estágios de sua evolução. Queremos compreender como a vida se reúne, o que ela faz e os vestígios que deixa atrás de si. Essa abordagem é o que chamo de "tubulação da vida" e, nesse contexto, a vida é definida pelo que ela *faz*. Sua definição prática para a exploração planetária e espacial é a seguinte: um sistema químico autônomo capaz de evolução darwiniana. Mas essa é apenas uma definição dentre outras. Ao longo do tempo, a vida teve inúmeras definições, que vieram da Filosofia, das religiões e da ciência. A dificuldade de alcançar um consenso se deve em grande parte ao fato de que a vida é um processo e não uma substância. Da mesma maneira, surgiram novos paradigmas científicos nas duas últimas décadas, e eles não consideram a "tubulação da vida" como o que a define, mas como uma de suas manifestações. Dizendo de outro modo, para eles, explicar a origem da vida não basta para defini-la.[46]

A definição da vida utilizada para a exploração planetária e espacial implica funções fisiológicas como a homeostasia – estado de equilíbrio relativo entre elementos interdependentes –, a organização, o metabolismo, o crescimento, a adaptação, a resposta aos estímulos e a reprodução. Ela também inclui a capacidade de uma célula para receber, processar e transmitir sinais em seu seio e no ambiente externo.

As outras definições científicas modernas podem ser classificadas em várias categorias, quer sejam biológicas, biofísicas ou teóricas, quer se trate de sistemas vivos simples ou complexos. Mais recentemente, os avanços da inteligência artificial e da aprendizagem de máquina levaram a considerar a vida artificial como uma nova forma de vida possível, embora isso seja contestado. Em paralelo, o universo da biologia sintética também abre novos horizontes.

PROCURANDO DEFINIÇÕES

Dentre todas as tentativas de definir a vida, os trabalhos realizados pelo biofísico molecular Edward Trifonov, em 2011,[47] oferecem provavelmente uma das abordagens mais originais. A partir de 123 definições da vida oriundas da Ciência, da História e da Filosofia, ele realizou uma análise estatística do emprego de suas palavras e as reduziu a uma "definição minimalista". Após a supressão dos conectores e dos grupos de palavras com o mesmo sentido, ele estabeleceu a lista das palavras mais frequentes, tais como "vida", "sistema", "matéria", "química", "complexidade", "reprodução", "evolução", "meio ambiente", "energia" ou "capacidade". Em seguida, Trifonov criou uma definição mais concisa, suprimindo os termos que implicam uns aos outros. Por exemplo, "metabolismo" implica tanto o abastecimento de energia quanto de matéria, o que também representa o meio ambiente. A redução final dos termos culminou em duas noções independentes – autorreprodução e mudanças –, que, ironicamente, são dois termos contraditórios na prática: a autorreprodução implica uma cópia exata, o que exclui a evolução darwiniana (que inclui a mudança). Para resolver esse paradoxo e combinar logicamente esses dois termos, Trifonov acrescentou uma sutileza para chegar à sua definição final da vida: "Uma autorreprodução *quase exata*, com variações". Essa definição é próxima daquela de Oparin: "Todo sistema capaz de se replicar e de mudar está vivo".

Nessa perspectiva, o experimento realizado por pesquisadores da Universidade de Tóquio, em 2022, sobre o DNA que se diversifica e se torna complexo com o tempo mostrou um exemplo de transição de sistemas químicos simples para a complexidade conforme a evolução darwiniana. Esse experimento postula a ideia de que, afinal, talvez a vida seja bem definida pelo que ela faz e de que não há muito mais a acrescentar, por assim dizer. Parece, portanto, que há elementos suficientes para se basear nessa definição, pelo menos como hipótese de trabalho, e para utilizá-la na busca da vida fora da Terra. Mas nem todos concordam com ela.

Mesmo reconhecendo que talvez Trifonov esteja perto de chegar a uma solução, o biólogo molecular Ernesto Di Mauro rejeita a ideia de que essa definição minimalista represente verdadeiramente o que é a vida. Para ele, ainda não existe definição aceitável, e tudo o que temos até agora são apenas *descrições* da vida. Definir a vida, descrevendo-a, seria mais ou menos como tentar definir a atmosfera descrevendo o voo de um pássaro. Se Di Mauro tem razão, podemos então esperar que a descrição da vida melhore com os progressos científicos e tecnológicos, mas sem chegarmos perto de uma definição. Seria então necessário mudar de perspectiva para compreender o que é a vida e definir sua natureza?

Em 1944, Erwin Schrödinger mostrou como a Física Quântica e a Química podiam explicar as mudanças observadas nos seres vivos ao longo do tempo.[48] Seus trabalhos culminaram em definições biofísicas e contribuíram, entre outras coisas, para explicar o suporte molecular do genoma. Suas pesquisas provaram também que as leis da termodinâmica e os fenômenos biológicos são compatíveis. Para Schrödinger, a vida não responde às leis da Física clássica, mas às da Física Quântica – como demonstra a mutação espontânea dos genes. Para ele, a vida, e o que a define, é sua capacidade para alcançar e manter um estado altamente ordenado e, portanto, combater a entropia (estado de desordem de um sistema).

Uma teoria biofísica mais recente foi proposta pelo físico Jeremy England em 2013. Ela utiliza a Física estatística para explicar o surgimento espontâneo da vida como o resultado inevitável da termodinâmica.[49] Desde então, alguns aspectos de sua teoria foram testados com sucesso em simulações computacionais. Eles mostram que grupos aleatórios de moléculas podem se auto-organizar para absorver e dissipar a energia do ambiente no Universo. England chama esse efeito de reestruturação de "adaptação induzida por dissipação", o qual favorece o crescimento de estruturas complexas, inclusive dos seres vivos.

As teorias dos sistemas vivos abordam esses mesmos aspectos, mas, como o nome indica, numa perspectiva sistêmica que considera as "influências recíprocas dos fluxos ambientais e biológicos"[50] (mais simplesmente, a coevolução) nos quais as propriedades do sistema são inerentes mais aos ecossistemas do que aos organismos tomados individualmente. Existem muitas variantes das teorias dos sistemas vivos, porém a mais conhecida é provavelmente Gaia.

Gaia propõe uma relação simbiótica entre a vida e seu meio ambiente, na qual eles evoluem juntos como um sistema único e autorregulado cujo objetivo é manter as condições da vida na Terra.[51] O fundamento científico de Gaia se encontra na observação de como a biosfera e a evolução da vida contribuem para manter os fatores de habitabilidade num equilíbrio privilegiado e relativamente estável. A hipótese Gaia foi formulada, pela primeira vez, por James Hutton, em 1785. O químico James Lovelock e a microbiologista Lynn Margulis desenvolveram em conjunto sua versão moderna a partir de 1974. Embora a noção de coevolução da vida e de seu meio ambiente já existisse, a especificidade de Gaia foi mostrar que o equilíbrio é ativamente buscado para manter condições ótimas para a vida. Quando foi proposta pela primeira vez, essa hipótese não foi muito bem recebida e continua tendo adversários, mas hoje ela encontra apoio nas Geociências, na Biogeoquímica e na Ecologia, oferecendo uma visão sistêmica das consequências das mudanças climáticas.

Adotando uma abordagem distinta, o artigo "The Multiple Paths to Multiple Life"[52] ("Múltiplos caminhos para múltiplas formas de vida"), de Kempes e Krakauer, propõe uma visão radicalmente diferente e sugere que uma nova estrutura teórica revela não uma, mas vários tipos e várias origens da vida. Os autores descrevem esse surgimento por meio de uma analogia computacional para compreender os processos essenciais à vida e considerá-la como uma forma de informação adaptativa. Nesse caso, as diversas origens não estão ligadas às sucessões plausíveis de surgimentos e de extinções que se suspeita terem ocorrido no meio ambiente hostil da Terra primitiva. No cenário que eles apresentam, a vida não teria evoluído uma única vez, mas várias vezes e de modo independente. Esses autores sustentam que uma nova teoria é necessária para reconhecer toda a gama dessas formas de vida, e seu modelo em três partes considera "o espaço completo dos suportes que a vida pode utilizar, as restrições que a limitariam e os processos de otimização que levam à adaptação". Na ótica deles, algumas adaptações não passam, na verdade, de novas formas de vida, e sua definição da vida se amplia para incluir "as culturas que vivem da matéria da mente..." e mais do que isso. É um conceito interessante que oferece uma transição possível entre as teorias dos sistemas vivos, a biosfera oculta, os trabalhos de Jeremy England e Gaia. Ele propõe igualmente a possibilidade de considerar a vida artificial como uma vida real. Nisso tampouco todos concordam.

ARTIFICIAL E VIVO?

A definição da vida natural é tão difícil de estabelecer que não é surpreendente que a vida artificial esteja no centro de uma controvérsia sobre o desenvolvimento e a expansão rápida da biologia sintética, dos robôs nanoscópicos (nanorrobôs) e dos sistemas artificiais (inteligentes). A cada dia, as novas tecnologias reduzem um pouco mais a distância que separa o vivo do não vivo. No caso da inteligência artificial, ainda se pode afirmar que o suporte dos sistemas inteligentes não é natural, já que é manufaturado por entidades biológicas (nós, os seres humanos). No entanto, embora se trate de uma emergência artificial de segunda ordem, a vida artificial seria viva, ou poderia se tornar viva, ao invés de ser meramente a síntese e a simulação de sistemas biológicos? As opiniões divergem quanto a isso.

Estamos provavelmente a algumas décadas de alcançar uma inteligência artificial de nível humano. Hoje ela é incontestavelmente capaz de realizar tarefas de forma muito mais rápida do que os seres humanos, como a análise de bilhões de dados por segundo. Mas os sistemas de inteligência artificial são específicos para um determinado domínio, e, para muitas pessoas, enquanto precisarem ser treinados pelos humanos, não passarão de ferramentas de alta performance. Mas o que acontecerá quando a inteligência artificial for capaz de agir em qualquer área? É nisso que está a maior controvérsia atual, em especial em torno do conceito de "singularidade da inteligência artificial", esse momento teórico no futuro em que as máquinas inteligentes ultrapassarão a inteligência cognitiva da humanidade e talvez desenvolvam sinais de vida e de consciência.

Esse conceito implica uma evolução (tecnológica) e, de fato, a inteligência artificial progride constantemente; com ela, áreas como a robótica evolucionista, abordagem que utiliza os princípios darwinianos da seleção natural para conceber robôs; a autonomia, capacidade de um sistema de inteligência artificial de tomar decisões sem intervenção humana; a auto-organização, teoria fundamental para adaptação das neurociências do desenvolvimento utilizada nos mecanismos de reconhecimento e de classificação das formas das redes neuronais artificiais... E a lista continua aumentando e incluindo também as sociedades artificiais, o comportamento, as químicas artificiais, a informação ou ainda as reflexões sobre as tecnologias vivas e a filosofia da inteligência artificial, para citar apenas algumas.

Se esses termos parecem familiares é porque a maioria é similar aos empregados nas Ciências Naturais, nas Neurociências e na Biologia Evolutiva. E a razão disso não surpreende. Os seres humanos constroem sistemas de inteligência artificial e robôs inteligentes seguindo modelos familiares – e, em certa medida, do mesmo modo que buscamos a vida como conhecemos no Universo: é o que conhecemos e sabemos que funciona. Porém, no estágio atual de nosso desenvolvimento tecnológico, apesar do nível de antropomorfismo que lhe atribuímos e de tudo o que ela pode realizar, a maioria dos especialistas concorda que a tecnologia da inteligência artificial não é viva, mas apenas uma extensão da atividade humana. Por outro lado, a inteligência artificial não precisará necessariamente copiar os humanos para ser viva um dia.

Tampouco surpreende que as opiniões divirjam sobre o que seria necessário para que a vida artificial fosse considerada como viva; por exemplo, cuidar de si mesma e de sua espécie, tomar consciência de seus objetivos, consertar-se, aperfeiçoar-se e adaptar-se a seu meio. Ser capaz de se substituir parcial ou inteiramente pode ser percebido como uma substituição à reprodução nos sistemas naturais, e o aperfeiçoamento, como uma analogia à adaptação. A inteligência artificial também poderia produzir novos algoritmos com vistas a um autoaperfeiçoamento infinito, por analogia com a evolução darwiniana. Quando alcançar esse estágio, ela não será mais uma mera extensão dos seres humanos. Produzirá entidades independentes, superinteligentes e com uma performance maior, que poderão também se afastar de um modelo totalmente antropomórfico e desenvolver suas próprias formas de vida e de inteligência. Mas só isso lhes dará uma identidade, uma consciência de ser ou um sentido do objetivo a realizar? Para alguns, é uma ponte que ainda não estão prontos para ultrapassar. É igualmente possível que, um dia, a inteligência artificial se torne viva e supere seu modelo humano inicial.[53]

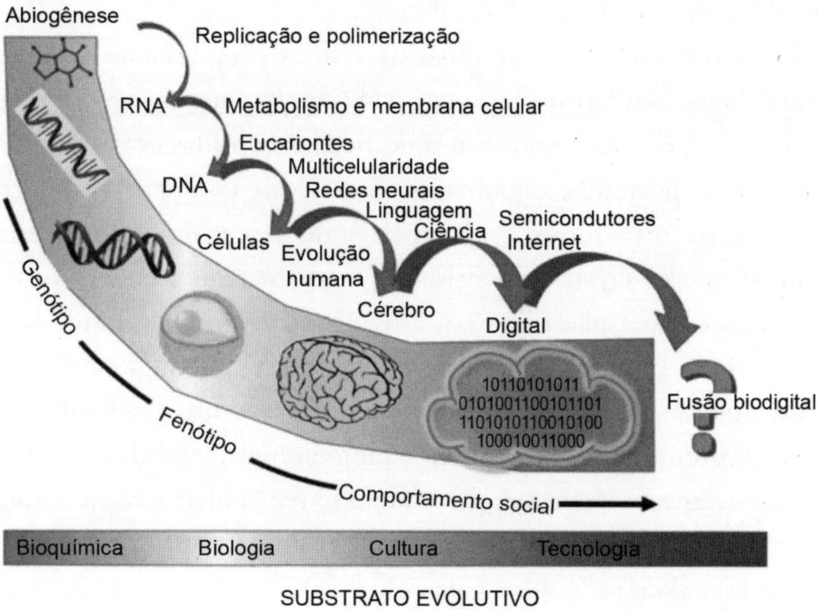

Cronologia da informação e dos replicadores na biosfera: transições evolutivas maiores no processamento da informação.

(Adaptado de M. R. Gillings, M. Hilbert e D. J. Kemp, "Information in the Biosphere: Biological and Digital Worlds", Trends in Ecology & Evolution, vol. 3, nº 3, 2016, p. 180-189. Licença Creative Commons CC BY-SA 4.0, https://creativecommons.org/licences/ by-sa/4.0/deed.fr.)

INTELIGÊNCIA ARTIFICIAL, TRANSUMANISMO E DILEMAS ÉTICOS

A complexidade e as capacidades crescentes da inteligência artificial levantam profundas questões éticas, principalmente no que diz respeito ao futuro das relações entre humanos e máquinas superinteligentes. No entanto, se formos caricaturar os componentes básicos da inteligência artificial, trata-se de pura tecnologia: *chips*, transistores, conectores, cabos, porcas, parafusos e uma camada de pintura. A inteligência está na montagem. Mas a situação é um tanto diferente para as formas de vida sintética capazes de se autorreplicar, como os *xenobots*. Esses nanorrobôs são concebidos sobretudo para auxiliar a Medicina regenerativa ou para controlar a evolução do meio ambiente.

No momento, são conjuntos de células programadas para coletar outras células. São fabricados a partir de células de músculos cardíacos e de pele de rã geneticamente não modificadas reunidas em esferas nanoscópicas. São, portanto, organismos vivos. Mas também são programáveis, o que os torna robôs. E aparentemente dão provas de livre-arbítrio. A equipe que os criou descobriu que podiam nadar, encontrar células individuais em sua placa de Pétri e reunir centenas delas para criar "bebês *xenobots*". Eles os carregam em sua "boca" por alguns dias, como minúsculos *pac-man*, até que estejam completamente desenvolvidos, pareçam com seus "pais" e comecem a também reunir células.[54] Em outras palavras, esses nanorrobôs começaram a se reproduzir sem que ninguém tenha pedido e colaboram entre si para criar algo muito diferente de seu genoma inicial de rã.

A questão que surge então é a seguinte: estão vivos ou não vivos? Também nesse caso, a biologia sintética é recheada de zonas cinzentas e de questões éticas, sobretudo devido à criação de entidades, como os *xenobots*, que se situam entre as descrições do ser vivo e do não vivo. Em 2017, o físico Louis Del Monte previu que os nanorrobôs representariam uma segunda singularidade tecnológica, que ele definiu então como o desenvolvimento das primeiras formas de vida artificial dotadas de inteligência suficiente para executar funções programadas e se reproduzir.[55] Em função da relação simbiótica entre as nanotecnologias e a inteligência artificial, o advento dessa segunda singularidade dependia, segundo Del Monte, da primeira (a inteligência artificial que supera a inteligência cognitiva da humanidade). Ele previa que a primeira singularidade se produziria nos anos 2040. Pelo visto, os nanorrobôs não puderam esperar.

A fusão entre a inteligência artificial e a vida natural é real e se produz em todas as escalas e em diferentes níveis de integração, de sua versão pura aos sistemas biológicos sintéticos, dos nanorrobôs às máquinas mais avançadas. A etapa seguinte dessa cadeia de evolução é o transumanismo, uma filosofia que implica o desenvolvimento de tecnologias de aperfeiçoamento do ser humano concebidas para aumentar a recepção sensorial e a capacidade cognitiva, melhorar a saúde e prolongar a vida. Numa de suas projeções futuristas, o transumanismo levaria a seres humanos radicalmente aperfeiçoados, semelhantes a *cyborgs*, que contornariam a evolução natural, substituindo-a pela tecnologia. Em outra projeção, ele prevê o surgimento de uma inteligência artificial superior à dos humanos, que permitiria a fusão da consciência humana com a consciência artificial.

Deixemos de lado o que o conceito de consciência significa para robôs e o que podemos pensar sobre uma humanidade *cyborg*. Vamos nos concentrar nas razões que poderiam levar nossa espécie a considerar, pela primeira vez, a modificação de seu suporte biológico ao fundi-lo com um novo suporte não natural (fabricado). É um caminho evolutivo completamente diferente que, se for levado a cabo, poderia produzir um tipo de humanidade todo novo. É também um caminho arriscado, pois o processo implica a criação de entidades tecnológicas que poderiam se tornar um dia nossos concorrentes, sendo muito mais inteligentes e competentes do que nós. Saber por que desejaríamos ultrapassar esta etapa única da evolução depende da avaliação dos prós e contras para nossa espécie. Penso que esse processo nos ensina algo muito profundo sobre a verdadeira natureza da vida.

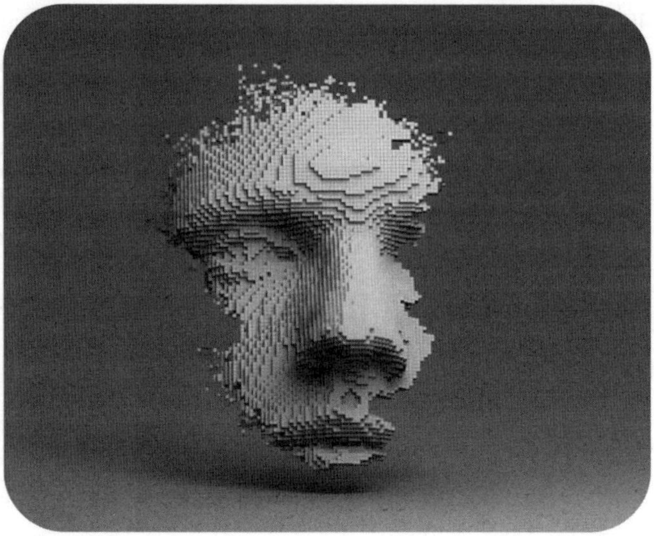

O transumanismo e a fusão dos humanos e das máquinas.

Na prática, poderia haver uma verdadeira vantagem evolutiva ao permitir a criação de versões híbridas e mais robustas de nós mesmos. Além de superar seus limites físicos e mentais, nossa espécie poderia ampliar seu alcance no Universo físico e sua conexão com este. Em particular, uma hibridização forneceria uma melhor proteção e facilitaria nossa expansão no espaço e em qualquer outro meio ambiente extremo que não seja próprio aos humanos. Um benefício do aumento do espaço físico seria também a multiplicação das chances de preservar ao menos uma parte de nossa versão da vida. De maneira semelhante, a ideia de preservar a vida também está presente nas iniciativas atuais de coletas de DNA humano e animal, conservado em lugares protegidos na Terra e, em breve, na Lua, para salvaguardar a vida ou, mais precisamente neste caso, a codificação genética da vida terrestre.

A inteligência artificial, os mundos virtuais e a transformação digital permitem alcançar e estender nossa percepção sensorial a áreas situadas além de nossas capacidades atuais. Um implante como Neuralink, já mencionado, poderia um dia ser desenvolvido e conectar o cérebro humano a interfaces computacionais por meio da inteligência artificial. Ainda que suas primeiras aplicações estejam destinadas à assistência médica aos pacientes paralisados, a melhora das capacidades cerebrais humanas ofereceria uma transição possível para uma simbiose com a inteligência artificial.

Numa área diferente, mas conexa, os mundos virtuais e os avatares gerados pela inteligência artificial nos dão acesso a universos internos de dimensões ilimitadas, onde podemos imergir em experiências simuladas. Embora virtuais, elas estimulam a atividade cerebral essencial à aprendizagem e à memória, melhorando assim as conexões neuronais e permitindo conservar as informações de maneira mais eficaz.

NÃO EXISTE ACASO

Todas essas ferramentas, tecnologias e transformações têm algo em comum que revela a *natureza* da vida. A vida parece agir como um processo que visa fundamentalmente ampliar e melhorar continuamente suas fontes de estímulos e suas trocas com o meio ambiente, seja físico, mental ou espiritual, real ou virtual. Nosso próprio percurso como espécie e nossa relação atual com a inteligência artificial sugerem que o processo da vida não se importa realmente com a natureza do suporte utilizado, desde que o objetivo seja alcançado e que, com o tempo, ele penetre o tecido do Universo de modo cada vez mais profundo, utilizando todos os materiais disponíveis.

A vida e a consciência seriam então o resultado inevitável do ordenamento do Universo[56] ou frutos do acaso? Isso ainda precisa ser resolvido. Entretanto, parece haver pouco espaço para o acaso na maneira como o processo da vida se manifesta e se organiza no que poderia ser descrito como a "gramática da vida". Sua estrutura e suas assinaturas estão por toda parte em nós e em torno de nós, e são profundamente enraizadas em toda vida na Terra. A vida evolui dos átomos individuais às moléculas inorgânicas simples e complexas, depois às moléculas orgânicas complexas, à reprodução e a um aumento da complexidade com o tempo. Reencontramos a mesma estrutura em nossas linguagens, com paralelos surpreendentes.

Se pensarmos nas letras como átomos isolados, elas, uma vez reunidas, criam sílabas, depois palavras com um sentido. Por si mesmas, as palavras descrevem o que são, mas são necessários verbos para atribuir ações ou estados. A sintaxe estrutura a linguagem, dando um sentido às informações transmitidas numa frase, do mesmo modo que o DNA organiza nossas informações genéticas para lhes dar sentido. Os complementos e as conjunções de coordenação acrescentam profundidade, informações e complexidade à mensagem. As linguagens podem ser muito diferentes, mas, no final das contas, refletem todas o mesmo objetivo: formular conceitos e pensamentos, obter e transmitir informações, conectar-se e facilitar as trocas de maneira eficaz com o mundo externo ou consigo mesmo. Na área biológica, funções similares são realizadas pelas trocas numa célula e entre uma célula e seu meio.

Para os seres humanos, a evolução no espaço e no tempo para uma maior diversidade e complexidade na distribuição da informação (quer se trate de seu volume, armazenamento ou transferência) se deu até agora pela invenção da linguagem e de alfabetos, da imprensa, da internet e da gestão on-line da informação e, mais recentemente, da computação quântica e da codificação do DNA em suportes externos não biológicos. Em grande escala, reencontramos os mesmos esquemas de conectividade e de complexidade nas cidades que construímos e no modo como elas evoluem, passando de postos avançados isolados a megalópoles organizadas de maneira cada vez mais eficaz ao longo de eixos de trocas e de comunicação. Em escala microscópica, nos meios mais extremos de nosso planeta, desenvolvem-se oásis microbianos em tamanho e complexidade de acordo com esquemas muito específicos que otimizam o fluxo de informações e de recursos. Esses esquemas são observados e se repetem em toda a natureza. Seriam próprios à vida na Terra e teriam sido estabelecidos ao longo do tempo como os mais eficazes após tentativas e erros? Ou se trataria de um modelo universal? Ainda é muito cedo para saber. Entretanto, uma coisa é certa: as leis da Física e da Química são universais e os elementos constitutivos da vida na Terra são abundantes e comuns em todo o Universo. Assim, as probabilidades sugerem que numerosos outros esquemas análogos ao processo da vida poderiam existir em outros lugares, da mesma forma que os sinônimos fornecem diferentes modos de transmitir a mesma informação na gramática. Só nos resta descobrir como testar essa hipótese e ver como ela poderia nos ajudar a abrir novos caminhos para a busca da vida no Universo.

Esse processo da vida que parece se desenhar à luz de nossas explorações atuais me lembra o que Carl Sagan dizia ao fazer referência à matéria estelar de que somos feitos e que ele chamava de "Universo interior": "Somos um meio para que o Universo conheça a si mesmo." Acrescento que, a julgar pelo que aprendemos até agora, parece que somos também um meio para que o Universo se torne cada vez mais vivo e mais consciente.

O tempo como espelho cósmico

"A natureza da vida na Terra e a busca da vida fora dela são duas faces de uma mesma questão: a busca por quem somos nós", disse Carl Sagan.

Mas quem nós somos, Carl?

Essa pergunta sempre volta e de maneira cada vez mais urgente à minha mente, enquanto ignoramos os sinais de um planeta que está mudando – o céu vermelho sangue pela fuligem do incêndio das florestas, a vida marinha sufocada pela poluição plástica até na fossa das Marianas,* as geleiras e as calotas polares desaparecendo, as secas extremas, os cursos d'água poluídos, os êxodos e as guerras causados pelo clima e, uma vez mais, a escalada do fascismo. Saber quem somos neste momento exato de nossa história consiste tanto em compreender qual é a origem da vida no Universo quanto em nos olhar num espelho e decidir se estamos destinados a perdurar enquanto civilização ou a desaparecer, e isso antes mesmo de ter tido a chance de expressar

* N.T.: Trata-se do local mais profundo dos oceanos e que atinge cerca de 11 quilômetros de profundidade. Situa-se no Pacífico, a leste das Ilhas Marianas, na fronteira entre as placas tectônicas do Pacífico e das Filipinas.

toda a beleza que está em nós – nosso amor e nossa compaixão, nossa arte e nossa engenhosidade, nossa curiosidade sem limites. Estamos na encruzilhada dos tempos e precisamos decidir sobre nosso futuro enquanto espécie e enquanto civilização.

QUAL SERÁ NOSSO DESTINO?

Há pouco menos de 150 anos, a primeira transmissão de rádio ganhava espaço. No mesmo momento, uma ampulheta cósmica começava a contar os anos durante os quais nossa civilização permaneceria detectável – o fator (L) da Equação de Drake, o último à direita. Tratava-se então de saber se a humanidade seria uma chama duradoura se propagando na galáxia, subindo regularmente os degraus da Escala de Kardashev, ou uma faísca efêmera logo esquecida, como tantos caminhos evolutivos antes de nós. (L) implica bem mais do que uma simples duração. É um tempo de despertar e de tomada de consciência. É o momento em que uma civilização se torna capaz de modificar o curso natural de seu planeta e muda sua relação com seu meio ambiente. Trata-se provavelmente de uma iniciação cósmica com a qual todas as jovens civilizações tecnológicas se confrontam num dado momento de sua evolução, um rito de passagem no qual o verdadeiro valor da vida em escala planetária é gravado no lugar mais profundo de seus seres. É um momento decisivo e, contrariamente aos limiares anteriores da evolução, somos nós que decidimos.

Há 70 anos, nossa própria passagem à cidadania cósmica foi acompanhada de sinais que anunciavam grandes mudanças. Nos anos 1950, a população humana teve um crescimento exponencial, que continua até hoje. E, ainda que nossa influência sobre o clima tenha começado por volta de 1830,[57] pouco tempo após o início da Revolução Industrial, os primeiros sinais do aquecimento do planeta foram observados nos oceanos na década de 1950. Foi também nessa época que a exploração espacial e a revolução digital começaram. Desde então, década após década as margens de manobra são cada vez menores. O sentimento mais assustador de todos, mas também o mais gratificante, deve-se ao fato de que essas escolhas estão, pela primeira vez, inteira e conscientemente nas mãos *de uma única espécie* – a nossa. E cada uma de nossas decisões determina o destino de toda a vida na Terra e de seu meio ambiente.

Modificando o meio ambiente de nosso planeta, confrontamo-nos com forças formidáveis sem realmente compreender as consequências disso. Hoje, somos lembrados, sem rodeios, de que vivemos num ecossistema fechado em que a vida e o meio ambiente evoluem juntos. Nossa sobrevivência depende da sobrevivência do sistema, cada ação acarreta uma reação que repercute no conjunto do sistema por meio dos ciclos biogeoquímicos, como nos lembram o efeito borboleta e a teoria do caos – "O bater de asas de uma borboleta no Brasil pode provocar um tornado no Texas?", perguntava Edward Norton Lorenz. Os ataques contra esse equilíbrio podiam ainda ser absorvidos pelo ruído de fundo do funcionamento do sistema quando a população humana era inferior a 1 bilhão. Com 8 bilhões de indivíduos, agora isso é impossível.

A Terra está superpovoada e sufocada pelos seres humanos. O crescimento descontrolado de nossa população consome oficialmente mais recursos terrestres e marítimos do que nosso planeta consegue produzir a cada ano. A manutenção de nossa civilização se faz ao preço da perda de *150 espécies por dia*,[58] no que agora se considera como a sexta extinção em massa. Ela pesa também sobre o meio ambiente de modo irremediável. Podemos provavelmente atenuar o problema durante um certo tempo, fabricando alimentos graças à engenharia agroalimentar e produzindo mais água potável via dessanilização dos oceanos, enquanto as geleiras desaparecem no mundo inteiro. Uma abordagem mais sensata consistiria em tomar decisões radicais para reduzir nossa influência sobre o planeta e parar desde já de agredir o meio ambiente. A Terra é vasta, mas não é extensível. Seus recursos são limitados e não nos resta mais muito tempo para preservar nosso futuro. A resposta reside tanto no que somos quanto no que queremos nos tornar.

Podemos continuar ignorando nossa espiral de autodestruição, cujo final já é conhecido. Deixando totalmente de lado nosso instinto de conservação, não sacrificamos apenas uma biosfera inteira, mas também – e o que é mais extraordinário em relação à evolução – nossa própria espécie.

Desde o início dos tempos, a evolução e as mudanças do meio ambiente criaram e extinguiram incontáveis espécies. O melhor exemplo é provavelmente o evento chamado de Grande Oxigenação, uma das piores catástrofes ecológicas da história, que se seguiu à liberação de oxigênio na atmosfera terrestre por cianobactérias, há alguns bilhões de anos. Ela erradicou 90% da vida na Terra e modificou o meio ambiente para sempre, inclusive a assinatura de nosso planeta no espaço. Mas, pelo menos, ela beneficiou as cianobactérias e o desenvolvimento das espécies aeróbias, criando de passagem uma biosfera de uma diversidade única que, com o tempo, se espalhou por todo o globo. Que benefício nossa espécie tira da destruição sistemática de nosso planeta e de sua biodiversidade? E por que não conseguimos abandonar essa ilusão de invencibilidade e de negação diante de uma temperatura que está aumentando e das catástrofes naturais de todo tipo que são cada vez mais intensas a cada ano? Nosso impacto sobre o planeta se torna diariamente mais devastador. Contudo, desviamos o olhar, deixando de herança para nossos filhos um meio ambiente planetário desconhecido e hostil.

Estamos cada vez mais apartados de nossas raízes naturais, e nossa relação com o planeta não é diferente daquela que mantemos com um centro comercial: nós o visitamos de vez em quando para nos distrair e pegamos tudo o que precisamos. Não nos preocupamos sobre como as prateleiras são abastecidas ou com a bagunça que deixamos pra trás. Uma vez satisfeitos, voltamos para nossas bolhas artificiais e enfiamos a cabeça na areia. Nossa falta de compromisso é motivada em parte pelo medo e pela falsa ideia de que, como indivíduos, seríamos impotentes para impedir uma tragédia em andamento em escala planetária. Sentimo-nos minúsculos e assustados com o tamanho e a urgência de um desafio monumental. Enquanto o tempo passa, olhamo-nos com hostilidade, esperamos que o Super-Homem venha nos salvar e nos livrar de nossos problemas. Mas ninguém virá. Estamos sozinhos e cada um de nós é ao mesmo tempo o mocinho e o bandido. Graças às nossas ações diárias, mesmo as mais ínfimas, podemos aumentar o poder de um sobre o outro. Nada acontece fora de nossa bolha planetária. Essa é a má notícia, mas é também uma oportunidade oculta, pois isso nos dá muito mais poder e força para lutar do que pensamos, se nos decidirmos a agir.

CORRIGIR A TRAJETÓRIA

O que nos levou à situação atual pode ser revertido com simples mudanças cotidianas. No início, talvez não seja espetacular e vai levar tempo, mas à medida que os efeitos se acumularem, o sistema se reequilibrará. Se há 2 bilhões de anos as cianobactérias pudessem falar, provavelmente nenhuma acreditaria ser capaz de transformar o ambiente na escala de um planeta inteiro. Um micróbio de 60 mícrons contra a enormidade da Terra, tomado individualmente, é Davi contra Golias. Porém, uma por uma e juntas, elas transformaram completamente a Terra e redefiniram a biosfera. Do mesmo modo, podemos mudar nosso destino a qualquer momento se quisermos. Ainda temos uma pequena janela de tempo para inverter o curso dos acontecimentos. Mas, para isso, todos precisamos, individual e coletivamente, passar a ser os atores de nosso próprio destino e nos engajar plenamente numa batalha que significa nada menos do que a sobrevivência de nossa civilização.

Contudo, o medo não é o único fator que entra em jogo no desastre que estamos vendo. Nossa falta de envolvimento provém também de nossa dependência crescente da tecnologia, das condições artificiais de vida e do ciberespaço que nos serve para nos conectarmos com o mundo exterior e nos informarmos. Se examinarmos o processo de um ponto de vista ecológico, ele é perfeitamente lógico, na verdade. Para a maioria de nós, o principal estímulo hoje não vem de uma relação direta com a natureza, mas de suportes artificiais. Em muitos aspectos, poderíamos interpretar isso como o sinal mais recente da adaptação de uma espécie a um novo ambiente. Acontece que esse ambiente é tecnológico e digital. Os elementos julgados mais críticos para a sobrevivência e a competitividade, como a gestão da informação e as respostas às mudanças, encontram-se agora nesses suportes. Nesse sentido, a visão de uma humanidade *cyborg* é uma profecia autorrealizada de um criador que se torna sua criação.

A situação poderia não ser muito diferente das antigas cianobactérias produzindo uma nova atmosfera há alguns bilhões de anos, com uma diferença: passamos da coevolução da vida e de seu meio ambiente natural a uma coevolução dos seres humanos e de um suporte artificial, que envolve apenas a humanidade. Infelizmente, esse equilíbrio não pode ser mantido senão ao preço do sacrifício de um ecossistema planetário inteiro para explorar os recursos necessários à sobrevivência da espécie predadora alfa – a nossa. Levado ao extremo, esse processo poderia ser comparado a uma mutação e, em muitos aspectos, a um câncer. Uma vez comprometida a sinalização de uma célula, e que faz parte da doença, sua única esperança de sobrevivência é ver o tumor se desenvolver. Fazer parte do tumor é a nova norma ambiental, e ela não dá conta do fato de que o crescimento põe em perigo a totalidade do corpo que a sustenta. Porém, contrariamente ao câncer, a humanidade tem condições de reverter o processo a qualquer momento ou, pelo menos, de manter um equilíbrio natural, mesmo permitindo o progresso tecnológico. Mas, por enquanto, não é o caso, e as mensagens de alerta são acolhidas com uma indulgência alimentada por interesses de curto prazo.

A busca de um equilíbrio com o ambiente natural como elemento primordial de sobrevivência não é mais percebida por nossa espécie como crucial, pois ela se situa fora das bolhas tecnológicas e digitais que se tornaram centrais em nossas vidas. Antes de tudo, essa é, para mim, a primeira singularidade e ela já está bem adiantada. Ao longo das últimas décadas, ela transformou nossa relação com o meio ambiente e nossa percepção e aceitação do que é a realidade. Isso é particularmente verdadeiro no que diz respeito à nossa dependência do mundo digital, em grande parte responsável por nossa incapacidade de reagir de maneira unificada a qualquer crise, quer se trate de uma pandemia ou de uma emergência ambiental. Hoje em dia, nossa relação com os outros repousa tanto, senão mais, em conexões digitais e virtuais quanto em laços físicos reais. Trata-se de uma espécie de evolução/involução na qual uma maior complexidade é obtida fragmentando o organismo que a sociedade representa em células individuais que recolhem informações. Embora se assemelhe quase a uma mitose, esse processo não é realizado no sentido biológico do termo, pois aqui a informação não se autorreproduz, mas é permanentemente modificada: ela é filtrada ou, ao contrário, não é controlada antes de ser comunicada.

Se nossa sociedade fosse um organismo biológico, ela poderia ser considerada em estado de mutação perpétua. Nesse organismo, os sinais se cruzam em permanência e um cérebro confuso luta para compreender, ativar e manter funções essenciais. No caso da humanidade, elas estão sempre ligadas à vitalidade de nosso planeta, embora ajamos como se não fosse assim. Em consequência, perdemos um pouco mais a cada vez nossa experiência objetiva do mundo físico, aquela que guiou nossa evolução até há pouco, substituindo-a por uma experiência indireta e subjetiva. Nela, os dados sobre o mundo passam por filtros numéricos e tecnológicos e quase não temos controle sobre eles. Fica então cada vez mais difícil decidir o que a realidade significa de fato e quais são as melhores escolhas para nossa sobrevivência. O problema fundamental desse cenário é que as relações com o meio ambiente físico (estímulos) e a coleta de dados são absolutamente essenciais para a tomada de decisão, a sobrevivência e a evolução.

Seria totalmente absurdo transferir a responsabilidade da crise que atravessamos à revolução digital, aos progressos tecnológicos, à internet e ao ciberespaço. Eles não são o problema, pois trazem vantagens importantes e melhorias da vida em áreas como a Medicina, a Educação, a exploração espacial ou a formação à distância. Eles nos ajudaram a manter a conectividade essencial à nossa sociedade em período de pandemia e impediram uma derrocada humanitária e econômica total num momento crítico. Com frequência, repito: não são as ferramentas que criamos que são necessariamente ruins; é como as utilizamos e como seus valores educativos e humanitários perdem sempre para sua transformação em dispositivos inúteis e seu potencial lucrativo. O que é alarmante é seu emprego incorreto, que altera nossa percepção da realidade e nos encoraja a fugir dela.

Bem antes do confinamento imposto pela pandemia, grande parte da população já passava muito tempo explorando mundos virtuais e se encontrando no ciberespaço por meio de avatares, mais do que se encontrando e socializando de verdade. Além de satisfazer nossa curiosidade humana natural e nossa propensão à exploração, o sucesso dessa tecnologia se deve ao sentimento de controle que ela proporciona sobre o Universo, o planeta ou a situação que criamos e que exploramos no metaverso. Nesses ambientes virtuais, podemos reinicializar o botão e relançar a sessão em caso de problema, renovar o cenário como se nada tivesse acontecido, coisa que somos impotentes para fazer no mundo real. Quando o mundo exterior se fecha sobre nós, encontramos refúgio num Universo interior. Infelizmente, essa bolha interior continua situada na esfera ambiental de nosso planeta. Não há realmente fuga possível.

Sem correção de trajetória, nosso destino está selado. Deixaremos para trás apenas cinzas e poeira onde não faz muito tempo corriam rios, as geleiras de nossa infância desciam em cascata nos vales e o nível dos lagos ritmava a passagem das estações. Uma geoengenharia massiva de nosso planeta será necessária para criar poços artificiais destinados a captar os gases de efeito estufa e para alimentar a próxima geração de humanos, ao passo que a Terra até aqui tinha conseguido prover as necessidades de toda uma biosfera durante 4 bilhões de anos. Nosso planeta com uma biodiversidade tão extraordinária, que ocupava outrora todos os *habitats* possíveis, é hoje um mundo em que todos os grandes mamíferos não domesticados estão em vias de extinção, cujos oceanos estão esvaziados e cujas correntes vitais se estancam. A próxima geração de humanos será a primeira a não poder passear livremente onde e quando desejar. Deverá viver parcialmente confinada por longos períodos do ano para escapar de condições meteorológicas extremas, de temperaturas mortais e de um ar irrespirável.

O aumento da concentração de dióxido de carbono logo será insignificante em comparação com os efeitos do metano. Preservado no fundo dos oceanos e nos solos permanentemente congelados durante milhões de anos, o metano está agora sendo liberado na atmosfera devido ao derretimento do *permafrost* em áreas que se estendem por milhões de quilômetros quadrados e seu efeito estufa é 80 vezes superior ao do dióxido de carbono nos 20 primeiros anos após sua liberação. Se não agirmos, o aumento da concentração desse gás desencadeará um efeito cascata destrutivo: uma alta contínua e mais rápida das temperaturas, seguida de um derretimento maior do gelo, que liberará ainda mais metano, e o ciclo se repete. É um cenário aterrador e plausível, um caminho que condena a humanidade a curto prazo a se confinar em residências em seu próprio planeta, justo quando estava pronta para abrir asas no espaço.

INTERESTELARES

Ir à Lua ou a Marte não nos salvará, pelo menos a curto prazo. Nossa tecnologia espacial é principiante, assim como nossa capacidade para nos instalarmos em outros astros. Fazemos progressos extraordinários a cada dia e nos aproximamos de uma grande descoberta nos sistemas de propulsão que revolucionará as viagens espaciais e tornará possíveis todos os nossos objetivos de expansão planetária muito mais rapidamente. Logo os humanos retornarão à Lua, após um hiato de 70 anos. A primeira colônia começará humildemente ali, bem perto de casa. Talvez uma tripulação alcance Marte numa década. Mas todos esses esforços iniciais sempre dependerão muito de nosso planeta para sua logística e para a sobrevivência das tripulações, e assim será por muito tempo ainda. A Terra foi a pedra fundamental de nosso passado; ela é vital para nosso presente e é inconcebível imaginar nosso futuro sem ela.

Independentemente do tempo e da logística, seria trágico para a humanidade orientar suas ambições espaciais pela ideia de escapar de um planeta que ela devastou. Ao invés disso, por que não levar em conta a mensagem de Arthur C. Clarke, no romance *2010: uma Odisseia no Espaço II*? “Todos estes mundos pertencem a vocês.” Essa mensagem tem muito a ver com nossa situação atual, pois, apesar de todos nossos defeitos e fraquezas, fizemos enormes progressos em pouco tempo. De fato, grande parte do problema reside também nisso. Há apenas 150 anos, o meio mais rápido de alcançar nosso destino ainda era um bom cavalo. Hoje, estamos mergulhados em conhecimentos e capacidades exponenciais que ainda não sabemos administrar bem e somos levados pelo torpor das possibilidades infinitas que eles oferecem, sem refletir muito sobre as consequências de sua utilização.

Não somos nem maus nem malditos. Somos simplesmente uma civilização jovem, turbulenta e inexperiente, que mal sabe usar fósforos e está a dois passos de pôr fogo na casa. Já queimamos as asas, mas vamos tirar lições disso, assumir nossas responsabilidades e transformar o desafio em oportunidade. Precisamos enfrentar nosso medo e agir. Não nos resta muito tempo, mas será suficiente se agirmos agora. A civilização humana tem diante de si um futuro glorioso se compreender como preservar o equilíbrio natural em seu planeta e exportar essa sabedoria duramente adquirida para o Sistema Solar e fora dele.

Apesar do alerta de Arthur C. Clark, aterrissaremos em Europa em alguns anos. E se é possível que um dia encontremos vida nessa pequena lua, o monólito já não estará lá; não precisaremos ir tão longe para encontrá-lo. Símbolo das transições profundas da evolução humana no romance de Clark, o monólito está aqui na Terra, diante de nossos olhos, projetando sua sombra. Nós o contemplamos onde quer que nossos olhos pousem. Sua presença imponente se manifestou no final dos anos 1950, anunciando uma transformação planetária profunda, um direito de passagem que, pela primeira vez, deu a uma espécie nascida na Terra a possibilidade de dominar seu destino. Desde então, frequentemente escolhemos usar essa liberdade para passar por cima dos ciclos da natureza e criar o caos. Se fracassarmos, ninguém jamais saberá que, em algum lugar da periferia da Via Láctea, a vida havia surgido em um pequeno planeta azul. Ao longo dos éons, gerações de organismos vivos cada vez mais complexos admiraram o nascente e o poente de sua estrela no horizonte, a vida mudando de forma e se adaptando para sobreviver ao calor e ao frio, enquanto a natureza seguia implacavelmente seu curso. As cores de nossos povos, o som de nossas músicas, a engenhosidade de nossa ciência e de nossa tecnologia, a beleza de nossa arquitetura e a força de nosso amor serão perdidos e esquecidos para sempre enquanto as ondas do oceano cósmico passarão numa margem planetária agora silenciosa, onde, outrora, os pássaros cantavam, Mozart tocava e Einstein sonhava.

Contudo, nesse Universo probabilístico onde ainda buscamos evidências de uma outra forma de vida, quão extraordinário é podermos pensar em todas essas coisas! Que resiliência foi necessária à nossa espécie para atravessar e sobreviver aos incontáveis campos de batalha de 4 bilhões de anos de evolução, em nosso pálido ponto azul, em tantas encarnações diferentes? Incontáveis gerações se sucederam e, com elas, um código de vida cifrado permaneceu como o vínculo ininterrupto entre nós e o primeiríssimo momento da vida neste planeta. Somos lutadores e sobreviventes, e um presente valioso, como também são todas as formas de vida na Terra, com quem temos parentesco devido à nossa origem comum. Os mais humildes microrganismos terrestres que menosprezamos seriam tesouros de uma significação incomensurável se fossem descobertos em outro planeta. Igualmente preciosa é a Terra, que permitiu ao processo da vida surgir. É nossa herança; é o tesouro que devemos proteger e a mensagem cósmica que devemos carregar e difundir ao longe quando, um dia, nos instalarmos na Lua e em Marte, criarmos postos avançados na atmosfera de Vênus, em asteroides e, talvez, até em Titã e além. Mas devemos fazer tudo isso não por desespero, mas porque faz parte da odisseia humana e porque é um trampolim para o caminho de nosso destino interestelar.

Ainda não está escrito em nenhum lugar que fracassaremos, mas o tempo urge. E não devemos separar a atenção que nosso planeta exige de nossas aspirações de alcançar as estrelas, pois essas duas demandas se alimentam mutuamente numa relação simbiótica que poderia ser a chave para nos ajudar a superar a crise que enfrentamos atualmente. Nas duas últimas décadas, o desenvolvimento das tecnologias espaciais melhorou consideravelmente nosso conhecimento sobre o clima da Terra. As novas gerações de satélites nos informam, do local ao global e em tempo quase real, o estado da atmosfera, dos continentes e dos oceanos, assim como a evolução dos fatores ambientais. O volume de dados que eles produzem facilita as tomadas de decisões e possibilita uma melhor compreensão das mudanças futuras. Paralelamente, integrando bases de dados da órbita ao solo, os métodos desenvolvidos pela Astrobiologia são concebidos para procurar *habitats* e vida em outros planetas. Entretanto, eles também logo poderão fornecer um novo meio de reduzir as anomalias de previsões que contrariam os modelos e, assim, contribuir para melhorar o planejamento e a eficácia de nossos métodos, visando à atenuação da crise climática. São armas poderosas que podemos utilizar para um futuro melhor.

Os argumentos de fuga planetária são desnecessários para provar que a exploração espacial é fundamental para o futuro da humanidade. Além das vantagens tecnológicas, o estudo das atmosferas planetárias permite que compreendamos melhor a dinâmica dos sistemas, os mecanismos de retroação e os efeitos que pioram a situação, e saibamos como evitar estes limiares irreversíveis. Nisso, a perspectiva adquirida pela exploração de Marte, Vênus e Titã tem muito a oferecer para o acompanhamento da evolução de nossa própria atmosfera. Além disso, tentando compreender como a habitabilidade foi perdida, ou por que nunca existiu, a busca da vida em outros planetas nos sensibiliza para a importância crucial da manutenção do equilíbrio entre a vida e o meio ambiente.

Assim como algumas das chaves fundamentais de nosso futuro na Terra residem nos conhecimentos que conquistamos ao explorar mundos extraterrestres, as competências essenciais necessárias para exportar a humanidade para além de nosso planeta e transformar os ambientes planetários hostis, tornando-os suportáveis, residem nos conhecimentos que recolhemos hoje na Terra, tentando domar um planeta a cada dia mais hostil. A solução para nosso dilema atual se encontra nessa mesma engenhosidade que com tanta frequência nos leva ao fracasso. Trata-se simplesmente de mudar nossa perspectiva sobre como empregar nossa inventividade e de ensinar aos nossos filhos a fazer o mesmo. Temos a ciência e a tecnologia;

também temos o intelecto, as ideias e as ferramentas. Vamos aproveitá-los para nos livrar de nossos modos obsoletos de vida, egoístas, negligentes e predadores. O tempo e a ampulheta cósmica serão nossos espelhos e os juízes derradeiros de nosso caráter.

Se conseguirmos abrir um caminho nesta tempestade, incontáveis maravilhas nos esperam em nosso planeta e no Universo. Com frequência lembro de uma fala sábia que data da época em que defendia a candidatura da cratera Gusev como local de aterrissagem para o *rover* Spirit, em Marte. Uma das observações feitas na primeira reunião era que os locais de aterrissagem que propúnhamos talvez fossem os mais promissores e espetaculares, mas, se não conseguíamos aterrissar neles com toda a segurança, não era o caso de ir para lá. Sem nave espacial, não há missão. Do mesmo modo, no momento atual, a missão da humanidade deveria se basear na preservação da integridade da Terra, nossa nave no espaço, e na garantia de um futuro para todos aqueles sob nossa responsabilidade, nossos filhos, é claro, mas também, enquanto espécie dominante, a biosfera, sem a qual a odisseia humana para por aqui. Nossos filhos, a diversidade infinita da biosfera, o meio ambiente da Terra: somos responsáveis por todos, e a visão de Carl Sagan em *Cosmos*[59] poderia ser estendida a cada um deles: "Nossos filhos anseiam por mapas realistas do futuro, de que possam se orgulhar. Onde estão os cartógrafos do propósito humano?".

Ao longo de toda a história, em suas viagens de exploração, os seres humanos navegaram pelos desconhecidos oceanos terrestres, muitas vezes seguindo as estrelas, sem mapas, guiados pelo instinto para além do horizonte. Esse objetivo dava uma meta e um destino à sua viagem. Os mapas criados ao longo do tempo abriram novas vias navegáveis, tornando a viagem mais fácil para aqueles que o seguiram, transformando gradualmente territórios inexplorados em rotas comerciais. Hoje em dia, nós nos debatemos num mar agitado; tentamos navegar numa tempestade de proporções dantescas num planeta em plena mutação. Se nossa meta é resistir à passagem do tempo enquanto civilização, nosso objetivo é claro: cuidar da Terra, nossa nave no espaço, e utilizar a luz oferecida pelas ferramentas e a engenhosidade de que dispomos como estrelas nos mostrando o caminho em nossa viagem para o desconhecido, seja qual for a origem dessa luz, seja pela compreensão dos ciclos da natureza, da educação, da tecnologia, da ciência ou da exploração espacial. Que essa luz possa nos guiar rumo a margens cósmicas serenas e nos auxiliar a traçar o caminho para que as novas gerações naveguem, por sua vez, nessas novas rotas sem perder o rumo. Que a viagem incerta de hoje possa nos ajudar a redefinir o que significa "humanidade", para que nossa época seja lembrada como aquela em que os humanos aceitaram o desafio e se tornaram, enfim, cidadãos planetários.

Notas

Capítulo "Centelhas de vida" (pp. 35-54)

1 S. Meyers e A. Malinverno, "Proterozoic Milankovitch Cycles and the History of the Solar System", *PNAS, Earth, Atmospheric, and Planetary Sciences*, vol. 115, n° 25, 2018, p. 6.363-6.368.
2 R. Mizuuchi, T. Furubayashi e N. Ichihashi, "Evolutionary Transition from A Single RNA Replicator to A Multiple Replicator Network", *Nature Communications*, n° 13, 2022, p. 1.460.
3 S. F. Jordan *et al.* "Promotion of Protocell Self-Assembly from Mixed Amphiphiles at the Origin of Life", *Nature Ecology and Evolution*, n° 3, 2019, p. 1.705-1.714.
4 B. Damer e D. Deamer, "The Hot Spring Hypothesis for an Origin of Life", *Astrobiology*, vol. 20, n° 4, 2020, p. 429-452.
5 J. England, *Every Life is on Fire: How Thermodynamics Explains the Origins of Living Things*, Nova York, Basic Books, 2020.
6 C. Kempes C e D. C. Krakauer, "The Multiple Paths to Multiple Life", *Journal of Molecular Evolution*, n° 89, 2021, p. 415-426.

Capítulo "Vênus e seu véu de segredos" (pp. 55-70)

7 N. Truong e J. I. Lunine, "Volcanically Extruded Phosphides as an Abiotic Source of Venusian Phosphine", *PNAS, Earth, Atmospheric, and Planetary Sciences*, vol. 118, n° 29, 2021.
8 H. Warren, "Exploring VERITAS, one of Nasa's New Missions to Venus", 24 de julho de 2021, disponível em: https://www.nasaspaceflight.com/2021/07/veritas-nasa-venus/.
9 W. Steigerwald e N. Neal Jones, "Nasa to Explore Divergent Fate of Earth's Mysterious Twin with Goddard's DAVINCI+, Nasa Solar System and Beyond", 2022, disponível em: https://www.nasa.gov/feature/goddard/2021/nasa-to-explore-divergent-fate-of-earth-s-mysterious-twin-with-goddard-s-davinci.
10 ESA/Nasa, "EnVision. Understanding Why Earth's Closest Neighbor Is So Different", 2022, disponível em: https://envisionvenus.eu/envision/.
11 J. Petkowski e S. Seager, "Venus Life Finder Mission Study", Massachusetts Institute of Technology, 2021, disponível em: https://venuscloudlife. com/venus-life-finder-mission-study/.

Capítulo "Crepúsculos azuis" (pp. 71-102)

12 H. P. Klein, "The Viking Biological Experiment", *Icarus*, vol. 34, n° 3, 1978, p. 666-674.
13 "Airbus to Bring First Mars Samples to Earth: ESA Contract Award", 2020, disponível em: https://www.airbus.com/en/newsroom/press-releases/2020-10- airbus-to-bring-first-mars-samples-to-earth-esa-contract-award.
14 N. A. Cabrol, "Tracing a Modern Biosphere on Mars", *Nature Astronomy*, n° 5, 2021, p. 210-212.

Capítulo "Margens planetárias" (pp. 103-124)

[15] G. Choblet *et al.*, "Powering Prolonged Hydrothermal Activity Inside Enceladus", *Nature Astronomy, Letters,* nº 1, 2017, p. 841-847.

[16] M. Ono, "Enceladus Vent Explorer", 2020, disponível em: https://www.nasa.gov/ directorates/spacetech/niac/2020_Phase_I_Phase_II/Enceladus_Vent_Explorer/.

[17] E. Schaler, "SWIM – Sensing With Independent Micro-swimmers", 2022, disponível em: https://www.nasa.gov/directorates/spacetech/niac/2022/SWIM/.

[18] S. M. Howell e R. T. Pappalardo, "Nasa's Europa Clipper – a Mission to a Potentially Habitable Ocean World", *Nature Communications,* nº 11, 2020, p. 1311.

Capítulo "Um mundo de incógnitas" (pp. 125-144)

[19] R. H. Brown, RJ.P. Lebreton e J. H. Waite (dir.), *Titan from Cassini-Huygens*, Dordrecht, Springer, 2010.

[20] R. M. Lopez *et al.*, "Titan as Revealed by the Cassini Radar", *Space Science Reviews*, vol. 215, nº 33, 2019, Disponível em: https://doi.org/10.1007/ s11214-019-0598-6.

[21] S. M. MacKenzie *et al.*, "Titan: Earth-Like on the outside, ocean World on the Inside", *The Planetary Science Journal*, nº 2, 2021, p. 112-125.

[22] R. D. Lorenz *et al.*, "Dragonfly: A Rotorcraft Lander Concept for Scientific Exploration at Titan", *Johns Hopkins APL Technical Digest*, vol. 34, nº 3, 2018, p. 374-387.

Capítulo "Novos horizontes" (pp. 145-168)

[23] N. A. Cabrol, "The Quantum of Life?", *Scientific American*, 5 de setembro de 2019.

Capítulo "Revoluções no céu noturno" (pp. 169-186)

[24] R. Oliver, "Aliens and Atheists: the Plurality of Worlds and Natural Theology in Seventeenth Century England", dissertação de mestrado, University of Texas, 2007.

[25] M. J. Crowe, *Extraterrestrial Life Debate from Antiquity to 1915*, Notre Dame, University of Notre Dame Press, 2008.

Capítulo "Visões de Tatooine e Mordor" (pp. 187-210)

[26] C. Sagan *et al.*, "A Search for Life on Earth from the Galileo Spacecraft", *Nature*, nº 365, 1993, p. 715-721.

[27] N. A. Cabrol, "Beyond the Galileo Experiment", *Nature Astronomy*, nº 3, 2019, p. 585-587.

Capítulo "Ecos de ondas cósmicas" (pp. 211-232)

[28] *The Fermi Paradox: The History and Legacy of the Famous Debate Over the Existence of Aliens,* Charles River Editors, 2020.

[29] P. D. Ward e D. Brownlee, *Rare Earth: Why Complex Life Is Uncommon in the Universe*, Göttingen, Copernicus Publications, 2000.

[30] P. Davis, *The Eerie Silence: Renewing our Search for Alien Intelligence*, Boston, Houghton Mifflin Harcourt, 2010.

[31] Arthur C. Clarke, *Profiles of the Future*, 1973, tradução da autora.

[32] C. Scharf, "Is Physical Law an Alien Intelligence?", *Nautilus*, 17 de novembro de 2016, disponível em: https://nautil.us/is-physical-law-an-alien-intelligence-236218/.

Capítulo "Ligando os pontos azuis" (pp. 233-252)

[33] Instituto SETI, "Protocols for an ETI Signal Detection. Declaration of Principles Concerning the Conduct of the Search for Extraterrestrial Intelligence", 2010, disponível em: https://www.seti.org/protocols-eti-signal-detection-0.

34 Instituto SETI, "The UAP Story: The SETI Institute Weighs In", 25 de junho de 2021, disponível em: https://www.seti.org/press-release/uap-story-seti-institute-weighs.

35 "Évaluation préliminaire: Phénomènes aériens non identifiés", relatório não classificado do Pentágono sobre os fenômenos aéreos não identificados", gabinete do diretor da National Intelligence, Estados Unidos, 25 de junho de 2021.

36 Nasa, "FAQ: Unidentified Aerial Phenomena (UAPs/UFOs)", disponível em: https://www.nasa.gov/feature/faq-unidentified-aerial-phenomena-uapsufos.

37 Instituto SETI, "The UAP Story: The SETI Institute Weighs In", op. cit.

Capítulo "Paradoxos, paradigmas e a gramática da vida" (pp. 253-274)

38 M. Neveu *et al.*, "The Ladder of Life Detection", *Astrobiology*, nº 18, 2018, disponível em: https://doi.org/10.1089/ast.2017.1773.

39 E. Smith e D. J. Morowicz, *The Origin and Nature of Life: The Emergence of the Fourth Geosphere*, Cambridge, Cambridge University Press, 2016.

40 S. Tirard, M. Morange e A. Lazcano, "The Definition of Life: A Brief History of an Elusive Scientific Endeavor", *Astrobiology*, vol. 10, nº 10, 2010, p. 1.003-1.009.

41 M. W. Powner, B. Gerland, e J. D. Sutherland, "Synthesis of Activated Pyrimidine Ribonucleotides in Prebiotically Plausible Conditions", *Nature Letters*, nº 459, 2009, p. 239-242.

42 Nasa, *Astrobiology Strategy*, 2015.

43 J. Monod, *Chance and Necessity: An Essay on the Natural Philosophy of Modern Biology*, Nova York, Vintage Books, 1972.

44 J. Baross *et al.*, *The Limits of Organic Life in Planetary Systems*, Washington, National Academies Press, 2007.

45 D. Grinspoon, *Earth in Human Hands: Shaping our Planet's Future*, Nova York, Grand Central Publishing, 2016.

46 G. Jagers op Akkerhuis, "Explaining the Origin of Life is Not Enough for A Definition of Life", *Foundations of Science*, nº 16, 2011, p. 327-329.

47 E. N. Trifonov, "Vocabulary of Definitions of Life Suggests a Definition", *Journal of Biomolecular Structure and Dynamics*, vol. 29, nº 2, 2011, p. 259-266.

48 E. Schrödinger, *What is Life? The Physical Aspect of the Living Cell. Based on lectures delivered under the auspices of the Dublin Institute for Advanced Studies at Trinity College, Dublin in February 1943*, 1945, disponível em: http://www.whatislife. ie/downloads/What-is-Life.pdf.

49 J. England, *Every Life is on Fire: How Thermodynamics Explains the Origins of Living Things*, op. cit.

50 D. A. Fiscus, "The Ecosystemic Life Hypothesis", *Bulletin of the Ecolo- gical Society of America*, vol. 83, nº 2, 2002, p. 146-149.

51 E. Lovelock e L. Margulis, "Atmospheric Homeostasis by and for the Biosphere: the Gaia Hypothesis", *Tellus*, vol. 26, nº 1-2, 1974, p. 2-10.

52 C. Kempes C e D. C. Krakauer, "The Multiple Paths to Multiple Life", op. cit.

53 B. Jalšenjak, "The Artificial Intelligent Singularity: What It Is and What It Is Not", *in* S. Skansi (dir.), *Guide to Deep Learning Basics*, Berlim, Springer, 2020.

54 S. Kriegman *et al.*, "Kinematic Self-Replication in Reconfigurable Organisms", *PNAS*, vol. 118, nº 49, 2021, disponível em: https://doi.org/10.1073/ pnas.2112672118.

55 L. Del Monte, *The Artificial Intelligence Revolution: Will Artificial Intel- ligence Serve Us or Replace Us?*, 2014.

56 R. Lanza e B. Berman, *Biocentrism: How Life and Consciousness Are The Key to Understanding the True Nature of the Universe*, Dallas, Ben Bella Books, 2009.

Capítulo "O tempo como espelho cósmico" (pp. 275-288)

57 N. J. Abram *et al.*, "Early Onset of Industrial-Era Warming Across the Oceans and Continents", *Nature*, nº 536, 2016, p. 411-418.

58 G. Ceballos *et al.*, "Accelerated Modern Human-Induced Species Losses: Entering the Sixth Mass Extinction", *Science Advances*, vol. 1, nº 5, 2015.

59 C. Sagan, *Cosmos,* Paris, Éditions Mazarine, 1981.

Outras fontes

Nasa Exoplanet Exploration: science.nasa.gov/exoplanets
Agência Espacial Europeia, "ESA's Cosmic Vision", disponível em: https://www.esa.int/Science_Exploration/Space_Science/ESA_s_Cosmic_Vision.
Seti (Berkeley): https://seti.berkeley.edu/people/Dan.html.

Leituras complementares

Jacques Monod, *Le Hasard et la Nécessité. Essai sur la philo- sophie naturelle de la biologie moderne*, Paris, Points, 2014 [1970].
Hubert Reeves, *La Biodiversité*, Bruxelas, Le Lombard, 2017.
Poussières d'étoiles, Paris, Points, 2016 [1994].
Le Banc du temps qui passe. Méditations cosmiques, Paris, Seuil, 2017.
Bruno Latour, *Face à Gaïa. Huit conférences sur le nouveau régime climatique*, Paris, La Découverte, 2015.
Carl Sagan, *Cosmos*, Paris, Mazarine, 1981.
Stéphane Mazevet, *Les Exoplanètes et la vie dans l'Univers. À la recherche de nos origines*, Paris, Odile Jacob, 2021.
Stephen Hawking, *L'Univers dans une coquille de noix*, Paris, Odile Jacob, 2001.
Petite histoire de l'Univers, du Big Bang à la fin du monde, Saint-Victor-d'Épine, City Éditions, 2008.
Thomas Pesquet, *La Terre entre nos mains*, Paris, Flammarion, 2022.
Jean-Pierre Luminet, *L'écume de l'espace-temps*, Paris, Odile Jacob, 2020.
Le Destin de l'univers, Paris, Fayard, 2006.
Xuan Thuan Trinh, *Le Chaos et l'Harmonie. La fabrication du réel*, Paris, Gallimard, 2000 [1997].
Erwin Schrödinger, *Qu'est-ce que la vie ? De la physique à la biologie*, Paris, Seuil, 1993 [1986].

Agradecimentos

Frank D. Drake
(28 de maio de 1930 – 2 de setembro de 2022)

Em 2 de setembro de 2022, o astrônomo Frank Drake faleceu, e a busca pela vida no Universo perdeu um de seus pioneiros e o pai fundador do Seti. Ocorrido pouco mais de duas semanas após a morte de Edmond, o falecimento de Frank me deixou órfã profissionalmente de sua presença discreta, mas determinante em minha vida. Foi Frank quem avaliou minha candidatura no verão de 1998 e me entrevistou para um cargo de pesquisadora no Instituto Seti. Foi ele também que aceitou minha candidatura alguns dias depois. Tive o privilégio de encontrá-lo com frequência no Instituto, conversar com ele e, acima de tudo, ouvi-lo.

Frank era humilde, engraçado e tinha uma inteligência ímpar. Apesar da passagem do tempo e dos anos, tinha um brilho nos olhos que demonstrava sua paixão e sua visão. Nos anos que se seguiram à minha nomeação como diretora científica do Instituto, ele continuou me apoiando e incentivando. Deixa um legado científico colossal, um trampolim para as estrelas para as gerações futuras e uma visão que se abre para infinitos horizontes cósmicos, cada dia mais pertinente.

Foi pensando na força vital e na energia criativa de Edmond e Frank que encontrei forças para retomar e terminar este manuscrito após sua passagem. Em um ano que foi impiedoso, também encontrei amizade e conforto ímpares em meus amigos, colegas, familiares e no público – pelos quais sou imensamente grata. Também gostaria de agradecer especialmente àqueles que não hesitaram em compartilhar seu tempo, lendo o manuscrito pela primeira vez e fazendo críticas positivas que me ajudaram a melhorá-lo. Obrigada a Rose Orenstein, minha primeira leitora e guardiã das preposições em inglês! Obrigada, Rose, por seu enorme coração e sua amizade inabalável.

Meus colegas do Instituto Seti também participaram da releitura, dando, como sempre, mostras do espírito de equipe que os caracteriza tão bem. Meus agradecimentos especiais vão para Rebecca Mcdonald (diretora de comunicações), Simon Steel (diretor-adjunto do Carl Sagan Center) e Bill Diamond, nosso presidente e diretor-geral. As conversas regulares com Bill sobre esses temas que nos apaixonam, referentes à vida fora de nosso planeta e ao futuro da Terra, com certeza alimentaram algumas de minhas reflexões compartilhadas nestas páginas. Bill é também um fotógrafo talentoso e lhe agradeço pela foto que forneceu para este livro.

Além do livro, também gostaria de agradecer a todos os meus colegas do Instituto Seti, da Nasa Ames e à família Nasa em geral pelo apoio incansável em um dos momentos mais difíceis da minha vida.

É claro que este livro nunca teria sido publicado sem o incrível profissionalismo da equipe da editora Seuil. Descobri o tamanho de sua dedicação e gentileza com *Voyage*, meu primeiro livro. Obrigada, Muriel, por ser a pequena fada que suaviza as arestas de forma tão discreta e eficiente, sempre sorrindo; Séverine, a equilibrista genial na organização de agenda e da logística das entrevistas com a mídia, com quem redescobri Paris de táxi (em todos os sentidos), em 2021; Joséphine, por seu olhar de lince na revisão do manuscrito e por suas perguntas pertinentes que o tornaram mais preciso. Agradeço também a Laurent por nossas discussões, por suas visões de Hollywood para meu texto e por ser meu guia num mundo que às vezes parece um universo paralelo para a astrobióloga que sou. E um agradecimento especial a Adrien por me ajudar a moldar meus manuscritos, como um escultor com argila. Sou infinitamente grata a você por sua atenção aos detalhes, sua busca da excelência e... sua paciência com meus anglicismos.

Por fim, obrigado a você, Merlin, que me faz muitíssima falta todos os dias. Depois de 36 anos de vida juntos, este é o primeiro manuscrito que você não terá lido e comentado. Espero que você se orgulhe dele. Eu o concluí pensando em você.

A autora

Nathalie A. Cabrol é astrobióloga e diretora do Carl Sagan Center do Instituto Seti. Além da Astrobiologia, tem formação em Ciências Planetárias e Ambientais. Sua pesquisa se concentra na exploração da habitabilidade e da vida fora da Terra. Publicou centenas de artigos em revistas especializadas, além de ser autora de três livros sobre ciência e exploração planetária, Astrobiologia e ambientes terrestres extremos. Apresenta palestras sobre esses temas, tendo uma participação no TED em 2015. Nathalie recebeu diversos prêmios, inclusive da Nasa, é bolsista Carey (Wings Worldquest Women of Discovery – Air and Space, 2007) e membro da Academia de Ciências da Califórnia desde 2016.

O revisor técnico

Marcelo Girardi Schappo é doutor em Física pela Universidade Federal de Santa Catarina e professor do Instituto Federal de Santa Catarina. Fez mestrado estudando gelos astrofísicos. É coordenador do projeto de divulgação científica "Astro&Física". Já roteirizou e apresentou uma série sobre a origem do Universo para a NSC Comunicação (afiliada Globo em SC) e é da equipe de colaboradores da revista *Questão de Ciência*, escrevendo sobre Física, Astronomia e pseudociências. Pela Contexto, publicou o livro *Astronomia*.

GRÁFICA PAYM
Tel. [11] 4392-3344
paym@graficapaym.com.br